S

K.W. Ammon

Nachrichten von der Pferdezucht der Araber und den arabischen Pferden

Documenta Hippologica

Darstellungen und Quellen zur Geschichte des Pferdes

Begründet von
Oberst H. Handler, Oberst W. Seunig,
Dr. G. Wenzler

Herausgegeben von
Brigadier K. Albrecht, Spanische Reitschule, Wien
H.J. Köhler, Prof. Dr. E.-H. Lochmann,
E.v. Neindorff, Dr. B. Schirg,
Landstallmeister a.D. Dr. W. Uppenborn

1983
Olms Presse
Hildesheim · Zürich · New York

Karl Wilhelm Ammon

Nachrichten von der Pferdezucht der Araber und den arabischen Pferden

1983
Olms Presse
Hildesheim · Zürich · New York

Dem Nachdruck liegt das Exemplar der Bibliothek des Haupt- und Landgestüts Marbach zugrunde.
Signatur: B 128

Zweite Nachdruckauflage der Ausgabe Nürnberg 1834
Printed in Germany
Herstellung: Strauss & Cramer GmbH, 6945 Hirschberg 2
Umschlagentwurf: P. König, Hildesheim,
nach einem Motiv von C. Vernet
ISBN 3 487 08004 4

Nachrichten

von der

Pferdezucht der Araber

und den

arabischen Pferden.

Nebst einem Anhange über die Pferdezucht in Persien, Turkomanien und der Berberei.

Gesammelt und bearbeitet

von

Karl Wilhelm Ammon,

Königl. bayerischen ersten Hofgestütmeister zu Rohrenfeld bei Neuburg an der Donau.

Mit einer kleinen Charte von Arabien.

Nürnberg,

in Commission bei Riegel und Wießner.

1834.

Vorrede.

Obgleich gegenwärtig manche Pferdezüchter den englischen Vollblutpferden den Vorzug vor den arabischen Pferden einräumen wollen, so stehen letztere doch immer noch in großem Rufe und gelten bei Vielen für die ersten und besten Pferde in der Welt. Sie verdanken diesen Ruf theils ihrer Schönheit und Güte, theils der Thatsache: daß die englischen Vollblutpferde und alle bessern Pferde in Europa, Asien und Afrika in näherm oder entfernterm Grade von ihnen abstammen *).

Demjenigen Pferdezüchter, der den hohen Werth der arabischen Pferde kennt, werfen sich daher nachstehende Fragen auf: Wie oder woher haben die Araber ihre trefflichen Pferde erhalten? Wie gehen sie bei ihrer Pferdezucht zu Werke? Wie wählen und paaren sie ihre Zuchtpferde? Wie auferziehen sie ihre

*) Den Beweis hiefür siehe in der Einleitung.

Fohlen? Wie ist die Fütterung, Wartung und Pflege der Pferde in Arabien beschaffen? In welchen Theilen von Arabien giebt es die reinste und schönste Zucht von Pferden? Wo und wie kann der Ankauf derselben auf die leichteste und sicherste Art bewerkstelliget werden? —

Sucht man die Beantwortung dieser Fragen in den zahlreichen Schriften, welche wir über Pferdezucht besitzen, nach, so bemüht man sich vergebens. Man findet zwar in den meisten dieser Schriften eine mehr oder weniger getreue Schilderung der arabischen Pferde nach ihrer Gestalt und Bildung und ihren Eigenschaften, und bisweilen auch einige Nachrichten von den Racen (oder vielmehr Geschlechtern und Familien) derselben; allein von dem Verfahren der Araber bei ihrer Pferdezucht findet man gewöhnlich nichts, und sohin bleibt der wißbegierige, Belehrung suchende Leser unbefriedigt. Diese Mangelhaftigkeit gedachter Schriften hinsichtlich eines so wichtigen Gegenstandes ist um so auffallender, da sich in ältern und neuern Reisebeschreibungen und in manchen Zeitschriften, so wie auch in noch vielen andern größern und kleinern Werken unserer Gesammtliteratur eine bedeutende Anzahl sehr schätzbarer — wenn auch bisweilen etwas kurzer — Notizen über die Pferdezucht der Araber und die arabischen Pferde vorfinden. Daß man diese Notizen bisher so wenig benützt hat, ja daß viele derselben den Pferdezüchtern ganz unbekannt geblieben sind, hat wahrscheinlich seinen Grund darin, daß sie sich in einer großen Menge von Werken zerstreut vorfinden, und daß manche dieser Werke (wie z. B. die Bertuch'sche Bibliothek der Reisebeschreibungen, das Journal der Reisen, die Fundgruben des Orients, Herbelots orientalische Bibliothek u. s. w.) sehr kostspielig und daher gewöhnlich nur in großen Büchersammlungen anzutreffen sind. Auch haben wohl nur wenige Pferdezüchter und Pferdeliebhaber, selbst wenn sie diese Werke kennen und ihnen solche zu Gebote stehen, Zeit und Lust, gedachte Notizen darin aufzusuchen, da dieses nicht nur ein mühsames, zeitraubendes, sondern auch wenig angenehmes Geschäft ist.

Wenn ich es unternommen habe, diese Notizen in dem vorliegendem Werke zu sammeln und zu einem Ganzen zu vereinigen, so geschah dieß aus besonderer Liebhaberei und aus leidenschaftlichem Eifer für mein Fach. In einem großen Gestüte geboren und erzogen, suchte ich mich frühzeitig von der Pferdezucht der Araber und den arabischen Pferden zu unterrichten; allein anfangs nur mit geringem Erfolg, weil ich damals außer den unbedeutenden Notizen über arabische Pferde, welche sich in Sinds, Hartmanns, Brugnones und Huzards Werken über Pferdezucht vorfinden, kein anderes Werk über Arabien kannte, als das von Niebuhr. Erst nachdem ich mit unserer Gesammtliteratur mehr bekannt geworden war, und mehrere hundert große und kleine Werke theils durchgelesen, theils durchgesucht hatte, lernte ich die obenerwähnten Notizen kennen, und sammelte sie von dieser Zeit an mit größtem Fleiße *). So gelangte ich dann nach längerm als zwanzigjährigem Forschen zu den vorliegenden Nachrichten über die Pferdezucht der Araber und die arabischen Pferde. Nur wer selbst einmal ein solches Unternehmen versucht hat, kann beurtheilen, mit wie vieler Mühe und mit wie vielen Kosten es verbunden ist, besonders in Verhältnissen, wie die meinigen, d. h. entfernt von solchen Städten, in denen sich größere Büchersammlungen vorfinden. Man wird daher wohl glauben können, daß nur allein Liebhaberei und ein thätiger Geist, der immer beschäftigt seyn will, keineswegs aber Eigennutz und Geldgierde mich zu dieser mühsamen Arbeit bewogen haben.

Aus dem eben Gesagten geht hervor, daß dieses Werk nichts mehr und nichts weniger seyn soll, als eine möglichst vollständige Sammlung aller vorhandenen Nachrichten über die Pferdezucht der Araber und die arabi-

*) Von Jugend an liebte ich nicht die Lektüre von Romanen, aber desto eifriger habe ich historische und geographische Werke, und besonders viele Reisebeschreibungen gelesen. Dabei pflegte ich dann jederzeit alle Notizen, welche ich in gedachten Werken über Pferde und Pferdezucht vorfand, auszuziehen und zu sammeln. So erhielt ich nach und nach eine ansehnliche Sammlung von dergleichen Notizen, und aus der Zusammenstellung und Bearbeitung derselben entstand hernach dieses Werk.

schen Pferde, wie sie sich in unserer Gesammtliteratur vorfinden. Bei einer solchen Arbeit kommt es hauptsächlich darauf an, daß man die bessern Hülfsquellen aufsuche, die aufgefundenen Notizen mit Fleiß und Sorgfalt prüfe und sammle, das Gute vom Schlechten sondere, und hernach Alles getreu und unpartheiisch mittheile. Dieß glaube ich auch gethan zu haben. — So oft es geschehen konnte, habe ich die benützten Autoren wörtlich angeführt. Es schien mir dieß nothwendig, weil es zugleich als Bürgschaft für die gewissenhafte Benützung meiner Quellen dient. Man nenne dieß nicht ausschreiben. Es würde mir ein Leichtes gewesen seyn, den fremden Ausdruck in eine andere Form zu gießen, wenn es mir nicht gerade daran gelegen gewesen wäre, jenen stehen zu lassen.

Bei Abfassung einiger Kapitel, z. B. über die Brandzeichen der arabischen Pferde, über die Wahl und Paarung der edlen Pferde, über die Geschlechtsregister und Geburtszeugnisse, über den Pferdehandel der Araber u. s. w. habe ich mit ungemein großen Schwierigkeiten kämpfen müssen, um die betreffenden Gegenstände für meinen Zweck und Gebrauch gehörig herauszuheben und zu ordnen, — Schwierigkeiten, die sich mit jedem Schritte vorwärts vermehrten, weil alle Hülfsquellen, welche mir zu Gebote standen, entweder trübe und unzuverlässig, oder doch äußerst widersprechend waren. Diesen Schwierigkeiten ist es auch zuzuschreiben, wenn sich hie und da Lücken finden, oder wenn man nicht über jeden Gegenstand genügenden Aufschluß findet. —

Wenn ich bisweilen in einer und derselben Sache zwei und bisweilen noch mehr Autoren wörtlich angeführt habe, so geschah dieß, weil ich glaubte, daß zwei und noch mehr Zeugen, die Wahrheit besser beurkunden, als einer. Vielleicht, daß auch manchem Leser hie und da Etwas überflüssig erscheint; diesem muß ich bemerken, daß dieses Buch nicht bloß zur Belehrung, sondern auch zur Unterhaltung für Pferdezüchter und Pferdeliebhaber dienen soll. Aus diesem Gesichtspunkte bitte ich dasselbe zu betrachten, und geschieht dieß, so wird man nichts finden, was ganz entbehrlich oder überflüssig scheinen möchte.

Da es in unserer Literatur noch kein ähnliches Werk giebt, so hoffe ich durch das vorliegende manchen Pferdezüchtern und Pferdeliebhabern einen angenehmen Dienst erwiesen zu haben. Behandlung, Wartung, Fütterung, Paarung und Auferziehung der Pferde sind in Arabien anders, als bei uns. Wir halten unsere Pferde in wohlverwahrten Ställen, die Araber die ihrigen in Zelten oder beständig in der freien Luft; wir binden unsere Pferde an den Köpfen an, die Araber die ihrigen an den Füßen; wir reichen unsern Pferden das Futter in Krippen und Raufen, die Araber lassen die ihrigen stets aus Futtersäcken fressen; wir füttern unsere Pferde mit Haber und Heu, die Araber die ihrigen mit Gerste, Durra (eine Art Hirse) und bisweilen (doch selten) mit Stroh; wir machen des Abends unsern Pferden eine Streu von Stroh, die Araber streuen den ihrigen gedörrten und gepulverten Mist unter; wir sind stets bemühet, unsere einheimischen Pferderacen mit ausländischen zu kreuzen, die Araber lassen ihre Pferde nur unter sich fortpflanzen; wir ziehen unsere Fohlen mit Haber und Heu auf, sie die ihrigen zum größten Theil mit Kameelmilch und mit dem Grase, welches sie sich auf der Weide selbst aufsuchen u. s. w. — Wegen dieser Verschiedenheit in der Behandlung, Wartung, Paarung u. s. w. ist jede und selbst auch die kleinste Notiz interessant, wenigstens für den wahren Pferdeliebhaber, indem diesen gewöhnlich Alles interessirt, was auf sein Lieblingsthier Bezug hat, wenn es auch nicht besonders wichtig seyn sollte.

Zu wünschen wäre es, daß einmal ein ächter Pferdekenner, welcher der Sprache völlig mächtig ist, Arabien (und besonders das innere Land) bereisen und uns von Ort und Stelle her gründliche Nachrichten über das Pferdewesen der Araber mittheilen möchte. Allein allem Anscheine nach wird dieß noch lange ein frommer Wunsch bleiben. Eine Reise nach Syrien an die Gränze von Arabien würde, wie z.

B. die Ehrenpfortische, Deportes'sche, Rzewusky'sche, Gerstinger'sche u. s. w. *) uns wenig Aufschluß verschaffen, und eine Reise in die große Wüste und in die Landschaften Nedsched und Hadschar, wo es die schönsten Pferde giebt, ist nicht wohl möglich, weil diese Gegenden eben so, (wo nicht noch mehr) unzugänglich sind, als das Innere von Afrika. Die Ursache hievon ist die große Raubsucht der Beduinen. Burkhardt sagt: «Der Araber (Beduine) beraubt seine Feinde, seine Freunde und seine Nachbarn, sobald sie sich nicht in seinem eigenen Zelte befinden, wo ihr Eigenthum geheiligt ist. Der arabische Räuber betrachtet sein Gewerbe als ein ehrenvolles, und der Name Haramy (Räuber) ist einer der schmeichelhaftesten Titel, welchen man einem jungen Manne beilegen kann» **). Auch Professor Scholz sagt: «Vor drei Jahren wurde eine von Scham (Damaskus) nach Bagdad ziehende Karawanne mit mehr, als hundert Kameelen von den Beduinen der Wüste ganz ausgeplündert und ermordet. Die Karawannen von Scham nach Haleb (Aleppo) werden oft überfallen.

---

*) Ehrenpfort, Deportes, Damoiseau, Graf Rzewusky, Gerstinger u. s. w. sind auf ihren Reisen nicht, wie Manche glauben, in das Innere von Arabien gekommen, sondern nur an dessen Gränzen in Syrien, wo die Beduinen der großen arabischen Wüste sich im Sommer mit ihren Heerden aufhalten. (Siehe das neunzehnte Kapitel.)

**) Burkhardts Bemerkungen über die Beduinen S. 127.

Die Reise nach Tadmor (Palmyra) ist für die Europäer höchst gefährlich geworden, seit die Beduinen der Gegend durch eine Armee auf Befehl des Großsultans wegen der Ermordung eines angesehenen englischen Reisenden gezüchtiget worden sind. Die Beduinen glauben sich zu solchen Greuelthaten berechtigt, entweder weil sich bei der Karawanne Jemand befindet, an dem sie das Vergeltungsrecht oder die Blutrache auszuüben haben, oder weil sie sich nicht zuvor mit ihnen wegen der Bezahlung eines Geleitgeldes einverstanden hat, an das sie, wie auf alles auf ihrem Grund und Boden Befindliche Ansprüche zu haben meinen. Oft aber thun sie es auch aus Raubsucht und Mordgier» *). — Dieser Raubsucht und Mordgier der Beduinen wegen pflegen die Reisenden sich gewöhnlich den Schutz und das Geleit von dem Oberhaupte (Scheikh) irgend eines in der Nähe befindlichen Beduinen-Stammes zu erkaufen. Es gewährt ihnen aber dieser Schutz nur so lange Sicherheit, als sie sich auf dem Gebiete dieses Oberhauptes befinden; denn sobald sie weiter reisen und Beduinen von einem andern Stamme begegnen, werden sie von diesen unfehlbar angehalten und ausgeraubt. So ergieng es Fouche d'Obsonville, Taylor, Burkhardt und andern Reisenden.

---

*) Scholz, Reise in die Gegend zwischen Alexandrien und Parätonium u. s. w. S. 32.

Man ersieht hieraus, daß eine Reise in das Innere von Arabien mit großer Gefahr verbunden ist. Hierzu kommt nun noch ein anderer übler Umstand. Eine solche Reise ist wegen der großen Hitze und des Wassermangels in den Wüsten äußerst beschwerlich. Man lese nur, was de Pages, Griffith, Fouche und Andere auf ihrer Reise durch die nördliche Seite der großen Wüste ausgestanden haben. Oft trifft man mehrere Tagereisen weit gar kein Wasser an, oder es ist schlammig, oder salpetrig, oder schwefligt. Ein Freund Griffiths starb vor Durst, eben da die Karawanne, mit welcher er reiste, an einem Brunnen angekommen war. De Pages schreibt: «Die Hitze ist oft so groß, daß die Haut davon kraus wird und daß man sich sehr dick ankleiden muß, wenn man nicht von der Hitze der Sonne verbrannt werden will. Mund und Nase muß der Reisende mit einem doppelten Tuche einbinden, damit die heiße Luft ihm nicht die Brust austrocknet und den Athem benimmt. Zuweilen weht auch ein giftiger Wind (Samum oder Samiel genannt) welcher Menschen und Vieh tödtet» *).

Diese Gefahren und Beschwerlichkeiten machen, daß eine Reise in das Innere von Arabien (wo es — wie schon gesagt — die schönsten und edelsten Pferde giebt) nicht so leicht auszuführen ist, wie Manche zu glauben geneigt sind. Und daher ist auch sobald noch

---

*) De Pages Reise um die Welt. S. 321.

nicht zu hoffen, daß mein obiger Wunsch realisirt und ein ächter Pferdekenner dieses Land bereisen werde. Möge unterdessen das vorliegende Werk den Pferdezüchtern und Pferdeliebhabern einstweilen Auskunft über die Pferdezucht der Araber und die arabischen Pferde geben.

Schlüßlich halte ich für nothwendig über die, bei der Ausarbeitung dieses Werks benützten Hülfsquellen noch Folgendes zu bemerken. Wenn ich beinahe durchaus nur die Nachrichten von Reisenden, welche in Arabien oder in den daran gränzenden Ländern (Syrien, Palästina, Mesopotamien, Irak-Arabi u. s. w.) waren, benützt habe, so geschah dieß, weil ich diese für glaubwürdiger und besser hielt, als alle andern, da sie gleichsam aus der Quelle (d. h. an Ort und Stelle) geschöpft sind. Daß ich zuweilen auch ziemlich alte Reisenachrichten, wie z. B. die von Tavernier, Arvieux, de la Rocque u. s. w. zu Rathe gezogen habe, thut der Wahrheit keinen Eintrag. Die Araber bleiben sich in ihren Sitten und Gewohnheiten stets gleich; wie sie vor tausend und noch mehr Jahren waren, so sind sie auch noch heutigen Tags. Dieß bezeugen Niebuhr, Volney, Burkhardt und noch mehrere andere neuere Reisende, die mit ihnen im Verkehr gewesen sind. Deßhalb sind auch die schätzbaren Nachrichten der ältern Reisenden noch immer brauchbar. — Uebrigens habe ich mit Fleiß und Sorgfalt gesammelt, wo ich etwas für meinen Zweck Brauchbares habe auffinden können, ohne Vorurtheile und ohne vorgefaßte Meinung. Kurz, ich habe nach meiner Ueberzeugung gethan, was ich, bei denen mir zu Gebote stehenden Mitteln, zu thun im Stande war. Daher hoffe ich auch, daß billig denkende Leser, die das Mühsame und Weniglohnende einer solchen Arbeit kennen, mir nicht alles Verdienst absprechen werden. Mag es in Zukunft ein fähigerer Schriftsteller besser machen; ich habe ihm wenigstens den beschwerlichen Weg zu bahnen gesucht.

Rohrenfeld im Mai 1834.

Der Verfasser.

Inhalts-Verzeichniss.

Anhang.

Einleitung.

Noch vor fünfzig, ja noch vor zwanzig Jahren hielt man in ganz Europa die arabischen Pferde für die ersten und besten Pferde in der Welt, und für am meisten geeignet, alle anderen Pferderacen, und besonders unsere in Deutschland zu verbessern und zu veredeln. Was damals die erfahrensten Pferdezüchter vom Gebrauche der arabischen Pferde zur Verbesserung unserer Gestüts- und Landes-Pferdezucht hielten, läßt sich aus dem Folgenden entnehmen: Hr. von Sind schrieb: «Ganz zuverlässig ist der arabische Hengst der reichste an schönen Eigenschaften, die ihm die Natur so freigebig mitgetheilt hat. Er zeugt daher auch in jedem Klima mit einer ihm nach wohl überlegten Gründen gehörig ausgesuchten Stute eine gute Art Pferde, und ist unter allen zur Pferdezucht der Beste» [1]. Hartmann sagt: «Man ersiehet hieraus, daß die besten Zuchtpferde die arabischen und barbischen (berberischen) seyen. Sie sind unstreitig allen andern vorzuziehen und zeugen unter jedem Himmelsstriche mit schönen und guten Stuten zuverlässig die besten Pferde» [2]. Hr. v. Bennigsen bemerkt: «Man kann die vollkommenste Schönheit nur bei den arabischen Pferden finden. Sie sind nicht groß; allein die Erfahrung hat gelehrt, daß wenn man Hengste von dieser Race mit mittelmäßig großen Stuten paart, so erhält man nicht allein sehr schöne, sondern auch große Pferde» [3]. — So urtheilen noch mehrere ältere und neuere Pferdezüchter und Sachverständige, welche alle wörtlich anzuführen, nur eine Wiederholung des Ausspruches der Vorigen wäre.

So wie sich seitdem die Gesinnungen der Menschen in politischen und vielen anderen Dingen geändert haben, so ist dieß auch der Fall mit den Meinungen der Pferdezüchter. Manche derselben verwerfen jetzt den Gebrauch der arabischen Pferde zur Verbesserung unserer Pferdezucht ganz. So z. B. sagt Hr. v. Biel (der Hauptgegner der arabischen Pferde): «Zur leichteren Zerstörung der Klippen, an welchen die Pferdezucht des Continents gescheitert, gehört die Ausschließung der Araber (arabischen Hengste und Stuten) von der Zucht.» Derselbe sagt ferner: «Es darf also der Landbeschäler keine Beimischung von arabischem Blute haben, oder die Pferdezucht der Bauern ist vernichtet» [4]. Das heißt mit andern Worten: Man darf niemals arabische Pferde oder Pferde von arabischer Abkunft zur Zucht gebrauchen, oder die Pferdezucht ist zu Grunde gerichtet. Wahrlich das ist viel gesagt! — Hr. v. Biel beruft sich deßfalls auf Erfahrung, und führt mehrere Fälle an, wo arabische Zuchtpferde in Gestüten und bei der Landes-Pferdezucht Schaden gebracht haben. Daß mitunter solche Fälle vorgekommen seyen, ist nicht zu läugnen. Allein sind nicht dagegen auch wieder eine Menge Beispiele bekannt, daß der Gebrauch arabischer Zuchtpferde von größtem Nutzen gewesen? **Einzelne Fälle können niemals über den Zuchtwerth einer ganzen Pferderace entscheiden, sondern** nur die Summe aller Erfahrung kann hier ein sicheres Resultat gewähren.

Der englische General Malcolm (ein großer Liebhaber und Kenner der Pferde, der auch mehrere Male in den Morgenländern war) sagt: „Es ist Thatsache, daß in ganz Asien, Afrika und Europa die beste und schönste Zucht von Pferden arabischen Ursprungs ist" [5]). — Dieß steht in directem Widerspruche mit dem, was Hr. v. Biel sagt. Wer hat nun Recht? Ich bin der Meinung, daß nicht Theorie, sondern nur Erfahrung hierüber entscheiden kann, und werde deßhalb alle bis jetzt bekannt gewordenen Erfahrungen über den Gebrauch arabischer Pferde zur Zucht sammeln, und hier mittheilen, wornach sich dann das Resultat von selbst ergeben wird. Ich werde aber dabei nur die Zeugnisse solcher Männer benützen, die an Ort und Stelle waren und also Gelegenheit hatten, die Wahrheit aus der Quelle zu schöpfen, und von denen nicht zu erwarten ist, daß sie absichtlich Unwahres berichten sollten.

Man hat die arabischen Pferde nicht bloß in Europa, sondern auch in Asien und Afrika vielfältig zur Verbesserung und Veredlung anderer Racen gebraucht. Wir wollen jetzt sehen, was für einen Erfolg dieser Gebrauch in den gedachten drei Erdtheilen gehabt hat, und machen mit

Asien

den Anfang.

In den türkischen Provinzen Syrien, Palästina, Mesopotamien und Irak-Arabi hat man Pferde von verschiedenen Racen: arabische, syrische, kurdische und turkomanische *). Erstere (die arabischen) werden von den, in diesen Provinzen hausenden nomadischen und ansässigen Arabern gezüchtet, und sind von denselben edlen Geschlechtern, wie die Pferde der benachbarten großen arabischen Wüste (d. h. von der Race Nedsched). Sie werden daher auch von allen Sachverständigen als ächt-arabische Pferde anerkannt. Die syrischen, kurdischen und turkomanischen Pferde sind theils von gemeiner, theils von veredelter Art, und stehen den obengedachten arabischen bedeutend an Schönheit und Werth nach. Es werden daher auch letztere vielfältig zur Verbesserung und Veredlung der erstern angewandt. Man paart nämlich syrische, kurdische und turkomanische Stuten mit arabischen Vollbluthengsten und erhält daraus eine Nachkommenschaft, die um Vieles schöner und brauchbarer zum Dienste ist, als ihre Stammältern von mütterlicher Seite. Aus solchen gemischten Paarungen, besonders, wenn sie durch mehrere Generationen fortgesetzt werden, sollen bisweilen Pferde hervorgehen, die den reinarabischen an Schönheit wenig nachstehen. Es sind sohin alle bessern Pferde obengedachter Länder entweder von reinarabischer Zucht, oder aus der Paarung arabischer Vollbluthengste mit gemeinen oder veredelten syrischen, kurdischen u. s. w. Landstuten hervorgegangen **).

*) Diese turkomanischen Pferde werden von den, in oben gedachten türkischen Provinzen nomadisirenden Turkomanen gezüchtet, und dürfen nicht mit denen verwechselt werden, welche im Lande Turkomanien, wovon weiter unten die Rede seyn wird, gezogen werden.

**) Den nähern Ausweis über das oben Gesagte findet man im sechsten und siebenten Kapitel.

Auch in den übrigen Provinzen der asiatischen Türkei: Natolien, Armenien, Kurdistan, Karamanien u. s. w. findet man mehrere Racen oder Schläge von Pferden, als z. B. die natolische, armenische, kurdische, turkomanische u. s. w. Indessen, wenn schon die meisten dieser Racen gute brauchbare Pferde für den gewöhnlichen Dienst liefern: so werden ihnen doch die arabischen Pferde wegen ihrer größern Schönheit und bessern Eigenschaften vorgezogen *), wie dieß die glaubwürdigsten Reisenden (Kinneir, Heude, Fraser, Taylor u. s. w. bezeugen **). In Folge dieses Vorzugs unterhalten alle Paschas, Beys und andere Großen und Reichen der genannten Länder in ihren Ställen eine Anzahl edler arabischer Pferde ***) theils zu ihrem Dienstgebrauche, theils zur Verbesserung ihrer Gestüts- und der Landes-Pferdezucht. Mein Bruder, der Königl. preuß. Gestüts-Inspector G. G. Ammon in Vesra, welcher im Jahre 1817 einen bedeutenden Theil der asiatischen Türkei durchreist hat, schreibt: «Es werden von mehreren türkischen Paschas und Beys in Vor-

*) Hr. von Bennigsen, der als Sachverständiger anerkannt ist, sagt: "Die Pferde der asiatischen Türkei zeichnen sich besonders durch ihre Größe und guten Knochen aus; allein, man muß sie nicht mit dem Könige aller Pferde, dem Araber zusammenstellen." (Siehe dessen Gedanken über einige dem Officier der leichten Kavallerie nöthigen Kenntnisse. S. 129.)

**) Den nähern Ausweis über das oben Gesagte findet man im dreizehnten Kapitel.

***) Alle Morgenländer machen gerne Staat mit vielen und schönen Pferden. In großen türkischen Häusern findet man Ställe mit 20, 30, 40 und noch mehr Pferden, von welchen immer eines schöner, als das andere, und immer dem größten Theile nach Araber, oder von arabischer Abkunft ist. Dieß bezeugen Muradgea d'Ohsson, Pococke und andere mehr.

derasien in Gestüten edle Pferde gezogen, theils von arabischer, theils von turkomanischer Race. Man findet auch bedeutende (halb) wilde Gestüte, zu denen die Hengste wöchentlich, und zwar jede Woche ein anderer gelassen wird; man bedient sich dazu arabischer und auch turkomanischer Hengste. Um Adana und Czikur-Ova findet man viele Hauszucht und große edle Pferde, welche von arabischen abstammen» [6]). Auch die in den vorgedachten Provinzen hausenden Häuptlinge der Turkomanen und Kurden haben Gestüte, in welchen sie nicht bloß arabische Hengste, sondern auch mitunter dergleichen Stuten zur Zucht verwenden *). Es verdanken demnach auch in diesen Ländern alle bessern Pferde ihren Werth hauptsächlich dem Antheile von arabischem Blute, der in ihnen ist.

Daß Persien mehrere gute Pferderacen besitze, ist bekannt; allein dessenungeachtet gibt man auch in diesem Lande den arabischen Pferden den Vorzug, wie dieß mehrere Reisende, z. B. Jourdain, Kerporter, Scott-Waring, Kinneir, Otto v. Kotzebue, v. Freygang u. s. w. bezeugen. Ersterer schreibt: «Das am meisten geschätzte Pferd in Persien ist das arabische von der Race Nedsched, welches zu erstaunlich hohen Preisen gekauft wird. Nach diesem kommt das Pferd aus der Paarung arabischer Hengste mit turkomanischen Stuten

*) Kerporter gedenkt eines kurdischen Oberhauptes, das eine große Anzahl arabischer, kurdischer und turkomanischer Pferde in seinem Gestüte hatte. (Siehe dessen Reisen in Persien, Armenien, Kurdistan u. s. w. 2r Bd. S. 470.) — Auch der bekannte Turkomanenhäuptling Tschapan Oglu hatte eine beträchtliche Anzahl arabischer Hengste und Stuten in seinem Gestüte. (Kinneirs Reise S. 181.)

gebildet. Man verdankt die Vermischung dieser Racen dem Weckil (Regent) Kerim Khan. Diese Art Pferde ist sehr beliebt, und hat den Namen Zadehi Kaneh (Sohn des Hauses *) erhalten. Verschiedene große Pferdezüchter paaren in ihren Gestüten auch die arabischen Hengste mit persischen, kurdischen und anderen Stuten, und haben so Racen erzeugt, denen sie ihre eigenen Namen gegeben haben, als z. B. Sadi-Khanis, Scheik-Ali-Khanis, Diafar-Khanis u. s. w. Alle diese Pferde unterscheiden sich von denen, welche von reinarabischem Blute sind, durch einen größern Wuchs, durch einen stärkern Kopf und weniger feine Beine» [7]. Auch Kerporter sagt: «Die Fohlen, welche in Persien aus der Paarung arabischer Hengste mit einheimischen (persischen und kurdischen) Stuten hervorgehen, geben Pferde von Schönheit, Kraft und Gewandtheit, und zwar von stärkerer Gestalt, als die arabischen Pferde von Nedsched, welche die beste Race des Landes ist» [8]. Von der persischen Provinz Duschistan (oder Kusistan) sagt Macdonald Kinneir: «Auch die arabische Race ist hier eingeführt, und ich habe in Duschistan gezogene Pferde von dieser Art gesehen, die in Hinsicht auf Schnelligkeit und Ebenmaaß mit den bewunderten Rennern von Nedsched (besten Pferden Arabiens) wetteifern konnten» [9]. Ferner schreibt General Malcolm: «Die Bewohner der am persischen Meerbusen angränzenden Distrikte von Persien (Provinz Duschistan) haben jene Pferderace, welche ihre Vorfahren vom gegenüber liegenden Ufer Arabiens brachten, bis auf den heutigen Tag rein erhalten. Der

*) Weil sie zu Hause, und nicht in halbwilden Gestüten, wie die andern persischen Pferde, gezogen werden.

Der Pferdeschlag in den Provinzen Fars (Farsistan) und Irak (Irak Adschemi) ist aus einer Kreuzung mit arabischen Pferden entstanden, aber im Verhältniß zu den turkomanischen und Chorasaner Pferden, welche (wegen ihrer Größe) vom persischen Militär am meisten geschätzt werden, immer noch klein. Diese beiden letztern Racen besitzen ebenfalls viel arabisches Blut» [10]) *).
Alles dieses bestätigen auch Scott Waring, Fraser, Morier, Kinneir und Andere mehr, und sohin ist ausser Zweifel, daß in Persien sehr häufig arabische Pferde zur Verbesserung der inländischen Racen angewendet werden, und daß in allen bessern Pferden Persiens arabisches Blut ist.

Die Pferde in Czirkassien sind ihrer Schönheit und Dauerhaftigkeit wegen berühmt. Der General Bennigsen (der sie genau kannte) schreibt: «Ihr ganzes Gebäude zeigt deutlich ihren Ursprung an, nämlich: daß sie aus der Vermischung arabischer und persischer Pferde hervorgegangen sind, von welchen beiden sie Vieles ererbt haben» [11]). Klarke sagt: «Die czirkassischen Pferde sind von einer edlern Race, als die der Kosacken; sie sind nämlich von arabischer Abstammung» [12]). Derselben Meinung ist auch Gmelin, wobei er zugleich bemerkt, daß

---

*) Fraser sah in Chorasan das Gestüte eines persischen Khans (Gouverneurs oder Statthalters einer Provinz), in welchem sich 7 bis 800 Stuten von persischer, arabischer, turkomanischer und kurdischer Race befanden. Auf zwanzig Stuten wurde ein Hengst gerechnet. Unter den letztern waren gleichfalls mehrere von arabischer Race. (Siehe dessen Reise nach Chorasan 2r Bd. S. 341.)

die Großen und Reichen in Czirkassien noch bisweilen arabische Hengste als Beschäler in ihren Gestüten verwenden [13]).

In Turkomanien (welches Land auf der Ostseite des kaspischen Meeres, zwischen diesem und dem See Aral liegt) hat man Pferde, die ihrer großen Geschwindigkeit, Stärke und Dauerhaftigkeit wegen, in ganz Asien berühmt sind. Der englische General Malcolm (der zweimal in Persien und den daran gränzenden Ländern war, und mit mehrern turkomanischen Oberhäuptern selbst gesprochen hat) sagt: «Die Pferde der Turkomanen sind von ansehnlicher Größe, sechszig bis vierundsechszig Zoll (also 15 bis 16 Fäuste) hoch, an Gestalt den schönsten englischen Wagenpferden gleich, lang gestreckt, von starkem Gliederbaue, von unvergleichlichem Temperamente und sehr muthig und dauerhaft. Die Turkomanen behaupten, daß ihre besten Pferde von arabischer Abstammung sind, und glauben, daß der Stamm nach drei bis vier Generationen ausarte, wenn er nicht, wie man sagt, wieder aufgefrischt werde. Sie sind aus diesem Grunde eifrig bedacht, sich schöne arabische Hengste zu verschaffen» [14]). Auch Fraser (der sich längere Zeit in Persien und unter den Turkomanen aufgehalten hat) schreibt: «Die Größe und den Knochenbau verdanken die turkomanischen Pferde ihrer einheimischen Landesart, die Gestalt und das Blut aber der arabischen Race; besonders Nadir Schah hat sich bemühet, die Pferdezucht der Turkomanen durch Ankauf der schönsten Pferde, die nur in Arabien zu bekommen waren, zu verbessern» [15]). Dasselbe bezeugen auch noch Scott-Waring, Kinneir, Jourdain und andere Reisende;

und sohin ist nicht zweifelhaft, daß auch die turkomanischen Pferde einen großen Theil ihrer Güte und ihres Werthes den arabischen Pferden verdanken.

Auch in den mittelasiatischen Ländern: Afghanistan, Beludschistan, der Tartarey, Bucharey u. s. w. werden arabische Pferde zur Verbesserung der einheimischen Landeszucht angewendet. Die Reisenden berichten darüber Folgendes: Von Afghanistan schreibt Elphinstone: «In diesem Lande werden Pferde in großer Anzahl gezogen, und die aus der Provinz Herat sind schön. Ich habe mehrere gesehen, die an Gestalt den arabischen Pferden gleich sahen, aber bedeutend größer waren. Solche Pferde werden durch die Paarung einheimischer Stuten mit arabischen Hengsten erzeugt, und kosten im Ankauf 125 bis 500 Pfund Sterling (1375 bis 5500 Gulden). Die übrigen Pferde in den afghanistanischen Besitzungen zeichnen sich nicht durch ihre Güte aus, ausgenommen in der Landschaft Balk, wo sie vortrefflich und zahlreich sind» [16]).

Von den Landschaften Beludschistan und Mekran sagt Pottinger: «Die Pferde dieser Länder sind stark, gut von Knochen und breit, aber gewöhnlich sehr widerspenstig. Diejenigen Beludschen, welche Stuten haben, belegen sie mit arabischen oder persischen Hengsten, wodurch sie dann schönere, muthigere und gelehrigere Pferde erhalten» [17]). Die besten Pferde in Beludschistan findet man indessen in der Provinz Kutsch (oder Kotsch) Gundawa; diese sollen den arabischen Pferden wenig an Schönheit und Werth nachstehen. Man sagt, vor langer Zeit habe ein arabischer Kaufmann, welcher acht schöne arabische Pferde geladen hatte, an der Küste von Kutsch Schiffbruch gelitten, und diese acht Pferde sollen die Ahnen der schönen Pferde dieser Provinz seyn [18]. —

Die Pferde der Tartarey schildern die Reisenden folgendergestalt: « Sie sind mehr klein, als groß, haben einen etwas dicken Kopf und Hals, eine lange Mähne, einen starken Leib mit einer breiten Kruppe, und starke kraftvolle Beine. Dabei sind sie schnell, stark, kühn und voll Feuer und Muth. » — Der Engländer Smith meint, daß sich auch in den schönern und bessern dieser Pferde arabisches Blut befinde [19]. Und der General Malcolm versichert, daß noch bisweilen arabische Hengste von den Tataren eingeführt werden, um mittelst derselben ihre Landes-Race zu verschönern und zu verbessen [20].

In der Bucharey gibt es hauptsächlich zwei Arten von Pferden. Die eine Art ist zwar klein, aber sehr stark, harter Arbeit fähig und wohlfeil (sie ist tatarischen Ursprungs); die andere ist größer und edler, und wird deßwegen höher geschätzt. Von der letztern Art sagt Eversmann: « Das bucharische Pferd gehört zu den schönsten Pferde-Racen der Welt; es ist groß, schlank, und außerordentlich muthig, sein Haar ist sehr kurz, glänzend und glatt » [21]. Wie einige Reisende versichern, soll sich in der letztern Art arabisches Blut befinden *), und die Bucharen sollen noch bisweilen arabische Hengste zur Verbes-

*) Die Araber eroberten die Bucharey im Jahr 663 und beherrschten sie mehrere Jahrhunderte hindurch; daher noch gegenwärtig einige Abkömmlinge von diesen Eroberern daselbst wohnhaft sind. Es ist sonach wohl möglich, daß während der Herrschaft der Araber viele arabische Pferde in die Bucharey eingeführt worden sind, und daß die jetzt dort vorhandenen schönen Pferde von diesen abstammen.

serung ihrer Landes-Race gebrauchen, worüber aber das Nähere wegen Mangelhaftigkeit der Nachrichten der Reisenden nicht mitgetheilt werden kann [22].

In keinem Lande Asiens aber werden alljährlich so viele arabische Pferde eingeführt, als in Ostindien; man schätzt ihre Zahl auf 800 bis 1000 Stücke. Der Grund dieser starken Einfuhr ist die schlechte einheimische Pferde-Race, und dann, daß alle Vornehmen und Reichen in diesem Lande keine andern Pferde als arabische oder persische, oder solche, die von diesen abstammen, zum Reiten lieben. Es werden daher auch Pferde von diesen beiden Racen vielfältig zur Verbesserung der einheimischen Zucht angewendet. Fouche d'Obsonville schreibt: «Die Pferde vom alten indischen Schlage sind gemeiniglich klein und sogar krumbeinig; man nennt sie Tattu. Doch findet man auch in einigen Gegenden welche, die ziemlich gut gebildet sind, und von Natur eine Art Paß gehen; sie sind unter dem Namen Takan bekannt. Eine andere Gattung, welche Kolari heißt, ist groß von Wuchs, hat einen langen Ramskopf und übrigens ein ganz gutes Ansehen, aber sehr wenig Kraft. Im nordwestlichen Theil, im Lande der Mahratten, gibt es einen Mittelschlag von Pferden, die sehr häufig und vortrefflich im Dienste sind; sie stammen von arabischen Pferden ab. Ueberhaupt werden die arabischen Pferde in Ostindien unter allen in- und ausländischen Pferden am höchsten geschätzt» [23]. Von der zuletzt gedachten Art einheimischer Pferde schreibt Brougthon: «Die Duckhuni Pferde sind eine der Provinz Duckhun (oder Dekan) eigenthümliche Zucht, die bei den Mahratten in dem größten Ansehen steht. Sie werden von arabischen Hengsten mit den ursprünglichen Stuten des Landes erzeugt, welche sehr klein sind. Die Duckhuni selbst sind selten über fünfzehnthalb Fäuste hoch. Sie haben einen kleinen schön geformten Kopf, einen mehr kurzen, als langen Hals, nicht gar starke, aber herrlich gebildete Glieder, und sind voll Feuer und Muth. Sie sollen mehr Mühseligkeiten und Beschwerden ausstehen können, als jeder andere Pferdeschlag in Indien. Für ein solches Pferd, dessen Stammbaum genau bekannt ist, zahlt man oft 3, ja sogar 4000 Rupien *)» [24]). — Auf gleiche Weise gebraucht man auch in den meisten andern Provinzen Ostindiens arabische Hengste zur Zucht. Daher sagt auch Fra Paolino de San Bartolomeo: «Pferde werden häufig aus Arabien und Persien nach Ostindien gebracht. Ich halte dafür, daß alle dortigen bessern Pferde überhaupt von persischen und besonders von arabischen Pferden abstammen» [25]). In der neuesten Zeit hat die englisch-ostindische Compagnie in mehreren Gegenden Ostindiens Gestüte zum Behufe der Remontirumg ihrer Kavallerie angelegt. In diesen Gestüten befinden sich persische, turkomanische und besonders viele arabische Hengste. Gwatkin (der Vorsteher dieser Gestüte) sagt: «Die Abkömmlinge der arabischen Hengste sind stark und wohlgebaut, und ich muß gestehen, daß diese Hengste einen bedeutenden Einfluß auf die Verbesserung der Landes-Race in diesem Theile Ostindiens haben» **) [26]).

---

*) Eine Rupie ist ein Gulden 10 bis 12 Kreuzer rhein. oder 16 sächsische Groschen.

**) Schon im sechszehnten Jahrhundert hatte der Groß-Mogul (Kaiser von Indostan) in der Landschaft Lahor große Stutereien, in

Auch auf der niederländischen Insel Java hat man in neuerer Zeit ein Gestüte in gleicher Absicht errichtet. Es liegt eine starke Tagereise von der Stadt Batavia, und besteht dermalen aus 400 Zuchtstuten, meistens von inländischer Zucht. Die Beschäler sind größtentheils Araber, die übrigen Perser, und einer ist ein englischer Vollbluthengst. Von den Landpferden dieser Insel schreibt Doctor Strehler: «Die hiesigen Pferde sind von sehr kleiner Race, aber äußerst lebhaft, jedoch bald ermüdet. Zu Reitpferden bedient man sich durchgehends Bastard-Araber, d. h. Abkömmlinge von arabischen Hengsten und einheimischen Stuten» [27].

Die Pferde der Insel Ceylon sind klein, wenig ansehnlich und auch wenig dauerhaft. Sie werden nicht zu harten Arbeiten, sondern bloß zum Reiten und zum Ziehen leichter Fuhrwerke benützt. Der Engländer Boyd, welcher diese Insel als Gesandter besuchte, bemerkt, daß alle dasigen bessern Pferde arabischen Ursprungs sind [28].

Man ersiehet hieraus, daß in mehr als zwei Drittheilen von Asien die arabischen Pferde allen andern vorgezogen und häufig zur Zucht verwendet werden; und zwar theils zur Reinzucht (wie z. B. in Syrien, Mesopotamien, Irak-Arabi, Duschistan u. s. w.), theils zur Verbesserung der Landeszucht mittelst arabischer Beschäler. Hankey Smith sagt daher mit Recht: «Von Arabien also entlehnen die Perser, Türken, Tataren u. s. w. ihr bestes Pferdeblut.» Das heißt mit andern Worten: Mittelst des Gebrauchs arabischer Zucht-

---

welchen arabische Hengste als Beschäler gebraucht wurden, (Siehe Sprengels Beiträge rc. 7r B. S. 260.)

pferde verbessern sie ihre einheimischen Racen. Nur in China, Japan, der Mongoley und Hinterindien findet man die arabischen Pferde nicht; wahrscheinlich der großen Entfernung dieser Länder von Arabien und des langen und beschwerlichen Landtransportes wegen. Merkwürdig ist, daß gerade in diesen Ländern die Pferde klein, unansehnlich, meistens schwach und überhaupt von schlechter Art sind.

Afrika.

In Aegypten gibt es Pferde von arabischer Abkunft in großer Anzahl, und es werden wohl wenige Pferde in diesem Lande seyn, in welchen nicht wenigstens etwas arabisches Blut ist. — Als die Araber im Jahr 640 nach Christi Geburt dieses Land eroberten, und sich darin wohnhaft niederließen, brachten sie viele Pferde von ihrer Landesrace mit, und verwendeten sie zur Verbesserung der inländischen (alten ägyptischen) Zucht *). Von dieser Zeit an sind fortwährend bis auf den heutigen Tag arabische Pferde in Aegypten eingeführt worden. Man kann daher die gegenwärtig in Aegypten vorhandenen Pferde nicht als eine dem Lande eigenthümliche reine Race betrachten, sondern sie sind größtentheils von arabischem Blute.

Nach der Versicherung glaubwürdiger Reisender unterscheidet man zwei Arten dieser Pferde; nämlich diejeni-

---

*) Die alten Araber besaßen eine große Vorliebe für ihre Pferde; sie hielten sie für die besten Pferde in der Welt. Deßhalb pflegten sie die Zucht derselben in alle von ihnen eroberten Länder einzuführen. So machten sie es in Aegypten, Nubien, Libyen, der Wüste Sahra, Spanien u. s. w. Daß die ägyptischen Pferde größtentheils von arabischen Pferden abstammen, bezeuget auch der Araber Abdollatif in seinen Denkwürdigkeiten von Aegypten.

gen, welche von den, in den großen ägyptischen Sandwüsten herumwandernden Beduinen-Arabern gezüchtet werden, und dann die, welche von den im Nilthale wohnenden Fellahs (arabischen Bauern) gezogen werden. In der ersten Art ist das arabische Pferdeblut stark vorherrschend, und sie sollen zum Theil reine Abkömmlinge von den Pferden des wüsten Arabiens oder von Hedschas seyn*). Die andere Art ist aus der Vermischung arabischer Pferde mit der ursprünglichen Landesrace entstanden, und ist deßhalb und wegen der reichlichern Nahrung in dem fruchtbaren Nilthale größer und von stärkerm Gliederbaue, als erstere. Sohin befindet sich in allen ägyptischen Pferden mehr oder weniger arabisches Blut. Früher (noch vor fünfzig Jahren) standen diese Pferde ihrer Schönheit und Güte wegen in großem Rufe; gegenwärtig ist dieß nicht mehr so der Fall, da die Pferdezucht Aegyptens durch die tyrannische Regierung des Mehemed Ali Pascha und die vorhergegangenen Kriege sehr in Verfall gerathen ist [29]).

Die Pferde von Libyen und der Wüste Barka waren schon im Alterthume ihrer Schnelligkeit und Dauerhaftigkeit wegen berühmt. Die erste Einführung arabischer Pferde in diese Länder fällt in das siebente Jahrhundert, wo die Araber Aegypten und alle daran gränzenden Länder (also auch Libyen und Barka) eroberten und sich darin wohnhaft niederließen. Aus der Vermischung der damals und später eingeführten arabischen Pferde mit der ursprünglichen Landeszucht, ist die jetzige Race hervor-

*) Burkhardt sagt, daß einige Beduinen-Stämme in Ober-Aegypten, wie z. B. die Maazy und die Heteym sogar die arabischen Racen El Khoms unter sich rein erhalten haben.

gegangen. Die Reisenden berichten darüber Folgendes: Burkhardt schreibt: « Die Beduinen von Libyen ziehen ihren Pferdebedarf entweder selbst oder verschaffen sich denselben aus Aegypten. Im Innern der Wüste und nach der Berberey hin, soll sich die alte Race arabischer Pferde erhalten haben; aber dieses ist nicht der Fall in der Nähe von Aegypten, wo die besondern Racen eben so wenig unterschieden werden, als in Aegypten. Gleich den arabischen Beduinen pflegen auch die in Libyen ausschließlich nur Stuten zu reiten » [30]). — v. Rosetti sagt: « Die Beduinen von Libyen haben eigene Pferderacen, wovon mehrere mit denen der arabischen Race Nedsched Aehnlichkeit haben » [31]). Diese Aehnlichkeit hat ihren Grund in dem Antheile von arabischem Blute, das in ihnen ist. Von den Pferden der Wüste Barka schreibt Hr. v. Minutoli: « Diese Pferde sind nicht groß, aber kräftig gebaut, und daher für Strapatzen und Kriegszüge sehr geeignet » [32]). Sie sollen mit den Pferden der ägyptischen und libyschen Beduinen von einerlei (also auch zum Theil arabischen) Ursprungs seyn.

Auch die Pferde in Nubien und Dongola sollen den Berichten der Reisenden zufolge von arabischen Pferden abstammen. Bruce schreibt: « Die nubischen Pferde sind von der Zucht, die hier bei der Eroberung des Landes durch die Saracenen (Araber) eingeführt ward. Man gibt vor, daß alle diese Pferde von dem einen der fünfe abstammen, worauf Mohammed und seine vier Begleiter in der Nacht der Hegira von Mekka nach Medina flohen » [33]). Auch Burkhardt sagt: « Die Pferderace in Nubien und Dongola stammt ursprünglich aus Arabien, und ist eine der schönsten, welche ich zu Gesichte bekommen habe. Diese Pferde besitzen alle Vorzüge der arabischen (??) und sind außerdem noch größer und haben stärkere Knochen» [34]). Wieviel hievon wahr ist, kann ich nicht entscheiden; aber außer Zweifel ist, daß in den nubischen und dongolaischen Pferden viel arabisches Pferdeblut ist, da die Araber lange über Nubien und Dongola geherrscht haben, und noch mehrere Stämme Bedüinen-Araber daselbst als Nomaden hausen.

Von den Pferden des Landes Kordofan berichtet Rüppel: «Diese Pferde haben Aehnlichkeit durch Nasenform, Körperhöhe und Kräfte mit den nubischen und dongolaischen Pferden, und sollen auch mit diesen von einerlei (also auch arabischer) Abstammung seyn. Die guten kordofaner Pferde erreichen zu jeder Jahreszeit die Giraffen und meistens die Strauße. Diese Pferde werden auch ganz besonders geschätzt, und man erzählt von Beispielen, daß sie bis zu einem Werthe von 500 Speciesthalern pr. Stück verkauft werden» [35]).

In der Berberei *) (welche die Königreiche Marokko und Algier, nebst Tunis und Tripolis in sich begreift) gibt es zwei Arten von Pferden, nämlich erstens: die gemeine Landeszucht, und dann jene edlen Pferde, die wir in Europa berberische (unrichtig barbarische) Pferde nennen, und die rein-arabischen Ursprungs seyn sollen. Leo Afrikanus schreibt: «Gewisse Pferde nennt man in Europa berberische, weil sie aus der Berberei kommen, und eine eigene daselbst gezogene Race ausmachen sollen. Allein diese Meinung ist ohne Grund. Denn die gewöhn-

*) Die Berberei ist das Land, wo das Volk der Berber wohnt. Viele schreiben Barbarei, dieß ist aber unrichtig.

lichen Pferde der Berberei sind gerade, wie alle andern gemeinen Pferde; aber die gesuchten Rennpferde sind arabische; sie werden von den in der Berberei wohnenden Arabern gezüchtet, und stammen aus Arabien ab» *) [36]. Das heißt: sie stammen von jenen arabischen Pferden ab, welche die Araber vor etwa zwölfhundert Jahren, wo sie ganz Nordafrika eroberten, einführten, und die sie seitdem fortwährend rein und unvermischt erhalten haben. Nach den Berichten neuerer Reisender (z. B. Jackson, Riley, Graberg u. s. w.) sieht man noch heutigen Tages diesen Pferden ihre Abkunft an; das heißt: sie haben noch immer den unverkennbaren Typus ihrer Stammältern, und nur ihr Kopf (sogenanter Schafskopf) soll hievon abweichen.

Auch die Pferde der großen Wüste Sahra sind arabischer Abkunft, wie dieß Golberry, Follie, Jakson und andere Reisende bezeugen. Ersterer schreibt: «Diese Pferde sind von der ächten arabischen Race, und haben ihre Schönheit und den größten Theil ihrer Vorzüge behalten» [37]. Sie sind mit den berberischen Pferden von gleicher Abstammung; das heißt: sie stammen gleichfalls von den, vor zwölfhundert Jahren bei der Eroberung von Nordafrika durch die Araber eingeführten arabischen Pferden ab, und werden von den, noch gegenwärtig in der Wüste Sahra herumziehenden Beduinen-Arabern gezüchtet. Nach den übereinstimmenden Zeugnissen der Reisen-

*) Auch der schwedische Consul Hemsö v. Graberg schreibt: "Die Berberpferde finden sich (im Königreiche Marokko) in Menge, sind von vortrefflicher Race und häufig arabischen Ursprungs." (Siehe dessen Werk: Das Sultanat Moghrib ul Aksa oder das Kaiserreich Marokko. Stuttgardt 1833. S. 89.)

den sind diese Pferde stark, sehr schnell und ungemein ausdauernd im Laufen, so daß es den auf ihnen reitenden Arabern gelingt, die Strauße zu jagen, zu ermüden und zu fangen.

Höchstwahrscheinlich ist, daß auch alle Pferde der, im Innern von Afrika herumziehenden Araber-Stämme von arabischer Abkunft sind; denn diese Araber sind mit denen der Berberei und der Wüste Sahra von gleicher Herkunft. Denham und Clapperton sahen auf ihrer Reise in den Ländern Bornu, Begharmi, Mandara, Kano u. s. w. schöne Pferde, von denen ein Theil (die in Begharmi und Mandara) den nubischen, die übrigen den berberischen Pferden ähnlich sahen, und wahrscheinlich auch mit diesen von gleicher (also auch arabischer) Abstammung sind. Diese Pferde sollen alle andern Pferde im Innern von Afrika an Schnelligkeit, Stärke und Ausdauer im Laufen bei weitem übertreffen *).

*) Hier finde ich für nothwendig, einen Irrthum zu berichtigen. Hr. General v. Minutoli schreibt in seinen Bemerkungen über die Pferdezucht in Aegypten S. 65 von obigen Pferden: "Denham erzählt, daß zwei Tiboos oder Kouriere von Bornu aus auf prächtigen Maherbie Pferden angekommen wären, auf welcher sie jede Stunde sechs englische Meilen zurück zu legen pflegten; und daß sie am 2ten Februar nach dem Brunnen Kofei gekommen seyen, als bis wohin ihre Pferde zwei volle Tage nichts getrunken hätten, welche beide Fälle sowohl für die Schnelligkeit, als Ausdauer dieser Pferderace im Laufen und Dursten sprechen." — Dieß sagt Denham wirklich; allein er sagt nicht, daß die Maherries oder Maherbies Pferde, sondern daß sie eine Art Kameele sind. Man ersieht dieß aus mehreren Stellen in Denhams Reisebeschreibung (deutsche Uebersetzung Weimar 1827 besonders S. 91 u. 107.) — Ein solches Kameel mißt von der Erde bis in die Mitte des Rükkens acht bis neun Fuß.

Nach diesen Untersuchungen ist es nicht zweifelhaft, daß auch alle bessern Pferde Afrika's in näherm oder entfernterm Grade von den arabischen abstammen, oder wenigstens etwas arabisches Blut in sich haben. Auch ist bemerkenswerth, daß alle afrikanischen Pferde, die nicht von dieser Art sind, wie z. B. die auf der Goldküste, Angola, Loango, Mosambique u. s. w. von kleinem und schlechtem Wuchse, und zu Strapatzen wenig oder gar nicht geeignet sind.

Es bleibt uns jetzt nur noch zu untersuchen übrig, welchen Nutzen der Gebrauch arabischer Zuchtpferde in

Europa

gehabt habe.

In Spanien sind die arabischen Pferde früher zur Verbesserung der Landes-Pferdezucht angewendet worden, als in jedem andern Lande Europa's. Die Araber eroberten dieses Land im Jahr 710, und beherrschten den größten Theil desselben während acht Jahrhunderten (bis 1492). Da diese Eroberer eine große Vorliebe für die Pferde ihres Vaterlandes besaßen, so konnten und mußten sich die arabischen Pferde bald in Spanien verbreiten. Die Prachtliebe der arabischen Prinzen, der Glanz des Granadaischen und Cordovaischen Hofes, die Ritterschaft, die Tourniere (welche den Arabern ihren Ursprung verdanken), waren auch noch Gründe, die schönsten und besten Pferde einzuführen. Es entstanden damals zwei Arten, (Racen) von Pferden in Spanien. Die erste Art gieng aus der reinen Fortpflanzung der arabischen Pferde hervor, die zweite aus der Paarung arabischer Hengste mit den ursprünglichen Stuten des Landes. Die Pferde der ersten Art wurden Genetten, die der zweiten Villanos genannt. Marx Fugger (ein guter Pferdekenner) schildert diese Pferde, wie sie zu seiner Zeit (im sechszehnten Jahrhundert) waren, mit folgenden Worten: «Die Genetten sind gar schöne, adeliche, zarte Roß, nicht fast hoch, aber von Brust und Kreuz, auch sonst von allen Gliedmassen gar wohl formiret, von Kopf und Hals gar aufrecht, dermaßen, daß ich nicht wohl wüßte, ob man auch ein Roß schöner malen oder machen künndte, laufen über die maßen wohl, mögen sich mit den moriskischen (arabischen) Pferden wohl vergleichen, allein daß sie höher und viel stärker gesetzt (gebaut) sind, wie sie denn auch von den moriskischen (arabischen) Pferden herkommen» [38]. — Von den Villanos sagt er: «Sie sind starke und ziemlich große Roß, sind gleichwohl nicht so zart und schön, als die Genetten, aber zum Krieg und zur Arbeit gut zu gebrauchen» [39]. — Diese beiden Arten von Pferden standen ehemals in großem Rufe und Ansehen, und die Genetten galten viele Jahrhunderte hindurch (bis gegen das Ende des siebenzehnten Jahrhunderts) für die ersten und besten Pferde in Europa. Sie wurden daher auch vielfältig in andern Ländern eingeführt und daselbst zur Verbesserung der einheimischen Racen angewendet *). Erst seit dem Anfange des vorigen

*) Im fünfzehnten, sechszehnten und siebenzehnten Jahrhundert, ja noch in der ersten Hälfte des achtzehnten Jahrhunderts fand man die spanischen Pferde (vornämlich die Genetten) in allen Marställen und Gestüten Deutschlands, ja ich darf sagen Europa's und die Beschäler von dieser Race standen in demselben Ansehen, wie gegenwärtig die englischen Vollblutpferde. Noch

Jahrhunderts (seit dem verheerenden zwölfjährigen spanischen Erbfolgekrieg) sind diese Pferde nach und nach ausgeartet, und jetzt sind sie bis auf einige wenige Ueberreste (in der Provinz Andalusien) gänzlich in die gemeine Landeszucht übergegangen.

In Italien war ehemals die Pferdezucht in einem ungleich bessern Zustande, als gegenwärtig. Noch vor etwa hundert und fünfzig Jahren waren die neapolitanischen, sicilischen, toskanischen, mantuanischen und polesinischen Pferde in ganz Europa berühmt, und wurden häufig nach Deutschland eingeführt, und daselbst in den Gestüten der Landesherren zur Zucht verwendet *). Nach Neapel und Sicilien kamen die ersten arabischen Pferde im neunten Jahrhundert, als die Araber letzteres Land ganz, und ersteres zum Theil eroberten und auch einige Jahrhunderte hindurch beherrschten. Später wurden auch noch während der Kreuzzüge öfter arabische Pferde eingeführt; so z. B. ließ Kaiser Friedrich II. dergleichen Pferde in beträchtlicher Anzahl kommen, um die Pferdezucht genannter Länder zu verbessern. Von diesen eingeführten arabischen und den später unter spanischer Herrschaft eingebrachten spani-

---

im siebenzehnten Jahrhundert nannte ein Engländer (der als großer Pferdekenner bekannte Herzog von Newkastel) die spanischen Pferde: die Könige der Pferde. In den K. K. österreichischen Hofgestüten, und in vielen österreichischen, ungarischen und siebenbürgischen Privatgestüten hat man noch Abkömmlinge von, vor langer Zeit eingeführten spanischen Pferden.

*) In allen landesherrlichen Gestüten Deutschlands gebrauchte man im sechszehnten und siebenzehnten Jahrhundert Pferde von oben genannten Racen zur Zucht. In dem hiesigen (Rohrenfelder) Gestüte hatte man damals neapolitanische, mantuanische und toskanische Beschäler und Stuten.

schen Pferden (Genetten) stammten die nachmals berühmten neapolitanischen und sicilischen Pferde ab. Von den erstern (neapolitanischen Pferden) gab es zwei Arten. Die eine Art war von rein-arabischer und spanischer Abkunft, und wurden Genetti del regno genannt. Marx Fugger schildert diese Pferde, wie sie im sechszehnten Jahrhundert waren, mit folgenden Worten: «Sie sehen den spanischen Pferden (Genetten) so ähnlich, daß man sie schier nicht von einander kennen kann, sind in der Wahrheit gar köstliche gute Roß, nothleidiger (dauerhafter) und stärker, als die spanischen, werden auch sehr hoch geachtet u. s. w.» [40]) Die zweite (halbedle) Art entstand aus der Paarung der Hengste von der vorigen Art mit den Stuten von der gemeinen Landeszucht, und wurden da due selle (mittelmäßige Pferde) genannt. Marx Fugger sagt, daß sie schöne, stark gebaute Pferde von mittelmäßiger Größe und besonders gut geeignet zum Gebrauche im Kriege gewesen seyen *). Die sicilischen Pferde hatten große Aehnlichkeit mit den berberischen Pferden, und waren auch mit diesen von gleicher (arabischer) Abstammung. Von allen diesen trefflichen Pferden ist gegenwärtig kaum eine Spur mehr vorhanden; sie sind durch Vernachläßigung nach und nach ausgeartet, und in die gemeine Landeszucht übergegangen. — In Toskana kam die Pferdezucht vorzüglich während der Regierung der Herzoge aus dem Hause Medicis in die Höhe. Es

*) Es gab damals im Königreiche Neapel auch noch eine dritte Art Pferde, Corseri genannt. Diese waren sehr groß, hochbeinigt und mit großen Ramsköpfen versehen. Sie stammten nicht von den arabischen Pferden ab, eben so auch die gemeine Landeszucht nicht.

wurden damals arabische, berberische und spanische Pferde (Genetten) eingeführt, und dadurch die toskanische Pferdezucht so ansehnlich verbessert, daß die toskanischen Pferde selbst im Auslande in Ruf kamen. — Derselbe Fall war es damals auch mit den Pferden des Herzogthums Mantua. Die Herzoge aus dem Hause Gonzaga führten — wie Marx Fugger erzählt — viele arabische, berberische und spanische Pferde (Genetten) ein, und verbesserten dadurch nicht nur die Pferdezucht in ihren Gestüten, sondern auch in ihrem ganzen Lande [41]. — Auch in den päbstlichen Staaten wurden zu jener Zeit arabische, berberische und spanische Pferde eingeführt und daselbst zur Verbesserung der Landes-Pferdezucht angewendet, und es finden sich daher noch in den Gestüten einiger römischer Großen Spuren von diesen eingeführten Pferden, wie Chateauvieux versichert. — Es verdankten sohin alle ehemals berühmten Pferde Italiens ihren verbesserten Zustand vornämlich den arabischen Pferden, weil, wie wir eben gesehen haben, auch die berberischen Pferde und die spanischen Genetten arabischen Ursprungs waren.

Auch in Frankreich stammen alle bessern Pferde von früher eingeführten arabischen und andern morgenländischen Zuchtpferden ab. Huzard der Aeltere, Flandrin, la Font Poulotti und der Prinz von der Moskwa *) bezeugen dieß. Ersterer schreibt: « Es ist außer Zweifel, daß wir unsere bessern Pferde der Einführung arabischer, berberischer und anderer Pferde aus den Morgenländern zu verdanken haben. Seit der Zeit haben sich

*) Des cheveaux de Cavallerie par le Prince de la Moscowa. Paris 1833.

auch unsere verbesserten Racen so erhalten, daß sie noch sehr auffallende Spuren ihrer Voraltern zeigen, und sie sind nur seit Kurzem durch gebieterische Umstände ausgeartet» [42]). — Was Huzard in dem Vorstehenden andeutet, verhält sich folgendergestalt. Im achten Jahrhundert drangen 300,000 Araber, meistens Reiterei aus Spanien in Frankreich ein, und wurden daselbst in der Nähe von Poitiers gänzlich geschlagen. Durch diese Niederlage der Araber kamen damals eine Menge Pferde von arabischem Blute in das südwestliche Frankreich. Später wurden auch während der Kreuzzüge noch mehrmalen arabische und andere orientalische Pferde eingeführt. Aus der Vermischung dieser eingeführten Pferde mit der ursprünglichen Landesrace entstanden die nachmals so berühmten limousiner und navarresischen Pferderacen *). Gegenwärtig sind von dieser Race nur noch wenige Nachkömmlinge vorhanden, da Nachlässigkeit und unkluge Maßregeln während der französischen Revolution auf deren Fortpflanzung einen höchst nachtheiligen Einfluß gehabt haben **).

England hatte schon zur Zeit der alten Römer eine Pferderace, die für den gewöhnlichen Gebrauch geeignet war. Indessen standen die englischen Pferde bis in die

---

*) In den navarresischen Pferden war jedoch neben dem arabischen auch spanisches Pferdeblut.

**) In der neuesten Zeit hat man diese Racen wieder durch den Gebrauch arabischer Beschäler zu verbessern gesucht, und hat deßhalb unter der Regierung Napoleons im Jahr 1808 auf einmal 20, und dann unter Ludwig dem Achtzehnten im Jahr 1819 wieder 22 dergleichen Hengste eingeführt. Gegenwärtig (1834) befinden sich in den französischen Land- und Stammgestüten 64 arabische und 41 rein-englische Beschäler.

Mitte des siebenzehnten Jahrhunderts niemals in Ruf, und es wurden häufig fremde Pferde (aus Frankreich, Spanien, den Niederlanden u. s. w.) eingeführt. Erst unter der Regierung König Karl II. (vom Jahr 1660 bis 1683) fing die englische Pferdezucht sich zu heben an. Dieser König (welcher ein guter Reiter und Pferdekenner war) verwandte große Summen auf den Ankauf von Zuchtpferden aus den Morgenländern, woher er zehn Stuten und mehrere Hengste erhielt, die man als den ursprünglichen Stamm der englischen Vollblutpferde ansehen kann *). Von dieser Zeit an sind fortwährend berberische, türkische und am meisten aber arabische Hengste zur Zucht eingeführt worden. Das Geschlechtsregister der edlen Pferde in England führt deren einundzwanzig namentlich an, welche für die vorzüglichsten gehalten wurden, und aus deren Nachkommenschaft die jetzige englische Wettrenn- oder Vollblutrace hervorgegangen ist. — Gegenwärtig gibt es eigentlich drei Hauptfamilien unter den Pferden dieser Race. Man gibt jeder dieser Familien den Namen des berühmtesten Hengstes aus derselben, und deßhalb heißen sie das Herod- Matschem- und Eclipsegeschlecht. Daß die drei Stammväter dieser Geschlechter (Beverley-Turk **), Godolphin und Darnley Araber) ächte arabische Pferde wa-

*) Ueber den obigen Gegenstand findet man vollständige Auskunft in dem trefflichen Werke: Ueber die Pferdezucht in England von Karl von Knobelsdorf. Berlin 1820.

**) Beverley-Turk war ein im Türkenkriege erbeutetes Pferd. Er war wahrscheinlich ein ächter Araber und kein berberisches Pferd, wie manche behaupten. Aber im Falle auch letztere Recht haben, war er ja doch, wie alle berberischen Pferde, von rein-arabischer Abstammung.

ren, unterliegt keinem Zweifel. Und sohin ist klar, daß die englische Wettrenn- oder Vollblutrace vornämlich arabischen Ursprungs ist *). Die Engländer gestehen dieß selbst ein. So z. B. schreibt Gwatkin: «Es ist außer Zweifel, daß das beste Blut auf den englischen Rennbahnen (also der Vollblutpferde) sich mit dem Godolphin Araber, Darnley Araber, Leeds Araber, Honeywoods Araber u. s. w. kreuzt» [43]. Seit der Einführung dieser (Vollblut-) Race hat sich die Pferdezucht in England außerordentlich gehoben. Man paarte nämlich die Hengste von dieser Race häufig mit gemeinen Landstuten, und erhielt dadurch nach und nach eine Menge in höherm oder niederm Grade veredelter Pferde, die nun als Jagd-, Reit-, Kutschen- und Wagenpferde ihres Gleichen in Europa nicht haben.

In Rußland und Polen gibt es Pferde von verschiedener Art; Hr. v. Bennigsen zählt allein in ersterm Lande über zwanzig Pferderacen auf. Einige dieser Racen sind offenbar von orientalischer Abstammung, wie z. B. die ukrainische, zaporogische, krimmische, truchmenische u. s. w. Die in früheren Jahrhunderten öfters Statt gehabten Einfälle der Tataren haben in diese Länder eine große Anzahl orientalischer Pferde verbreitet, und das um so mehr, da die Tatarn, wenn sie in den Krieg zogen, die Gewohnheit hatten, noch ein zweites Pferd mitzuführen. «Hier ist also der Zeitpunkt — sagt Hr. Graf Rzewusky — in welchem sich die Verbreitung der orientalischen Racen in

*) Man muß bei dem oben Gesagten berücksichtigen, daß, wie schon bemerkt, auch die vielen in England eingeführten berberischen Pferde arabischen Ursprungs waren.

Rußland und Polen und die Veredlung der dortigen Pferde anfing.» — In der Folge haben beide Länder durch die häufigen Kriege mit den Türken eine Menge orientalischer Beutepferde (worunter auch immer viele arabische Pferde waren, da die Türken diese zum Kriegsdienste allen andern Pferden vorziehen) erhalten *). Auch haben die Vornehmen und Reichen in Rußland und Polen von jeher viel auf Pferde und Pferdezucht gehalten, und in ihren zum Theil sehr großen Gestüten stets orientalische und besonders viele arabische Beschäler gehabt, und oft dergleichen Beschäler mit großen Kosten aus der Türkei kommen lassen **). Von diesen Gestüten und den vorgedachten Beutepferden aus hat sich das arabische Pferdeblut nach und nach in einem großen Theile der Landes-Pferdezucht (besonders in den südlichen Provinzen) verbreitet; daher auch gegenwärtig alle bessern russischen und polnischen

*) «Der vorletzte Krieg gegen die Türken — sagt Graf Rzewusky — machte, daß nach Polen und der Ukraine mehr als 800 orientalische Beschäler kamen, und obgleich nicht alle geeignet waren, die Landesrace zu veredeln, so führten sie doch wenigstens die Reinheit des Blutes.» (Fundgruben des Orients 5. Bd.)

**) Ein neuerer Schriftsteller (Hr. Berghofer), der die Pferdezucht Rußlands gut kennt, sagt: «In Rußland gibt es unzählige Gestüte, wo arabische Hengste oder deren Abkömmlinge als Beschäler gebraucht werden.» (Siehe dessen kleine Schrift: Ueber die zweckmäßigsten Pferde zur allgemeinen Zucht. S. 29.) — Welche große Kosten die russischen und polnischen Großen auf die Beischaffung guter arabischer und anderer orientalischer Beschäler verwenden, ergibt sich aus Folgendem. Vor nicht gar langer Zeit schickte der Fürst Sangusko seinen Stallmeister nach Syrien, und ließ daselbst sechs arabische Beschäler zu hohen Preisen kaufen; und Hr. v. Obodynsky hat in Konstantinopel in zwei Transporten über sechszig arabische und andere orientalische Pferde nach Rußland und Polen gebracht.

Pferde mehr oder weniger das arabische, und überhaupt orientalische Gepräge an sich tragen. Man kann daher wohl sagen, daß der Gebrauch orientalischer Zuchtpferde, und zwar besonders der häufige Gebrauch arabischer Beschäler, sowohl für die Gestüte- als Landes-Pferdezucht in Rußland und Polen von großem Nutzen gewesen ist *).

In der europäischen Türkei ist die Pferdezucht schon seit längerer Zeit in Verfall. Die dortigen Pferde sind von keiner reinen Race, sondern ein Gemisch der alten thracischen, bulgarischen und griechischen Zucht, mit tatarischen, arabischen und andern orientalischen Pferden, welche von den Türken, seitdem sie nach Europa herübergekommen, nach und nach eingeführt worden sind. Die gemeine Landes-Pferdezucht ist gegenwärtig sehr mittelmäßig, ja hie und da sogar schlecht. Alle bessern Pferde kommen aus den Gestüten der Pascha's, Bey's und anderer großen Grundeigenthümer, in welchen man gewöhnlich arabische Beschäler und arabische und andere orientalische Stuten zur Zucht gebraucht. Pferde von dieser Art erkennt man gewöhnlich an ihrer edlen Figur, au ihrem kurzen feinen Haar, und an ihrer größern Lebhaftigkeit und Geschwindigkeit. Indessen bleibt dennoch wahr, was Hr. v. Bennigsen mit folgenden Worten sagt: «In allen

*) In der neuesten Zeit haben mehrere russische und polnische Große angefangen, Zuchtpferde von englischem Voll- und Halbblut einzuführen; ob sie mit diesen glücklicher seyn werden, als früher mit den arabischen und andern orientalischen Zuchtpferden, muß die Zeit lehren. Sachverständige, die neuerdings in Rußland und Polen waren, behaupten, daß bis jetzt der Erfolg den gehegten großen Erwartungen nichts weniger, als entsprochen hat. (Siehe die Schrift: Ueber die zweckmäßigsten Pferde zur allgemeinen Zucht; von Ludwig Berghofer. S. 20).

türkischen Pferden entdeckt man Spuren arabischen Blutes, allein auch die bessern stehen den ächten Arabern nach» [44]).

In der Moldau und Walachei werden viele leichte Pferde gezogen, welche sich vornämlich zum Gebrauche für die leichte Kavallerie eignen. Hr. v. Bennigsen meint, daß diese Pferde ein Gemisch von ungarischen, siebenbürgischen und türkischen Pferden sind. Die Bojaren (Fürsten) und andern großen Grundbesitzer, haben halbwilde Gestüte (von 100 bis 300 und noch mehr Stuten) in welchen sie sich öfter Hengste von arabischer Abstammung als Beschäler bedienen *); weßhalb sich auch in vielen Pferden dieser Länder arabisches Blut befindet, wie auch schon ihr Aeußeres deutlich zu erkennen gibt.

In Oesterreich (mit Inbegriff seiner Nebenländer Ungarn, Gallizien, Siebenbürgen, Böhmen u. s. w.) hat man allezeit viele und darunter auch gute Pferde gehabt. Die Lage mehrerer Provinzen (Ungarn, Siebenbürgen u. s. w.) zunächst an der Türkei, die 160jährige Beherrschung Ungarns und Siebenbürgens von den Türken **), und die

---

*) In den halbwilden Gestüten obengenannter Länder wird gewöhnlich zu 12 bis 15 Stuten ein Beschäler gerechnet. Dazu nimmt man nicht geradezu arabische Hengste, weil sich diese bei dem Gebrauche als Unterläufer in den Stutenheerden bald ruiniren würden. Man zieht daher lieber von arabischen Beschälern junge Hengste nach, und gebraucht diese zu Unterläufern, weil diese schon mehr einheimisch und den Aufenthalt im Freien und in der Heerde mehr gewohnt siud, auch weniger hoch im Werthe stehen.

**) In Folge der Schlacht bei Mohatsch (1514) wurde der größte Theil von Ungarn auf 160 Jahre in eine türkische Provinz verwandelt.

öftern Kriege zwischen Oesterreich und der Türkei haben Gelegenheit zu vielfältiger Einführung türkischer und arabischer Pferde gegeben. Auch haben die Großen und Reichen der österreichischen Monarchie schon seit mehreren Jahrhunderten in ihren Gestüten immer viele arabische und andere orientalische Pferde unterhalten und zur Zucht verwendet. Von diesen Gestüten aus ist unstreitig viel arabisches Pferdeblut in die Landesrace gekommen, und zwar besonders in Ungarn, Siebenbürgen, Gallizien und den übrigen zunächst an der Türkei gelegenen Provinzen. Auch hat die Errichtung der Militär- (oder vielmehr Stamm-) Gestüte und das allgemeine Landgestüte vortheilhaft auf die Landes-Pferdezucht eingewirkt, da in denselben immer viele arabische und andere orientalische Stammpferde unterhalten worden sind. Gegenwärtig gibt es in Oesterreich und seinen Nebenländern: 2 Kaiserliche Hofgestüte, 6 Militär- oder Stammgestüte (worin die Beschäler für das Landgestüte gezogen werden), und 255 Privatgestüte *). — In diesen Gestüten werden zwar Pferde von verschiedenen Racen gezogen (als z. B. spanische und neapolitanische aus den Kaiserl. Hofgestüten abstammend, englische u. s. w.); allein in den meisten hat man doch arabische Hengste, oder solche, die von diesen in näherm oder entfernterm Grade abstammen; ja in einigen hat man nicht allein ächt arabische Hengste, sondern auch dergleichen Stuten, wie z. B. in dem Gestüte des Barons von Fechtig, des Fürsten Esterhazy, Fürsten Palfy, Grafen Hunyadi

*) Siehe Erdelyis Beschreibung der Gestüte des österreichischen Kaiserstaates. Wien 1827.

u. s. w. *). Man kann daher wohl sagen, daß in den meisten bessern Pferden Oesterreichs sich arabisches und anderes orientalisches Pferdeblut befindet, was gewiß auf die Verbesserung der Landes-Pferdezucht von vortheilhafter Einwirkung gewesen ist.

Nach Preußen kamen die ersten arabischen Zuchtpferde wahrscheinlich nicht früher, als zu Anfange der 1790er Jahre **). Der Stallmeister Ehrenpfort kaufte damals in Syrien an der Grenze von Arabien 13 arabische Hengste für die Königl. Gestüte, und in den darauf folgenden Jahren wurden auch noch von anderwärts einige arabische Hengste dazu gekauft, wie z. B. der nachmals so berühmte Turkmainatti. Im Jahr 1817 kaufte der Königl. preußische Gestüts-Inspektor G. G. Ammon in Konstantinopel abermals 25 arabische und andere orientalische Hengste und auch 15 dergleichen Stuten. Seitdem sind noch öfter arabische Beschäler angekauft worden, wie z. B. der Nedsched Araber, der Dschedran, Borak, Blakfoot u. s. w. Diese Pferde paarte man theils unter sich, theils mit englischen Voll- und Halbblutstuten, um edle und veredelte Beschäler für das Landgestüte zu erhalten. Durch

*) Das Gestüte des Barons von Fechtig enthielt im Jahre 1831 6 Beschäler und 16 Zuchtstuten von rein-arabischer Race; das Gestüte des Fürsten Esterhazy, 3 ächtarabische Hengste und mehrere dergleichen Stuten; das Gestüte des Grafen Hunyadi, 2 ächtarabische Hengste und mehrere dergleichen Stuten; das Gestüte des Grafen Palfy 2 ächtarabische Hengste u. s. w.

**) Türkische und persische Hengste hatte man schon früher in dem Hauptgestüte zu Trakehnen. Möglich ist, daß erstere Araber waren; denn in früherer Zeit (wie man aus Fuggers Werk ersieht) nannte man die arabischen Pferde häufig türkische Pferde, weil man sie gewöhnlich aus der Türkei erhielt.

die zweckmäßige Verwendung dieser Beschäler hat sich seitdem die vormals sehr schlechte Pferdezucht in den preußischen Staaten ausserordentlich gehoben. Früher mußte Preußen alle seine Remonte- und Luxuspferde vom Auslande kaufen, jetzt bezieht es dieselben nicht nur aus seiner eigenen Landeszucht, sondern kann auch noch alljährlich eine nicht unbeträchtliche Anzahl an fremde Länder überlassen *). Alles dieses verdankt es den eingeführten und mit Kenntniß und Sorgfalt verwendeten arabischen und andern orientalischen Zuchtpferden, wobei jedoch auch die vielen verwendeten englischen Voll- und Halbblutstuten und Hengste mit in Anschlag gebracht werden müssen. Bemerkenswerth ist noch der ausserordentliche Nutzen, den der arabische Beschäler Turkmainatti dem Lande gebracht hat. Seine Nachkommen zeichneten sich vor allen andern durch Schönheit und Werth aus, und man kann sagen, es findet sich noch gegenwärtig mehr oder weniger von seinem Blute in den Pferden aller Königl. und Privatgestüte Preußens. Alle Pferde dieser Herkunft zeichnen sich durch edle Formen, kraftvollen Bau und leichtes und gutes Gangwerk aus.

In Deutschland hat man seit dem Anfang des vorigen Jahrhunderts **) vielfältig arabische Pferde und besonders arabische Hengste zur Verbesserung der einheimischen Gestüts- und Landes-Pferdezucht gebraucht; je-

---

*) Siehe folgendes Werk: Ueber die Verbesserung und Veredlung der Landes-Pferdezucht durch Landgestüts-Anstalten, von K. W. Ammon. Nürnberg 1831. 3ter Bd. S. 105.

**) Vor oben gedachter Zeit waren die arabischen Pferde in Deutschland selten anzutreffen. Simon Winter schrieb zu Ende des

doch meistens zugleich mit englischen Stuten und auch dergleichen Hengsten, weßhalb es schwer hält, genau anzugeben, welchen Nutzen die eine oder andere dieser Pferderacen geleistet hat. Indessen ist außer Zweifel, daß alle bessern Pferde, die man gegenwärtig in den Gestüten Deutschlands antrifft, in näherm oder entfernterm Grade entweder von arabischen oder englischen Zuchtpferden abstammen. In mehrern dieser Gestüte haben arabische Beschäler sich höchst nützlich erwiesen, und ich will nur einige Beispiele davon anführen. In dem ehemals berühmten Zweibrücker-Gestüte zeichnete sich vor mehrern orientalischen Hengsten ein Araber Namens Visir aus. Dieses Pferd war von mittelmäßiger Größe (fast 15 Fäuste hoch) etwas senkrückig, nicht leicht von Kopf, aber von breiter Brust, starkem untersetztem Bau und vieler Kraft und Bravour. Er erzeugte mit englischen Voll- und Halbblutstuten eine vortreffliche Nachkommenschaft, und unter andern auch den Empereur, einen Hengst, der sich durch Schönheit und Kraft sehr auszeichnete. Von diesen beiden Hengsten (Vater und Sohn) stammte der vor noch nicht langer Zeit berühmte Zweibrücker-Reitschlag ab. Unter den vielen trefflichen Abkömmlingen des Empereur entwickelte sich auch ein junger Hengst, Namens Herkules, zum Kutschenschlag, und wurde hernach der Stammvater der schönen weit und breit berühmten Zweibrücker-Kutschenrace. Viele treffliche Pferde entsprossen von diesen Hengsten, und sie

---

siebenzehnten Jahrhunderts: "Die arabischen Roß kommen aus einem Land, das gar weit entlegen ist, und deßwegen werden auch gar selten einige zu uns nach Deutschland gebracht." (Siehe dessen Pferde- und Fohlenzucht S. 50.)

beweisen klar, welch' großen Nutzen ein einziger tüchtiger arabischer Beschäler leisten kann *). —

Auch die zu Ende des vorigen Jahrhunderts berühmte Pferdezucht des Fürstenthums Ansbach hatte ihr Emporkommen großen Theils einem arabischen Beschäler, Namens Ali, zu verdanken. Dieser Hengst ward von Konstantinopel nach Wien gebracht und daselbst für Rechnung des letzten Marggrafen von Ansbach gekauft worden. Er war 4 Fuß 11 Zoll hoch, von goldbrauner Farbe, sehr schön und zugleich von sehr starkem Fundament. Obgleich in Ansbach meistens englische Pferde zur Verbesserung der Gestüts- und Landes-Pferdezucht verwendet wurden, so war doch dieser Hengst der eigentliche Stammvater des schönen edlen Ansbacher-Reitschlages, und von ihm und seinen Nachkommen stammten zugleich die edelsten Landbeschäler ab, weßhalb man auch sagen kann, daß er, wenn auch nicht das Meiste, doch sehr Vieles zum damaligen Emporkommen der Ansbacher Pferdezucht beigetragen hat. — Außer diesem sind auch noch mehrere andere arabische Hengste in den Gestüten Deutschlands mit Nutzen gebraucht worden, wie z. B. dahier (in Rohrenfeld) der Guerière; in dem Herzogl. Braunschweigischen Gestüte zu Harzburg der Mirza; in dem Königl. Hannöverschen Gestüte zu Neuhaus der Satin-Arabian, Gilfi u. s. w.; im kurhessischen Gestüte zu Beberbeck der Koheyl u. s. w., worüber die nähern Nachweisungen nur zu unnützen Weitläuftigkeiten führen würden.

---

*) Siehe das schon vorhin erwähnte Werk: Ueber die Verbesserung und Veredlung der Landes-Pferdezucht durch Landgestüts-Anstalten, von K. W. Ammon. Nürnberg 1831. 3ter Bd. S. 105.

In keinem Staate Deutschlands sind aber in der neuesten Zeit (seit 1815) so viele und so treffliche arabische und andere orientalische Zuchtpferde eingeführt worden, als in Würtemberg, weßhalb ich derselben etwas ausführlich gedenken muß. Seine Majestät der König von Würtemberg hat in der Nähe von Stuttgardt ein Privatgestüte gegründet, das seines Gleichen in Europa nicht hat. Vor zwei Jahren (1831) waren in diesem Gestüte: 4 Beschäler und 18 Zuchtstuten von ächtarabischer Race, nebst 2 nubischen und 30 andern orientalischen Stuten. Einige von diesen arabischen Hengsten und Stuten waren Pferde von bedeutender Größe (von 5 Fuß 2 Zoll bis zu 5 Fuß 7 Zoll) *) und von ausgezeichneter Schönheit, und was man sonst so oft an diesen Pferden vermißt, zugleich auch von einem verhältnißmäßig starken Gliederbau. Einen Theil dieser Pferde ließ man gleich vom Anfange an nur unter sich fortpflanzen, um solchergestalt nach und nach eine constante Reinzucht von arabischen und andern orientalischen Pferden zu begründen. Sichern Nachrichten zufolge sollen die Nachkommen aus dieser Zucht den gehegten Erwartungen vollkommen entsprechen. Selbst Hr. v. Biel (der kein Freund der arabischen Pferde ist) sagt, daß er in diesem Gestüte aus der Paarung arabischer Hengste mit arabischen und andern orientalischen Stuten, und dann aus der Paarung arabischer Hengste mit englischen Halbblutstuten vortreffliche Pferde gesehen habe. Ganz vorzüglich aber zeichnen sich die Nachkommen von den arabischen Hengsten: Gumusch-Burnu, Emir, Bairaktar, Sultan Mahmud u. s. w. durch eine ansehnliche Größe

*) Siehe das zehnte Kapitel.

und durch einen verhältnißmäßig starken Gliederbau, verbunden mit edlen und schönen Formen, aus.

Von dem Gebrauche arabischer Zuchtpferde in den übrigen Ländern Europa's: Dänemark, Schweden, Portugal u. s. w. kann ich nichts berichten, da erstlich hier nur sehr wenige arabische Pferde eingeführt worden sind, und dann auch die näheren Nachrichten darüber mangeln. Nur eines ausgezeichneten arabischen Hengstes muß ich noch gedenken, der in den 1740er Jahren in dem Königl. dänischen Gestüte zu Friedrichsborg bei Koppenhagen mit Nutzen gebraucht worden ist. «Dieser Hengst — schrieb Professor Viborg im Jahr 1797 — hat der dänischen Stuterei am meisten genützt, und sieben Jahre hindurch viele Fohlen erzeugt. Von diesem Araber stammte der schöne Hengst Etranger, der wegen des edlen Blutes merkwürdig ist, das er in die dänische Gestütsrace gebracht hat. Er erzeugte einen schönen braunen Hengst von demselben Namen; dann war er der Vater zu den Hengsten le Brave und le Vif, und Großvater zu den meisten im Jahr 1797 in dieser Stuterei befindlichen Zuchtstuten» [45].

Aus dem Allem geht hervor, daß auch in Europa der Gebrauch arabischer Zuchtpferde nicht ohne großen Nutzen gewesen ist. Einige der berühmtesten Pferderacen, als z. B. die Wettrenn- oder Vollblutrace in England, die andalusische Race (Genetten) in Spanien, die limousiner und navarresische Race in Frankreich u. s. w. verdanken ihre Entstehung und Vollkommenheit theils ganz, theils dem größten Theil nach arabischen Pferden *). In einigen

*) Man darf (wie schon bemerkt wurde) hierbei nicht übersehen, daß auch die berberischen Pferde, die in England, Spanien und

Ländern z. B. in Preußen, den ehemaligen Fürstenthümern Zweibrücken und Ansbach u. s. w. ist sowohl die Gestüts- als Landes-Pferdezucht durch den Gebrauch arabischer Beschäler sehr in die Höhe gekommen. Wieder in andern Ländern, z. B. Rußland, Polen, der Türkei, Moldau, Walachey, Oesterreich u. s. w. haben arabische Zuchtpferde auf die Landes-Pferdezucht vortheilhaft eingewirkt, so daß dort alle bessern Pferde mehr oder weniger arabisches Blut in sich haben und diesem Blute ihren verbesserten Zustand verdanken.

Es fragt sich nun noch: Was ist das Resultat von all' dem bisher Gesagten? — Ich glaube dieses: daß General Malcolm Recht hat, wenn er sagt: daß in ganz Asien, Afrika und Europa die beste und schönste Zucht von Pferden arabischen Ursprungs ist. — Denn stammen auch nicht alle bessern Pferde gedachter drei Erdtheile unmittelbar von arabischen Pferden ab, so ist dieß doch mittelbar der Fall. Nachstehendes wird dieß näher erklären. Z. B. die berberischen Pferde, die englischen Vollblutpferde, die spanischen (Genetten), die türkischen, limousiner u. s. w. Pferde, verdanken (wie wir früher gesehen haben) ihre Vorzüge vornämlich ihrer unmittelbaren Abstammung von arabischen Pferden. Nun sind aber alle diese Pferde (berberische, englische, spanische u. s. w.) wieder zur Verbesserung und Veredlung anderer Racen von geringerm Werthe in Frankreich, Deutschland, Oesterreich, Preußen, Dänemark u. s. w. (sowohl in älterer, als neuerer Zeit) vielfältig angewendet worden, und

---

Frankreich mit zur Hervorbringung einer bessern Pferdezucht beigetragen haben, arabischen Ursprungs sind.

so hat dann auf diese Weise das arabische Pferdeblut wieder mittelbar auf die Pferdezucht vieler Länder vortheilhaft eingewirkt. Alles dieses läßt sich auch auf die von arabischen Pferden abstammenden Racen in Asien und Afrika anwenden.

Man ersiehet hieraus, daß die arabischen Pferde gleichsam die Urquelle aller Veredlung und Verbesserung im ganzen Pferdegeschlechte sind. Huzard der Aeltere hat daher nicht Unrecht, wenn er sagt: «Das arabische Pferd ist nach der Behauptung aller Kenner das erste Pferd in der Welt. Es hat so zu sagen das ausschlüßliche Recht, alle andern Pferderacen, die man mit ihm vermischt und kreuzt, zu verbessern und vollkommener wieder herzustellen, und solche in dieser Art beinahe bis ins Unendliche fortzusetzen» [46]).

Wenn übrigens bei uns in Europa der Gebrauch arabischer Pferde zur Zucht bisweilen der Erwartung nicht entsprochen, oder wohl gar mehr Schaden als Nutzen gebracht hat, so thut dieß dem eben Gesagten keinen Eintrag. Man muß hier zweierlei berücksichtigen, nämlich:

1) daß es in jeder Pferderace Individuen gibt, die bei einem schönen Aeußern und fehlerfreien Bau schlechte Zuchtpferde sind. Der Hr. Graf v. Lindenau sagt sehr wahr: «Vom edelsten und tadelfreiesten Araber, wie die Erfahrung lehrt, können ausnahmsweise schlechte, von minder guten, treffliche Produkte hervorgehen *). Ueberall

*) Von den edelsten möchte ich dieß nicht sagen, wohl aber von den schönsten. Nicht selten sind Pferde von nicht ganz reinem edlen Blute eben so schön, wo nicht noch schöner, als die aller-

trifft sich dieß; wer wollte aber von einzelnen Fällen aufs Ganze schließen?» [47]). Man hat diese Beobachtung nicht bloß an den arabischen, sondern auch an allen andern, selbst an den jetzt so sehr gepriesenen englischen Vollblutpferden gemacht. Mehrfache Erfahrungen setzen dieß außer Zweifel. So z. B. hatte man in dem ehemaligen marggräflich-ansbachischen Gestüte zu Triesdorf zwei reine Abkömmlinge (Söhne oder Enkel) von dem berühmten englischen Wettrenner Eclipse, welche beide lauter schlechte Fohlen mit dicken schweren Köpfen, steilen Kruppen und schlecht gestellten Vorderbeinen erzeugten, obgleich sie selbst nicht fehlerhaft gebaut waren. Mein Bruder, der Königl. preußische Gestüts-Inspektor G. G. Ammon, sah in Rußland einen englischen Vollbluthengst, der 10,000 Dukaten gekostet hatte *), und der dennoch lauter bocksbeinigte Fohlen erzeugte [48]). Ein ähnliches Beispiel sah man vor einigen Jahren in einem der größten Gestüte Deutschlands, indem ein daselbst vorhandener untadelhafter englischer Vollbluthengst lauter schlechte krummbeinigte Fohlen erzeugte. Solche Beispiele sind gar nicht selten; und wie häufig ist es nicht der Fall, daß dergleichen Hengste, wenn sie auch eben nichts Schlechtes, so doch auch nichts Vorzügliches produziren, wie z. B. der Bandy, Bankes, Grimalkin, und andere mehr. — Es ist daher nicht zu wundern, wenn auch arabische Perde bis-

---

edelsten; allein sie vererben ihre Eigenschaften nicht mit Sicherheit, und daher entsprechen auch ihre Produkte nicht jedesmal der Erwartung.

*) Wahrscheinlich mit sammt den Transportkosten.

weilen eine Nachkommenschaft producirten, die der gehegten Erwartung nicht entsprach *).

2) Ist es außer Zweifel, daß auch bisweilen von den Pferdezüchtern bei der Wahl, Paarung und Verpflegung der arabischen Pferde Fehler begangen worden sind, die schlechterdings einen ungünstigen Erfolg herbeiführen mußten. — Das arabische Pferd ist meistens klein und seinem ganzen Wesen nach nichts, als ein leichtes Reitpferd; aber das schnellste, dauerhafteste, gewandteste und angenehmste Reitpferd in der Welt. In Asien und Afrika, wo man die Pferde immer nur zum Reiten und niemals zum Ziehen vor dem Wagen oder Pflug gebraucht, ist daher das arabische Pferd zur Verbesserung und Veredlung der dortigen Landesracen weit leichter anzuwenden, als bei uns. Es ist mit diesen Racen hinsichtlich der Größe, Körperform und des Gebrauchs übereinstimmend, und paßt daher zur Verbesserung derselben vollkommen. Anders ist dieß bei uns. Wir bedürfen nicht nur gute leichte, sondern auch große und starke Reitpferde, dann Wagen- und Kutschenpferde, Ackerpferde, Fuhrmannspferde u. s. w. Für alle diese Zwecke kann das leichte arabische Pferd nicht

*) Auch ist zu berücksichtigen, daß sehr oft Pferde unter der Firma: arabische gekauft und zur Zucht verwendet worden sind, die nichts weniger, als von ächtarabischer Race waren. Justinus sagt sehr wahr: "Wie viel von den Pferden, die nach Europa als Araber geführt worden sind, haben wohl Arabien gesehen? Wenigstens sind sie nicht von der besten arabischen Zucht gewesen." — (Siehe dessen Grundsätze der Pferdezucht S. 220). Den nähern Beweis hierüber findet man auf den letzten Blättern des achtzehnten Kapitels.

gleich gut als Zuchtpferd dienen; und deßhalb erfordert bei uns sein Gebrauch große Vorsicht und Ueberlegung, und bringt bei Unvorsichtigkeit leicht Schaden. Dieser Schwierigkeit in der Anwendung ist es vornämlich zuzuschreiben, daß von den Pferdezüchtern bisweilen Fehler begangen wurden, die einen günstigen Erfolg nicht zuließen.

Die hauptsächlichsten dieser Fehler sind:

1) die Wahl arabischer Pferde von unbekannter Abkunft, das heißt: solcher Pferde, die zwar das Gepräge der edlen arabischen Race an sich tragen, von denen es aber übrigens ungewiß ist, ob sie wirklich von reinem ächtarabischen Blute sind. Wir werden weiter unten sehen *), daß in einem Theile Arabiens und besonders in den an Arabien gränzenden Ländern: Syrien, Mesopotamien und Irak-Arabi sehr viele halbedle oder veredelte Pferde von edlen arabischen Beschälern und mehr oder weniger gemeinen Stuten gezogen werden, die bisweilen denen von reinem Blute wenig oder gar nicht an Schönheit nachstehen. Dergleichen Hengste sind ohne Zweifel schon öfter zu uns nach Deutschland gekommen, und haben daselbst bei der Pferdezucht das nicht geleistet, was man von ihnen erwartete. Denn nicht nur, daß ein solches veredeltes (Viertel- Halb- oder Dreiviertelblut-) Pferd nicht im Stande ist, seine Eigenthümlichkeiten und Eigenschaften vollständig auf seine Nachkommen zu vererben, so folgen auch noch gerne Rückschläge auf die unedle Stammmutter. Deßhalb ist immer nothwendig, bei der

*) Im sechsten und siebenten Kapitel.

Wahl arabischer Beschäler oder Stuten auf reine Abkunft vom alten ächtedlen Stamme zu sehen *).

2) Hat man bei der Wahl arabischer Zuchtpferde häufig darin gefehlt, daß man zu wenig auf Größe und Knochenstärke sah, welches doch Haupterfordernisse eines guten Beschälers sind. Wie die Erfahrung gelehrt hat, waren alle arabischen Beschäler, mit denen man in England, Deutschland und anderen europäischen Ländern vorzüglich glücklich war, Pferde von mittelmäßiger Größe, (4 Fuß 11 Zoll bis 5 Fuß 4 Zoll) und von starken untersetztem Bau, wie z. B. der Godolphin und Darnley Araber in England, der Turkmainatti in Preußen, der Emir, Bairaktar, Burnu, Mahmud u. s. w. in Würtemberg, der Visir in Zweibrücken, der Ali in Ansbach, El-Bedavi in Ungarn, Smetanka in Rußland u. s. w. **) — Einige dieser Hengste, wie z. B. der Godolphin und Darnley Araber, der Visir u. s. w. waren nichts weniger, als

---

*) Nur ist es leider meistens unmöglich, hierüber zur Gewißheit zu gelangen, da die Abstammungszeugnisse, welche beim Verkauf der arabischen Pferde mitgegeben werden, oft sehr betrüglich sind. Wir sollten deßhalb in dieser Hinsicht ganz die Engländer nachahmen, von welchen Justinus schreibt: "Die Engländer stellen deßwegen den Grundsatz auf: Jedes arabische Pferd, sey es auch nicht ganz vollkommen, zu versuchen, was es zeuge. Dazu sind sie bewogen worden durch zwei nichts versprechende arabische Hengste, der eine dem Lord Darnley, der andere dem Lord Godolphin gehörig, die in der Folge das Meiste zu der Vortrefflichkeit der englischen Pferde beigetragen haben (Siehe dessen Grundsätze der Pferdezucht. Wien 1815. S. 54). — Uebrigens wird es ächten Kennern auch wohl ohnedem nicht gar schwer werden, das rein-edle Pferd von dem veredelten zu unterscheiden.

**) Siehe im zehnten Kapitel die erste und sechste Anmerkung.

schön, aber sie waren stark gebaute, ungemein kraftvolle Pferde und besaßen sohin (neben der reinen Abkunft) die Haupteigenschaften eines guten Beschälers. Mit kleinen, feinen, spindlichen arabischen Hengsten war man dagegen weder in Deutschland, noch sonst in irgend einem andern Lande Europa's glücklich; ja im Gegentheil haben dergleichen Hengste in Gestüten und bei der Landes-Pferdezucht oft ungemein großen Schaden angerichtet *). Es ist dieß übrigens so bekannt, daß ich nicht nöthig habe, näher darauf einzugehen. Exempla sunt odiosa; sonst könnte ich hier mehrere Beispiele anführen. Außer Zweifel ist aber, daß der Gebrauch solcher kleinen, feinen, spindlichen arabischen Hengste Vieles dazu beigetragen hat, auch die bessern Zuchtpferde von dieser Race in üblen Ruf zu bringen **).

3) Gab man den arabischen Beschälern zuweilen Stuten, die für sie nicht passend waren. Wenn man bei der Zucht mit arabischen Hengsten glücklich seyn will,

---

*) Obgleich ich den arabischen und englischen Vollbluthengsten den Vorzug vor den Hengsten aller anderen Racen einräume, so muß ich doch eingestehen, daß, im Falle sie klein, fein und spindelbeinig sind, mir große starkgebaute Halb- oder Dreiviertelbluthengste bei weitem lieber sind. Denn was nützt uns das hochedle Blut, wenn es uns unbrauchbare Pferde erzeugt? —

**) Der Engländer Gwatkins sagt: "In den letzten zwanzig Jahren ist das arabische Blut bei unsern (englischen) Pferdezüchtern aus der Mode gekommen, wovon wir als Ursache annehmen müssen, daß viele Individuen gemeiner Race nicht wegen ihrer Vorzüglichkeit, sondern weil sie schön von Gestalt waren und etwas Race zeigten, eingeführt worden sind, auch daß solche gemeiniglich klein waren und sich bloß zum Spazierenreiten eigneten." (v. Wachenhusens Zeitung für Pferdeliebhaber 5ter Jahrgg. S. 42).

so ist es eine Hauptsache, daß man ihnen große, starkgebaute und kraftvolle Stuten, und zwar vornämlich solche gibt, die schon in einem gewissen Grade (zur Hälfte oder Dreiviertel) veredelt sind. Das erstere ist nothwendig, um eine größere Nachzucht zu erzielen, als der Beschäler ist, und das Zweite, um die Fortschritte der Veredlung zu beschleunigen, und weil dann auch die Fohlen aus der ersten und zweiten Generation ungleich schöner und besser ausfallen, als außerdem der Fall ist. Ganz gemeine Stuten und arabische Hengste werden niemals, oder nur erst in den spätern Generationen gute Produkte liefern. — Daß in den ebenberührten Stücken von den Pferdezüchtern öfters gefehlt worden ist, ist außer Zweifel; und besonders hat man oft zu kleine und zu feine Stuten zur Zucht ausgewählt, was immer großen Nachtheil bringt, selbst wenn diese Stuten von der edelsten Art sind. Die von solchen kleinen und feinen Stuten und ihnen ähnlichen arabischen Hengsten fallende Nachzucht ist gewöhnlich zu keinem Dienste recht zu gebrauchen, höchstens zum Spazierenreiten für Kinder, oder für sonst leichte Personen.

4.) Auch ist hinsichtlich der Fütterung und Behandlung sowohl der alten, als jungen Pferde zuweilen gefehlt worden. — Man gab sowohl den Zuchtstuten, als den Fohlen im Winter zu wenig nahrhaftes Futter (besonders zu wenig Haber) und im Sommer ließ man sie bei Sturm und Regen ohne besondern Schutz auf die Weide gehen *), und ohne ihnen daneben noch etwas trockenes

*) Dadurch wollte man die Nachzucht abhärten, vergaß aber, daß solche edle Abkömmlinge nicht so gut rauhe Witterung vertragen, als unsere gemeinen Pferde.

oder Körnerfutter zu verabreichen. Bei solcher sparsamer Fütterung gedeiht keine edle Pferdezucht. Wenn wir von arabischen Zuchtpferden eine gute und brauchbare Nachkommenschaft erhalten wollen, müssen wir die alten und jungen Pferde eben so gut und reichlich füttern und eben so sorgfältig verpflegen und behandeln, wie die Engländer ihre Vollblutpferde; denn ohne dieses ist das vorgesteckte Ziel nicht zu erreichen. Bei Hungerleiden gedeiht keine edle Pferdezucht, man mag von arabischem oder englischem Vollblute züchten *).

Man ersieht hieraus, daß es nicht immer an den arabischen Pferden selbst lag, wenn ihr Gebrauch zur Zucht nicht den Nutzen gewährte, den man davon erwartete. Es ist daher eine Thorheit, wenn man einzelner ungünstiger Fälle wegen alle weitere Erfahrung bei Seite setzen und wie Hr. v. Biel und seine Anhänger die arabischen Pferde vom Zucht-

*) Was der Hr. Graf v. Veltheim über die früher gewöhnliche sparsame Fütterung bei der Zucht der Pferde von englischer Race sagt, paßt auch auf die Zucht von arabischen Pferden. Er schreibt: "Hierin (nämlich in der zu sparsamen Fütterung) liegt eben der Grund, weßhalb in frühern Zeiten die Verwendung englischer Hengste fast auf dem ganzen europäischen Continent in so üblem Rufe stand, und weßhalb auch der Erfolg (mit Ausnahme einzelner Fälle, wo jedoch obige Bedingungen nicht Statt fanden) wirklich der Erwartung nicht entsprach. Bekanntlich bestand mehr oder weniger bis vor nicht langer Zeit fast überall auf dem Continente das unglückliche Hungersystem, so daß man oft aus Princip, selbst wo die Mittel dazu nicht gefehlt hatten, glaubte, die Fohlen nicht genug hungern lassen zu können, und beständig in Angst war, solche blind oder lahm zu füttern, wogegen man, seitdem diese Ansicht großentheils verschwunden ist, von englischen Hengsten den besten Erfolg sieht." (Siehe dessen Abhandlung über Pferdezucht S. 300).

gebrauch ganz ausschließen und dagegen alles Heil bei der Pferdezucht einzig und allein von den englischen Vollblutpferden erwarten will. Diese Herren vergessen, daß auch der Gebrauch der, von ihnen so sehr gepriesenen englischen Vollblutpferde sowohl in Gestüten, als bei der Landes-Pferdezucht zuweilen mehr Schaden, als Nutzen gebracht hat. Man höre nur, was zwei alte Pferdezüchter, denen man Kenntniß und Erfahrung nicht absprechen kann, davon sagen. Hr. v. Sind schreibt: «Ich habe öfters Versuche gemacht, und recht gute wohlgewachsene deutsche Stuten von englischen Hengsten belegen lassen, aber es ist kein einziges Fohlen gefallen, das besser, als ein gemeines Pferd gewesen wäre. Der englische Hengst verliert bei uns in Deutschland alle seine Verdienste bei seiner Vermehrung, und wenn er auch einer wäre, der gerade von einem Araber oder Berben abstammte (also ein Vollblutpferd), so theilt er doch seiner Nachkommenschaft nichts von den Tugenden des Vaters mit» [49]). — Hartmann sagt: «Wegen der englischen Hengste ist noch besonders anzumerken, daß, ob sie schon von arabischen und barbischen Hengsten abstammen, von denselben gemeiniglich Fohlen fallen, welche nicht viel besser, als die ordentlichen Landpferde sind, oder daß sie doch wenigstens ihr Verdienst in ihren Abkömmlingen bälder als fremde Pferde verlieren» [50]). — Auf ähnliche Weise urtheilen noch mehrere ältere und neuere Pferdezüchter und Schriftsteller über Pferdezucht. Von den letzteren will ich nur einen, Hrn. Berghofer, anführen. Dieser schreibt: «Im Allgemeinen hat man in Rußland die Gestüte größtentheils in den letzten zehn bis zwanzig Jahren verdorben, freilich meist mit schlechten englischen besonders mit feinen Vollblutpferden. In vielen Jahren werden die meisten Gestüte in diesem Lande nicht wieder auf den Standpunkt kommen, wo sie vor der, in letzterer Zeit so allgemein gewordenen Zucht mit englischen Pferden waren» [51]).

Sind diese Klagen nicht jenen Klagen ähnlich, die man (wie wir oben gesehen haben) auch gegen die arabischen Zuchtpferde erhoben hat und noch erhebt? Der Grund hievon liegt unstreitig in nichts anderm, als daß man auch die englischen Vollblutpferde nicht immer auf die gehörige Weise in Gestüten und bei der Landes-Pferdezucht benützt hat. Es kommt bei dem Gebrauche sowohl der arabischen, als englischen Vollblutpferde alles auf die Wahl der Individuen und die Art ihrer Anwendung an, sowie auch auf die Principien, nach welchen man die Pferdezucht betreibt. Sind letztere nicht richtig und begeht man demzufolge Fehler, so wird man auch von den besten arabischen oder englischen Vollblutpferden wenig Nutzen haben.

Bekanntlich machen die Freunde der englischen Vollblutpferde gegen den Gebrauch der arabischen Pferde zur Zucht hauptsächlich folgende zwei Einwürfe:

1) daß ihre Nachkommenschaft in den ersten Generationen gewöhnlich zu klein und zu fein ausfalle, und deßwegen zu unserm Dienstgebrauch nicht wohl geeignet sey; und

2) daß die reinen Abkömmlinge von arabischen Pferden (arabischen Hengsten und Stuten) hundert und fünfzig Jahre bedürfen, bis sie die Größe und Knochenstärke der englischen Vollblutpferde erreichen.

Was den ersten Einwurf betrifft, so ist dieser nicht ohne Grund; denn wahr ist, daß in Deutschland und andern europäischen Ländern die Nachkommen arabischer Pferde in erster und zweiter Generation häufig klein und fein ausfallen. Allein es ist auch gewiß, daß dieser Uebelstand beseitiget werden kann, und zwar vornämlich dadurch, daß man alle jene Fehler vermeidet, welche oben namhaft gemacht worden sind. Es werden alsdann hauptsächlich folgende Punkte zu beobachten seyn:

1) daß man arabische Hengste zu Beschälern auswähle, die von ganz reiner edler Race sind, mindestens eine mittelmäßige Größe (fünfzehn Fäuste und darüber) haben *), und die zugleich von einem starken untersetzten kraftvollen Baue und völlig fehlerfrei sind **).

2) daß man diesen Hengsten große, starke, gut fundamentirte Stuten, die entweder ganz edel oder wenigstens

*) Daß es arabische Pferde von dieser Größe gibt, habe ich in der ersten Anmerkung zum zehnten Kapitel ausführlich dargethan.

**) Ich habe an einem andern Orte gesagt: „Man muß bei der Wahl der Zuchtpferde von arabischer Race mehr auf den geprüften innern Werth sehen, als auf bloße Schönheit, und besonders (so weit es möglich ist) auf reine Abkunft von der edelsten Art, auf eine ziemliche Größe, einen gedrungenen kraftvollen Bau, eine breite Brust, einen geraden Rücken und ein gerades Kreuz, möglichst stark gegliederte Füße, ein gutes Gangwerk, und vor Allem auf Stärke und Ausdauer, sowie auch auf Schnelligkeit in den Bewegungen. Je schöner übrigens ihre Form ist, desto besser ist es. Allein allezeit ist reine Abkunft von der edelsten Art und starkgegliederter kraftvoller Bau der bloßen Schönheit weit vorzuziehen.“ (Siehe: Ueber die Verbesserung und Veredlung der Landes-Pferdezucht durch Landgestüts-Anstalten, von K. W. Ammon. 2ter Bd. S. 83).

etwas (zur Hälfte oder Dreiviertel) veredelt sind, zutheilt. Englische Vollblut- Dreiviertelblut- und Halbblutstuten sind dazu ganz vorzüglich geeignet *), wenn man nicht allenfalls schon mittelmäßig große, starkgebäute orientalische, oder auch deutsche edle Gestüte-Stuten hat, die auch sehr passend sind.

3) Daß man bei der Wahl der zur Fortpflanzung bestimmten jungen Stuten aus der eigenen Zuzucht mit größter Vorsicht zu Werke gehe, und immer nur die größten, stärksten und schönsten Individuen dazu bestimme, und

---

*) Hr. v. Biel verwirft die Paarung arabischer Hengste mit englischen Vollblutstuten, und räth das Gegentheil an; nämlich arabische Stuten mit englischen Vollbluthengsten zu paaren. (Siehe dessen Werk über edle Pferde. S. 273). — Es scheint ihm in diesem Falle an Erfahrung gefehlt zu haben. Auf die Größe und Stärke des Fohlens hat bestimmt die Mutter einen grössern Einfluß, als der Vater; dieß ist nicht im mindesten zweifelhaft (Siehe das vierzehnte Kapitel). In den preußischen, würtembergischen und andern deutschen Gestüten hat man gefunden, daß von arabischen Hengsten und englischen Vollblut- Dreiviertel- und Halbblutstuten bei zweckmäßigem Verfahren treffliche Pferde fallen. Auch der Hr. Graf v. Veltheim sagt: «Es ist durch mehrfache Erfahrung bewährt, daß nicht allein sehr dauerhafte, sondern auch sehr hohe, starkknochige Reitpferde von arabischen Hengsten und großen englischen Stuten in der ersten Generation gezogen werden können.» (Siehe dessen Abhandlung über Pferdezucht S. 181.) Ferner sagt auch der Kapitain Gwatkins (Vorsteher eines großen Gestütes der englisch-ostindischen Compagnie in Ostindien): «Eine Menge Erfahrungen bewegen mich, die Paarung englischer Stuten mit arabischen Hengsten sehr zu empfehlen.» (v. Wachenhusens Zeitg. für Pferdeliebhaber 5ter Jahrgg. S. 67). — Ueberhaupt ist es Erfahrungssache, daß von guten Halbblutstuten, wenn man sie mit passenden Vollbluthengsten paart, gerade die brauchbarsten Pferde fallen.

alle kleinen, schwachen, fehlerhaften gänzlich von der Zucht ausschließe. Es ist dieß nothwendig, damit das edle Blut in den Stuten alljährlich mehr werde, und damit der Zuchtstutenstamm fortwährend an Vollkommenheit zunehme.

4) Daß man die Halb- oder Dreiviertelbluthengste von der eigenen Zucht nicht zu Beschälern verwende (das heißt: nicht in dem Stamme, aus welchem sie entsprossen sind) *). Es muß dem Pferdezüchter, der es mit seinem Pferdestamme zu einer gewissen Höhe gebracht hat, darum zu thun seyn, daß er nicht stehen bleibe, oder gar zurückgehe, sondern daß die Veredlung immer weiter in die Höhe gehe, und das kann nur geschehen, wenn man bei den arabischen Vollbluthengsten längere Zeit verbleibt. Man muß solchergestalt das Edlere und Vollkommenere dem Stamme eigenthümlich zu machen und festzuhalten suchen.

5) Daß man es sowohl den Beschälern und Zuchtstuten, als auch deren Nachkommenschaft zu keiner Zeit (d. h. weder im Winter, noch im Sommer) an guter und reichlicher Ernährung (besonders mit Körnerfutter) fehlen lasse. Insonderheit aber ist wichtig, daß die Fohlen schon während der Säugungszeit Haber erhalten, und zwar anfangs nur eine ganz kleine, hernach aber eine größere Ration. Auch müssen sie in den zunächst darauffolgenden Jahren immer reichlich (jedoch nicht übermäßig) Haber zu fressen bekommen, damit sie um so größer, stärker und kräftiger werden.

Wenn dieses Verfahren gehörig angewendet wird, so kann ein guter Erfolg nicht fehlen. Man erhält dann

*) In andern Stämmen oder zu Landbeschälern dürfen sie ohne Bedenken verwendet werden.

schon in der ersten und zweiten Generation gute brauchbare Pferde zu jedem Dienste (besonders aber gute starke Reitpferde) *), und bekommt in der Folge, wenn man diesem Verfahren getreu bleibt, einen Pferdestamm, der Größe und Knochenstärke, verbunden mit Kraft und Adel, in sich vereinigt, und der zugleich einen gleichartigen und festen Charakter besitzt, und diesen auch wieder andern Pferderacen und Schlägen mittheilt.

Daß dieß nicht zu viel behauptet ist, geht aus mehrfachen Erfahrungen in England, Deutschland, und andern Ländern hervor. In England zeugte der berühmte arabische Beschäler Godolphin die Hengste: Cade, Regulus, Blank, Babraham, Bajazet, Old England u. s. w., die alle entweder gute Wettrenner und Beschäler, oder gute Dienstpferde waren. Sein Sohn Cade zeugte außer mehrern andern guten Pferden auch den ausgezeichneten Hengst Matchem, welcher der Stammvater eines der drei edlen Pferdegeschlechter in England geworden ist. Sohin war schon die erste und zweite Generation des Godolphin-Arabers von großem Werthe. — Fast derselbe Fall ist es auch mit dem Darnley-Araber. Dieser erzeugte den Childers, welcher als das schnellste Pferd in der Welt gegolten hat; dann den Almanzor, Cupid, Brisk, Dädalus, Aleppo, Monika u. s. w. lauter gute brauchbare

*) In dem Privatgestüte des Königs von Würtemberg hatte man vor einigen Jahren einen arabischen Beschäler, Namens Emir von 5 Fuß 4 Zoll Höhe. Er war ein kräftiges, stark gebautes Pferd. Seine Fohlen erreichten, wenn man ihm etwas große Stuten zutheilte, bis zum fünften Jahre gewöhnlich 5 Fuß 6 bis 8 Zoll Höhe, und vereinigten mit einem kräftigen Baue den eleganten Tritt und Gang des arabischen Pferdes.

Pferde. In der vierten Generation von ihm fiel der berühmte Eclipse, welcher der Stammvater des zweiten edlen Pferdegeschlechts in England geworden ist. — Ein anderer Araber, Beverley Turk genannt, erzeugte in erster Generation den Basto, Blak-Hearthy, Grashopper, Sprite, Jigg, Archer, und noch mehrere andere treffliche Pferde, die sich theils als Wettrenner, theils als Beschäler sehr auszeichneten. Unter seiner spätern Nachkommenschaft zeichnete sich in der fünften Generation der berühmte Herod aus, von welchem das dritte edle Pferdegeschlecht in England sich herschreibt. Solche Beispiele, wo arabische Hengste auch schon in erster Generation gute und brauchbare Nachkommen lieferten, sind in England noch sehr viele vorgekommen. So z. B. erzeugte der Alcock-Araber die Hengste Crab, Gentlemen und Spot, welche alle drei zu ihrer Zeit vorzügliche und berühmte Pferde waren. Auch lieferten die Araber Cullen, Chesent, Damaskus, Coombe u. s. w. eine treffliche Nachkommenschaft. Doch ich will meinen Lesern nicht länger mit diesen Beispielen beschwerlich fallen; sie finden sich vollständig in einer kleinen, aber inhaltsschweren Schrift des Engländers Hankey Smith gesammelt *).

Was die Beispiele aus Deutschland und den benachbarten Ländern betrifft, so beschränke ich mich hier auf folgende. In dem Privatgestüte Sr. Majestät des Königs von Würtemberg hat man arabische Beschäler und Stuten von 5 Fuß bis 5 Fuß 7 Zoll Größe, welche zugleich auch einen verhältnißmäßig starken Knochenbau besitzen.

---

*) Man findet eine Uebersetzung davon in des Hrn. v. Burgdorfs trefflichen Schrift: Ueber die Pferderennen in England rc. Königsberg 1827. S. 35.

Die Nachzucht von diesen Pferden ist trefflich, wie unsere ersten Sachverständigen eingestehen. Hr. Graf v. Veltheim sagt: «Die Nachzucht von den in dem Privatgestüte des Königs von Würtemberg befindlichen arabischen Pferden übertrifft an Größe und Knochenstärke die kühnsten Erwartungen» [52]. Selbst Hr. v. Biel (der bekannte Gegner der arabischen Pferde) schreibt von der Nachzucht dieses Gestütes: «Zehn Hengste, vom (arabischen Beschäler) Emir erzeugt aus Halbblutstuten, sind vortreffliche Pferde und wahre Ideale von Landbeschälern.» Dann sagt er ferner: «Die immer größer und stärker werdende Nachzucht berechtiget zu großen Hoffnungen, und wird jeden Pferdeliebhaber erfreuen» [53].

Bekanntlich hat auch Hr. v. Fechtig zu Lengyel-Töty in Ungarn vor ungefähr zehn Jahren ein Gestüte von arabischen Zuchtpferden errichtet, in welchem einige Hengste von 5 Fuß und darüber Größe (worunter auch der treffliche Hengst El-Bedavi) und auch mehrere treffliche Stuten vorhanden waren. Sichern Nachrichten zufolge entspricht die Nachzucht in diesem Gestüte der Erwartung vollkommen, und sie soll Pferde von ziemlicher Größe und verhältnißmäßig starkem Knochenbau liefern, die zu den mannigfaltigsten Diensten brauchbar sind. Ein Sachverständiger schrieb (Ende Juli d. J.): «Merkwürdig und interessant ist, daß Hr. v. Fechtig den Beweis geliefert hat, wie man mit ächten reinen Arabern, deren Herkommen und Abkunft notorisch ist, bei guter, zweckmäßiger Nahrung und nicht verzärtelter, wohl aber vernünftiger Haltung, schon in der ersten Generation vier Zoll und mehr in der Größe der Pferde gewinnen kann *). Das ist aber nur, wir wiederholen es, bei solchen edlen Arabern möglich, wie bei El-Bedavi oder seinen Nachkommen, und bei so zweckmäßigem Vorgange, wie bei Hrn. v. Fechtig, dem der Ruhm gebührt, die arabische Pferdezucht wieder zu Ehren gebracht zu haben, und welche sich nun wohl hoffentlich auch wieder in Credit zu setzen und darin zu erhalten wissen wird. Man muß aber jetzt vorsichtiger und weniger leichtsinnig, nicht jedes Pferd, das den Schweif trägt und einen gefälligen Kopf hat, sich von den Pferdehändlern und Speculanten für einen Araber aufschwätzen lassen, wie es sonst, und leider auch jetzt noch so häufig der Fall war und ist. War es ein Wunder, wenn man sich dann in seinen Erwartungen getäuscht fand, wenn die Nachkommenschaft solcher Speculations-Araber die schönsten Erwartungen unerfüllt ließ? **) — War es ein Wunder, wenn man über solche schlechte Resultate ungehalten wurde, und die Araber immer mehr und mehr in Mißkredit kamen und von den englischen Pferden verdrängt wurden, über deren Abkunft man doch mehr und leichter sich Gewißheit verschaffen konnte? — Es ist bei den Pferden und Arabern, wie bei den Schafen und Merinos. Züchtung und Veredlung ohne Sicherheit und Gewißheit wird stets nur schwankende, sehr unbefriedigende Resultate liefern und das Ganze verleiden» [54]) ***).

---

*) Koheyl, ein Sohn des ebengedachten El-Bedavi hatte dreijährig bereits 15 Fäuste 3 Zoll Größe.

**) Ich bin damit vollkommen einverstanden, und es ist mir dieß gleichsam aus der Seele geschrieben.

***) Am 10. Juni d. J. hat Hr. v. Fechtig einen Theil seines arabischen Gestütes an die Meistbietenden verkauft. Daß seine Pferde

Auch in den Königl. preußischen Gestüten haben mehrere arabische Hengste, wie z. B. der Turkmainatti, Bahyân, Borak u. s. w. schon in erster und zweiter Gene-

---

sehr werthvoll sind, beweist der bedeutende Erlös in dieser Auction. Zweiunddreißig alte und junge Pferde wurden für die Summe von 7500 Dukaten verkauft. Der französische General-Agent der Gestüte, Baron Coëtdihuel kaufte fünf Stuten, wovon zwei der besten mit den Saugfohlen auf 1068 Dukaten zu stehen kamen. Derselbe erstand auch den früher erwähnten arabischen Hengst El-Bedavi für 1200 Dukaten, obgleich er nicht mehr jung ist. Der k. k. Remontirungs-Inspektor General Graf Hardegg kaufte zwei drei- und vierjährige Söhne von El-Bedavi zu 1050 Dukaten. Die zweijährigen Hengstfohlen wurden zu 200 bis 300 Dukaten, die 20 Stück zweijährigen und älteren Stuten im Preise von 100 bis 400 Dukaten verkauft und meistens von kleinen Gestütsbesitzern erstanden. In der Zeitung: Correspondent von und für Deutschland heißt es: "Die Versteigerung der Pferde des Hrn. v. Fechtig dauerte drei Tage, und es hatten sich Pferdeliebhaber beinahe aus allen Gegenden Europens eingefunden. Unter den vorzüglichsten Racepferden machten die Käufer einander hauptsächlich den Besitz El-Bedavi's streitig. Zum großen Verdruß der ungarischen Edelleute wurde das Pferd zuletzt dem Hrn. v. Coëtdihuel zugeschlagen. Dasselbe ist von brauner Farbe (15 Fäuste 1 Zoll Wiener Maaß groß) und kann mit Recht die Krone aller Fechtig'schen Pferde genannt werden. Seine männlichen Nachkommen befinden sich beinahe sämmtlich als Beschäler in ungarischen und deutschen Gestüten. Welchen Werth man in Ungarn auf El-Bedavi, den Stammvater all' dieser edlen Thiere legte, mag der Umstand beweisen, daß Hr. v. Coëtdihuel denselben nebst dem Hengste Badue und fünf sehr schönen Stuten nur unter dem Schutze eines Husarenpikets fortbringen lassen konnte, indem die Einwohner der Umgegend sich der Wegführung desselben mit Gewalt widersetzen wollten." — Alles dieses beweist, daß es in Europa doch noch viele Pferdezüchter gibt, die den hohen Werth guter arabischer Pferde zu schätzen wissen. — Gegenwärtig (October 1833) besteht das von Fechtig'sche Gestüte noch aus 80 Vollblut- und 120 Halbblutpferden; also zusammen in 200 Stücken.

ration treffliche Dienstpferde geliefert; desgleichen in Zweibrücken der Visir, in Ansbach der Ali u. s. w.

Was den zweiten Einwurf betrifft, nämlich den, daß die reinen Nachkommen von arabischen Pferden (d. h. Hengsten und Stuten) hundert und fünfzig Jahre dazu brauchen, bis sie die Größe und Knochenstärke der englischen Vollblutpferde erreichen, so ist dieser schlecht begründet. Denn die Erfahrung stimmt damit keineswegs überein. Wie bekannt, haben die Engländer in der Mitte des siebenzehnten Jahrhunderts angefangen, mit arabischen und andern orientalischen Hengsten und Stuten ihre Vollblutrace zu begründen, und schon zu Anfang des achtzehnten Jahrhunderts hatten, wie sichere Nachrichten es außer Zweifel setzen, ihre Vollblutpferde dieselbe Größe und Knochenstärke wie gegenwärtig. Es haben sohin die Engländer nicht hundert und fünfzig Jahre gebraucht, ihre Vollblutrace in ihrem jetzigen Zustande (d. h. was Größe und Knochenstärke betrifft) herzustellen, sondern fünfzig bis sechszig Jahre. Warum soll nun dieß nicht auch bei uns, und vielleicht noch früher geschehen können? Man hat in deutschen Gestüten schon öfter arabische Hengste und Stuten von 5 Fuß bis 5 Fuß 2 Zoll und darüber Größe und von verhältnißmäßiger Knochenstärke gehabt, und hat noch dergleichen Hengste und Stuten in dem Privatgestüte des Königs von Würtemberg. Wenn man nun solche Hengste und Stuten paart, und sie und ihre Nachkommen reichlich füttert und ernährt, auch bei der Fortzucht mit den letztern auf eine zweckmäßige Weise zu Werke geht: so kann es nicht wohl fehlen, die erzeugten Pferde müssen nach vier bis fünf, höchstens sechs Generationen allerwenigstens 5 Fuß 4 Zoll bis 5 Fuß 6 Zoll (also 16 bis 16 ½ Fäuste) Höhe und einen verhältnißmäßig starken Bau haben *). Und ist dieß der Fall, so sind sie dann, glaube ich, groß genug und stehen den englischen Vollblutpferden nicht mehr an Größe nach. Und zu diesen vier bis sechs Generationen gehören wahrlich nicht einhundert und fünfzig, sondern nur dreißig bis sechsunddreißig, höchens vierzig bis fünfzig Jahre.

Daß die meisten arabischen Pferde klein sind und nur wenige eine mittelmäßige Größe haben, rührt zum größten Theil von der äußerst sparsamen oder vielmehr kärglichen Ernährung derselben in der frühesten Jugend her. Schon nach dreißig bis vierzig Tagen werden sie von ihren Müttern entwöhnt und hernach gewöhnlich mit sonst nichts, als Kameelmilch und dem wenigen Gras, welches sie sich in der Wüste selber aufsuchen, aufgezogen; selten erhalten sie dazu etwas Gerste **). Daß die Nachkommen von so kärglich erzogenen Pferden, bei reichlicher Fütterung und einer zweckmäßigen Pflege und Behandlung,

*) Wenn die erzeugten Pferde in jeder Generation auch nur um einen Zoll an Größe zunehmen, so müssen sie doch (wenn ihre Stammältern 5 Fuß maßen) nach 4 Generationen 5 Fuß 4 Zoll, und nach 6 Generationen 5 Fuß 6 Zoll (also 16 bis 16 ½ Fäuste) Höhe haben. Es erfolgt zwar die Vergrößerung nicht durch alle Generationen in gleichem Maaße (in den erstern stärker, in den spätern schwächer), allein im Durchschnitte darf man doch (bei gehörigem Verfahren) auf jede der ersten sechs Generationen einen Zoll rechnen. Nur beim Gebrauch kleiner, feiner, spindlicher arabischer Pferde von 4 Fuß 5 bis 6 Zoll Größe wird diese Berechnung nicht zutreffen.

**) Siehe das sechszehnte Kapitel.

an Größe und starkem Baue zunehmen müssen, ist daher ganz natürlich. Nur kann freilich diese Vergrößerung nicht auf einmal erzwungen werden, sondern nur allmählig, und erst nach vier bis fünf Generationen in einem sehr bemerklichen Grade Statt finden. Auch muß noch bemerkt werden, daß das Erzwingen der Vergrößerung durch übermäßige Fütterung nicht rathsam ist, weil dabei die Nachzucht gerne überwachsen, hochbeinigt und disproportionirt wird.

Es fragt sich nun noch: Welcher von den vorgedachten beiden Racen (der arabischen oder der englischen Vollblutrace) soll man zur Verbesserung und Veredlung unserer Gestüts- und Landes-Pferdezucht den Vorug einräumen? *) — Wie bereits aus dem früher Gesagten hervorgeht, sind die Pferdezüchter hierüber nicht einverstanden. Einige wollen den arabischen Pferden den Vorzug einräumen, andere dagegen wieder alles Heil bei der Pferdezucht allein von den englischen Vollblutpferden erwarten. Ich glaube, der goldene Mittelweg wird auch hier, wie in den meisten Fäl-

*) Eine Hauptsache, wenn man edle Beschäler zur Veredlung unserer Landesracen auswählen will, ist, daß sie von möglichst reiner Abkunft sind, weil sie nur in diesem Falle im Stande sind, ihre Eigenthümlichkeiten und Eigenschaften mit Sicherheit auf ihre Nachkommen zu vererben. Nun gibt es aber bekanntlich gegenwärtig nur zwei ganz reine edle Pferderacen auf der ganzen uns bekannten Erde; nämlich die arabische in Asien, und die englische Vollblutrace in Europa. Es ist sohin klar, daß wir die Stammpferde zur Veredlung unserer Gestüts- und Landes-Pferdezucht nur aus diesen beiden edlen Racen wählen können. (Siehe: Ueber die Verbesserung und Veredlung der Landes-Pferdezucht durch Landgestüts-Anstalten von K. W. Ammon 2r Bd. S. 73).

len, der beste sey", und bin daher der Meinung, daß wir beide Racen mit gleichem Nutzen zur Verbesserung unserer Gestüts- und Landes-Pferdezucht verwenden können. Es kommt dabei das Meiste auf die besonderen Landes- und Ortsverhältnisse und auf die Zwecke an, zu welchen wir die Pferde bedürfen. In manchen Fällen werden daher die arabischen, in andern die englischen Vollblutpferde den Vorzug verdienen.

Die Fälle, wo die arabischen Pferde zu unserm Zuchtgebrauche am nützlichsten sind, möchten ungefähr folgende seyn:

1) Wenn man sich in einem landesherrlichen oder Privatgestüte einen schönen reinedlen Pferdestamm verschaffen will. In solchem Falle paart man die arabischen Hengste mit arabischen oder andern edlen orientalischen, oder auch mit englischen Vollblutstuten, wie dieß z. B. in den Königl. preußischen Gestüten und in dem Privatgestüte des Königs von Würtemberg zu geschehen pflegt.

2) Wenn man zur Absicht hat, schöne, schnelle, gewandte und sichere Reitpferde für fürstliche uud andere hohe Standespersonen, oder elegante Wagen- (Post) Pferde für den landesherrlichen Hofmarstall zu züchten. Im erstern Falle paart man die arabischen Hengste mit arabischen, oder andern edlen orientalischen, oder englischen Vollblutstuten, im zweiten Falle mit großen starken englischen oder deutschen Halbblutstuten, und erhält durch diese Paarungen gewöhnlich treffliche Pferde für die gedachten Zwecke.

3) Wenn man Landbeschäler zur Veredlung eines Landpferdeschlages von mittlerer Größe erziehen will, und besonders, wenn aus diesem Schlage die leichte Kavallerie

ihre Remonte beziehen soll. In diesem Falle gibt man den arabischen Hengsten große starkgebaute englische Stuten von Vollblut- Dreiviertel- oder Halbblut- oder starke deutsche edle Gestütsstuten *).

Die Fälle, wo die englischen Vollblutpferde am nützlichsten zur Zucht zu gebrauchen sind, sind ungefähr folgende:

1) Wenn man zur Absicht hat, einen großen starken Reitschlag, oder große, starke, edle Wagen- und Kutschenpferde für den landesherrlichen Hofmarstall oder zu sonstigen Zwecken zu züchten.

2) Wenn man große, starke edle Landbeschäler zur Verbesserung und Veredlung der größern Landesschläge ziehen will, und besonders, wenn aus diesen Schlägen die schwere Kavallerie ihre Remonten beziehen soll **).

---

*) Landbeschäler aus solchen Paarungen eignen sich vorzüglich für solche Gegenden, wo ein leichter Mittelschlag von Pferden vorhanden ist, und wo die Localität (der sandige und dürftige Boden) die Aufzucht größerer Pferde nicht gestattet; und überhaupt für alle jene Gegenden, wo der Landmann seine Fohlen nur mäßig füttern kann und deren dennoch aufziehen muß. Für solche Gegenden sind Beschäler von arabischer Abkunft ganz vorzüglich geeignet, weil das arabische Pferd von seinem Vaterlande her an spärliche Nahrung gewöhnt ist, und daher auch seine Abkömmlinge gewöhnlich genügsam im Futter sind. Landbeschäler von englischer Race sind für solche Gegenden weniger geeignet, wie dieß der Hr. Graf v. Veltheim in seiner Abhandlung über die Pferdezucht in England S. 295 bis 300 ausführlich gezeigt hat.

**) Dergleichen Beschäler passen vornämlich für solche Gegenden, wo der Boden schwer und fruchtbar ist, und demzufolge der Landmann gutes und kräftiges Futter besitzt. Denn die Zucht mit Pferden von englischer Race gedeiht nur bei guter und reichlicher Fütterung, und wo diese fehlt, ist mit diesen Pferden wenig anzufangen. Mehr hierüber findet man in des Hrn.

Dieß sind im **Allgemeinen** die Fälle, wo die eine Race vor der andern den Vorzug verdient. Dabei versteht es sich jedoch von selbst, daß die zu verwendenden Zuchtpferde, sie mögen von dieser oder jener Race seyn, die gehörige Größe und Knochenstärke und überhaupt die nöthigen Eigenschaften besitzen, sowie auch frei von allen erblichen Mängeln und Gebrechen seyn müssen *).

Uebrigens muß ich noch bemerken, daß die englischen Vollblutpferde einige Vorzüge für unsern Zuchtgebrauch besitzen, welche den arabischen mangeln. Diese Vorzüge sind:

1) daß ihre reinedle Abkunft dokumentirt ist;

2) daß sie **meistens** größer und von stärkerer Bauart sind, als die arabischen Pferde **);

3) daß sie sich bei uns leichter acclimatisiren; und

4) daß auch ihre Produkte sich früher ausbilden.

Dahingegen sind ihnen aber auch wieder einige Mängel eigen, die man an den arabischen Pferden nicht findet. Selbst Engländer (**Berenger**, **Moore** u. s. w.) gestehen ein: «Daß sie steife und unbewegliche Schultern und

---

Grafen v. **Veltheim** vorgedachter Abhandlung über die Pferdezucht in England. S. 295 u. folg.

*) Wer sich noch mehr unterrichten will, in welchen Fällen die arabischen und in welchen die englischen Vollblutpferde zum Zuchtgebrauche vorzuziehen sind, dem empfehle ich das schon mehrmalen gedachte treffliche Werk des Hrn. Grafen v. **Veltheim**.

) Ich sage meistens, nicht immer; denn zuverlässig ist, daß es auch unter den englischen Vollblutpferden viele kleine, feine, spindelfüßige Thiere gibt. Die Engländer läugnen dieß selbst nicht; so z. B. sagt **Hankey Smith: «Es ist wahr, daß wo wir ein großes (Vollblut) Pferd von guter Gestalt und Ebenmaaß finden, finden wir **wenigstens** zwanzig kleine von mittelmäßiger Größe.»

wenig Geschmeidigkeit und Gelenksamkeit in ihren Gliedern haben, daher zum Geradeauslaufen gut sind, aber zum Umlenken einen großen Bogen haben müssen; daß ihre Bewegung gezwungen und unangenehm, vorzüglich im Trabe ist. Aus dieser Ungelenksamkeit rührt es auch her, daß sie ihre Füße im Gehen nicht genug aufheben und zu nahe an der Erde wegschleichen, folglich in rauhen Wegen leicht stolpern und zur Reitbahn ungeschickt sind» [55]). Auch sind sie häufig mit erblichen Fehlern der Form (z. B. grossem Kopfe, verkehrten, niedergesenktem Halse, spitziger Kruppe, knieeweiten Vorder- und steilen Hinterbeinen, hohen Beinen u. s. w.) und mit Erbkrankheiten (z. B. Spat, Ueberbeine, Hasenhacken, Schale u. s. w.) behaftet. — Dieser verschiedenen Mängel und erblichen Fehler wegen *) erfordert der Gebrauch der englischen Vollblutpferde zur Zucht große Behutsamkeit; jedoch ist außer Zweifel, daß es unter denselben auch Individuen gibt, welche die erwähnten Mängel nicht an sich haben, und die dann zu unserem Zuchtgebrauche ganz vorzüglich geeignet sind **).

Schlüßlich muß ich noch bemerken, daß ich gerne zugebe, daß im Allgemeinen für den Privat-Pferdezüchter, besonders für den größeren Gutsbesitzer der Gebrauch englischer Vollbluthengste vortheilhafter ist, als der der ara-

---

*) Alle diese Mängel und erblichen Fehler sind den Vollblutpferden nicht von ihren Stammältern (den arabischen Pferden) her eigen, sondern sie sind Folge ihrer Erziehungsweise und Abrichtung zum Wettrennen.

**) Hierbei muß ich jedoch gestehen, daß, wenn ich die Wahl hätte zwischen einem arabischen und englischen Vollbluthengste, und beide sich an Größe, Knochenstärke und Fehlerfreiheit gleich wären, ich ohne Bedenken dem erstern den Vorzug einräumen würde.

bischen Beschäler. Ich bin in diesem Stücke nud überhaupt mit dem Hrn. Grafen v. Lindenau (vormaligen Königl. preußischen Oberstallmeister) einverstanden, welcher schreibt: «Ist die Rede davon, was für Beschäler der, zumal nicht überschwänglich reiche, Privatpferdezüchter auf dem Continent, in Hinsicht auf baldigen Gewinn zu wählen hat, so empfehle ich hierzu wiederholt lediglich den englischen Vollbluthengst. Sprechen wir aber von den großen landesherrlichen Haupt- und Pepiniere Gestüten, so bin ich des festen Glaubens, daß nebst englischen Vollbluthengsten ersten Ranges, arabische Hengste, wie sie seyn sollen, sie kosten auch was sie wollen, unentbehrlich, und in Hinsicht auf höchstes (edles) Blut jenen noch vorzuziehen sind.»

«Gründe dafür sind:»

«Erstens ist das ächte, fehlerfreie arabische Blut vom Beduinen-Araber und der Beduinen-Araber-Stute, wie gesagt, immer edler, als das der nur von ihnen abstammenden und durch sie hochveredelten englischen Vollblutpferde, die ohne dieses orientalische Blut nicht existirten, ursprünglich von mütterlicher Seite aber, mit Ausnahme der nur wenigen Reinzucht von arabischen Vätern und Müttern, immer von gemeiner Herkunft sind (?), während der ganz ächte Araber von der Urwelt her, von Vater und Mutter reinen höchsten Blutes ist.»

Zweitens gehen in den Gestüts-Anstalten großer Staaten, namentlich in den preußischen, die in erster Generation vom arabischen Beschäler gezogenen Hengste für den Nutzen der Landes-Pferdezucht keineswegs verloren, da Tausende von kleinen Stuten vorhanden sind, zu deren Bedeckung ein bedeutender Theil dieser Hengste passend seyn wird, wenn zu diesem Zwecke die erforderlich starken großen Zuchtstuten verwendet werden. In dem Königl. preußischen Friedrich Wilhelms-Gestüte fielen schon in den frühern Jahren von den daselbst vorhandenen Arabern aus englischen Vollblutstuten, dergleichen Halbblut- und andern Gestütsstuten, in erster Generation größtentheils Fohlen, welche zu Pferden von 5 Fuß 1 bis 2 Zoll heranwuchsen, und worunter Hengste vorhanden waren, welche Stärke und Kraft genug besaßen, um durch sie aus dem kleinen Schlage der Landstuten vorzügliche leichte Kavallerie-Pferde zu ziehen» [56]). — Derselbe sagt ferner: «Wenn ich nun bloß von landesherrlichen Gestüts-Anstalten spreche, so steht fest, daß ohne arabische Hengste hier kein Heil ist» [57]).

---

[1]) Sind's Unterricht von der Pferdezucht, S. 75. [2]) Hartmanns Anleitung zur Pferdezucht, S. 107. [3]) v. Bennigsen Gedanken über einige nothwendige Kenntnisse für Kavallerie-Officiere, S. 128. [4]) v. Biel über edle Pferde, S. 129 u. 232. [5]) Malcolms Geschichte von Persien, 1. Bd. S. 141. Anmerkg. [6]) G. G. Ammon von der Zucht und Veredlung der Pferde, S. 45. [7]) Jourdain la Perse T. 1. c. v. [8]) Ker-porter's Reise in Persien, Armenien u. s. w. 2. Bd. S. 470. [9]) Rühs und Spiker's Zeitschrift für Volkerkunde, 4. Heft, S. 205. [10]) Malcolms Skizzen von Persien, 1. Bd. S. 181. [11]) Bennigsen a. a. O. S. 157. [12]) Klarke's Reisen in Rußland und der Tataren, S. 440. [13]) Gmelin's Reise durch Rußland nach Persien, 3. Bd. S. 181. [14]) Malcolm a. a. O. 2. Bd. S. 45. [15]) Fraser's Reise nach Chorasan, 1. Bd. S. 429. [16]) Bertuch's neue Bibliothek der Reisebeschreib. 9. Bd. S. 236. [17]) Ebenda 12. Bd. S. 469. [18]) Samml. der neuesten Reisebeschreibg. 9. Bd. S. 137. [19]) Smith on breeding for the turf p. 21. [20]) Malcolm a. a. O. 2. Bd. S. 161. [21]) Eversmann Reise von Orenburg nach Buchara, S. 221. [22]) Samml. der neuesten Reisebeschreib. 9. Bd. S. 71. [23]) Tagebuch eines neueren Reisenden in Asien, S. 193. [24]) Broughtons Wanderungen unter den Mahratten, S. 41. [25]) Magazin der Reisebeschreib. 27. Bd. S. 303. [26]) Wachenhusens Zeitung für Pferdeliebhaber, 5r Jahrg. S. 68. [27]) Strehler's Reise nach der Insel Java, S. 87. [28]) Boyd's Gesandtschaftsreise nach der Insel Ceylon, S. 171. [29]) Sonnini's Reise in Aegypten; Volney's und Brown's Reisen in Aegypten, und Minutoli's Bemerk. über die Pferdezucht in Aegypten u. s. w. [30]) Burkhardt's Bemerk. über die Beduinen, S. 351. [31]) Fund-

gruben des Orients, 5. Bd. S. 58. [32]) Minutoli a. a. O. S. 12. [33]) Bruce's Reisen an die Quellen des Nils, 4. Bd. S. 326. [34]) Burkhardt's Reise in Nubien, S. 161. [35]) Rüppel's Reise in Nubien, Kordofan u. s. w. S. 145. [36]) Leo Afrikanus Beschreib. von Afrika, S. 591. [37]) Golberry's Reise durch das westliche Afrika, S. 190. [38]) Fugger's Gestüteren, Frankf. 1584. S. 31. [39]) Ebenda. [40]) Ebenda. S. 32. [41]) Ebenda. [42]) Huzard's Anleitung zur Verbesserung der Pferdezucht, S. 70. u. 113. [43]) v. Wachenhusen's Zeit. für Pferdeliebhaber, 5r Jahrg. S. 76. [44]) Bennigsen a. a. O. S, 129. [45]) Viborg's Sammlung von Abhandlg. für Thierärzte, 4. Bd. S. 59. [46]) Huzard a. a. O. S. 115. [47]) G. G. Ammons Handb. der Gestütskunde, S. 51. [48]) Graf von Lindenau Bemerk. uber edle Pferde, S. 79. [49]) v. Sind a. a. O. S. 79. [50]) Hartmann a. a. O. S. 108. [51]) Berghofer über die zweckmäßigsten Pferde zur allgemeinen Zucht, S. 20. [52]) Graf v. Veltheim Abhandl. über die Pferdezucht Englands, S. 19. [53]) v. Biel a. a. O. S. 275. [54]) Wachenhusen's Zeit. für Pferdeliebhaber, 8r Jahrg. S. 398. [55]) Berengers Geschichte des Reitens, S. 149 und Rumpelt's ökonomisch-veterinärische Mittheilungen, S. 176. [56]) Graf v. Lindenau a. a. O. S. 73. [57]) Ebenda S. 10.

Erstes Kapitel.

Allgemeine Bemerkungen über Arabien und seine Bewohner *).

Arabien ist der westliche Theil von südlichen Asien. Es liegt zwischen Mesopotamien, Syrien, Aegypten, dem rothen Meere und dem persischen Meerbusen. Sein Flächeninhalt beträgt über 50,000 Quadratmeilen; es ist mithin ungefähr viermal so groß, als ganz Deutschland oder Frankreich. — Dieses große Land ist, wenigstens im Innern, eben so unbekannt, ja noch unbekannter, als das Innere von Afrika, und noch hat es kein Europäer gewagt, dasselbe mitten zu durchreisen.

Begreiflich ist, daß in einem so großen Lande der

Boden

von sehr verschiedener Beschaffenheit seyn muß. Er ist theils eben, theils bergig, theils sandig und dürre, theils gut und fruchtbar. Etwa unter dem neun und zwanzig-

*) Ohne Boden, Bewässerung, Fruchtbarkeit und Klima eines Landes zu kennen, kann man unmöglich über dessen Pferdezucht gründlich urtheilen; daher werden die hier folgenden kurzen Bemerkungen nicht überflüssig seyn. — Die am Ende dieses Buches befindliche kleine Karte von Arabien bitte beim Lesen dieses Kapitels zu Hülfe zu nehmen.

sten Grade der Breite erhebt sich der Boden zu einer ungeheuern Hochebene, die sich im Centrum lagert, und fast rundum von Bergreihe'n umgeben ist. Einige dieser Bergreihen sind bedeutend hoch; jedoch nicht so hoch, daß sie ewigen oder langdauernden Schnee tragen. Zwischen diesen größtentheils nackten, von aller Vegetation entblößten Bergen ziehen sich meist sehr tiefe, enge, schmale, wenig untereinander zusammenhängende Thäler hin; deren keines sich in eine eigentliche Ebene ausbreitet, mehrere aber noch mit Hügeln besetzt sind, und wahrhaft romantische Landschaften bilden.

Dem größten Theile nach besteht indessen das Land aus großen Ebenen und Flächen, die wahre Wüsten darstellen und nur hie und da fruchtbare Oasen enthalten *). Die Wüsten der Hochebene sind uns ganz unbekannt, da kein Reisender je es gewagt hat, tief in das innere Land einzudringen. So soll den Landstrich im Süden der Bergkette Ardegh ein unermeßliches Sandmeer füllen, wo die Reisenden sich des Kompasses bedienen müssen, um nicht zu irren. In der nördlichen Hälfte der Hochebene dehnt sich die große Wüste Al-Dahna aus, in deren Oasen es jedoch mehrere bewohnbare Landstriche geben soll. Bekannter sind die Wüsten, die von der Hochebene sich bis an den Euphrat, bis an den Isthmus von Suez, und das türkische Asien ausbreiten, und den gemeinsamen Namen Badiah oder Barr Arab (große arabische Wüste) führen.

*) Oase nennt man einen fruchtbaren Landstrich, der mitten in einer Wüste gelegen ist. Solche Inseln in den Sandmeeren, die dem Wanderer durch Quellen und Brunnen Labung darbieten, gibt es in den arabischen Wüsten viele.

Durch sie nehmen die Karawanen nach Bagdad und Mekka ihren Weg und man kennt daher einige Punkte derselben, obwohl das Innere nichts weniger als hinlänglich untersucht ist, da die Reisenden sich nie von der Straße entfernen konnten. Sie sind die Heimath großer Schwärme nomadischer Araber, die auf ihren Oasen ein freies unabhängiges Leben führen. Diese Oasen, die man überall findet, wo eine Quelle oder ein Brunnen sich öffnet, sind von dürren, ganz wasserlosen Steppen ohne Baum, ohne Vegetation umgeben; der Boden ist Flugsand, der unter dem lothrechten Strahle der Sonne glühet, und die Wüste selbst fast überall für irgend eine Kultur ganz unfähig *).

Ein Hauptübelstand ist der Mangel an

Wasser.

Es gibt wohl kein Land auf der ganzen Erde, das trotz seiner Gebirge wasserärmer wäre, als Arabien; denn

*) Volney schildert die arabischen Wüsten mit folgenden Worten: "Um sich einen Begriff von diesen Wüsten machen zu können, denke man sich, soweit das Auge reicht, unermeßliche Ebenen, ohne Häuser, ohne Bäume, ohne Bäche, ohne Berge, unter einem beinahe ewig glühenden und wolkenfreien Himmel. Oft verirrt sich das Auge an einem unbegränzten und wie das Meer ganz ebenen und glatten Horizonte. An andern Oertern erhebt sich die Ebene zu kleinen Hügeln, oder thürmt Felsen und Klippen auf. Die beinahe allenthalben nackte Erde bietet dem Auge nichts, als dünngesäete Pflanzen und einzelne Sträucher dar. So ist die Beschaffenheit des ganzen Landes, das sich von Aleppo bis an das arabische Meer und von Aegypten bis an den persischen Meerbusen erstreckt, und 600 (französische) Meilen lang und halb so breit ist. Bei dieser großen Strecke darf man jedoch nicht glauben, daß der Boden überall von einerlei Beschaffenheit sey; er verändert sich nach den Gegenden u. s. w. — (Siehe Volney's Reise in Syrien u. s. w. 1. Bd. S. 293.)

den Gränzfluß Euphrat ausgenommen, hat es keinen einzigen Fluß von Bedeutung. Die wenigen Flüsse, welche von den, die Hochebene umgebenden Bergen herabstürzen, erreichen selten das Meer, und versiegen meistens schon in den ersten Wochen nach der Regenzeit. In den großen Ebenen gibt es gar keine eigentlichen Flüsse; denn die Steppenflüsse, die der Regen erzeugt, verrinnen alsbald im Sande. In der Nähe der Berge gibt es Quellen in ziemlicher Menge, auch in dem Stufenlande mehrere Brunnen, die aber oft tief gesucht werden müssen, da das Wasser auf der Oberfläche häufig salzig ist. In den Wüsten sind Quellen und Brunnen selten, und letztere haben häufig einen bitteren oder salpetrigen Geschmack. Ja in manchen Gegenden der großen Wüste ist das Wasser so selten, daß man bisweilen wohl einige Tagereisen weit gar keines findet; weßhalb hier die Reisenden Wasser in Schläuchen auf ihren Kameelen mit sich führen müssen.

Das

Klima

von Arabien gleicht mehr oder weniger dem des benachbarten Afrika. Auf der Hochebene mag es im Winter wohl ziemlich rauh, und Schnee wenigstens auf dessen Bergen nicht selten seyn, da die Beduinen sich während dieser Zeit gewöhnlich in Schafspelze hüllen; aber der Sommer ist dabei auch unmäßig heiß. Der Boden wird von der Hitze der Sonne, die lothrecht über dem Lande steht, glühend, und alle Gewächse, die kein Tropenklima vertragen, verdorren. Zuweilen kühlen jedoch Winde die erhitzte Luft wieder etwas ab; nur sind manche von ihnen ungesund *). Einige Monate hindurch (wie z. B. im wüsten Arabien im December und Januar, in der Provinz Yemen von der Mitte des Junius bis zu Ende des Septembers u. s. w.) fällt öfter Regen; die übrige Jahreszeit aber ist der Himmel immer heiter und wolkenfrei. In manchen Landstrichen (wie z. B. im sogenannten steinigen Arabien) ist die Trockenheit der Luft so groß, daß es hier zuweilen Jahre lang nicht regnet. Die Gewächse, die es da gibt, haben ihre Nachhrung vornämlich von dem häufigen Thau. — Die heißeste Jahreszeit dauert vom April bis in den September. — Während dieser Zeit ist die Hitze in manchen Gegenden ganz unerträglich.

Man theilt Arabien gewöhnlich ein: in das wüste, in das steinige (oder peträische) und in das glückliche Arabien.

Das

wüste Arabien

wird wieder eingetheilt: in die Wüste von Syrien, in die Wüste von Al-Dschestra, in die Wüste von Irak und in die Landschaften Nedsched und Hadschar oder El-Hassa.

---

*) Am gefährlichsten ist der giftige Wind Samum oder Samiel, der bisweilen in der heißen Jahreszeit wehet, und Menschen und Thiere durch seinen glühenden Schwefelhauch tödtet. Merkwürdig ist, daß die Pferde bei Annäherung desselben, wenn sie irgend können, aus dem Wege gehen; oder sie wenden sich wenigstens davon ab und halten ihre Mäuler und Nasen fest an die Erde. Diese Vorsicht, welche sie der Instinkt lehrt, rettet ihnen alsdann das Leben, denn eine solche gefährliche Windsbraut ist allemal schnell vorüber. (Tagebuch eines neuern Reisenden nach Asien, S. 196.)

Die genannten drei Wüsten werden zusammen auch die große arabische Wüste (Barr Arab oder Badiah) genannt. Diese Wüste ist ein ungemein großes, weit ausgedehntes Land, das sich von der Gränze von Syrien bis an den Euphrat, und von da bis an die Landschaft Nedsched und das steinige Arabien erstreckt. Der Boden ist fast durchaus eben, aber meistens sandig, salpetrig und unfruchtbar. In vielen Gegenden trägt er weder Kraut noch Gras, oder wenigstens nur dürre oder salzige Gewächse und mehrere stachlichte Kräuter, die den Kameelen zur Nahrung dienen. Indessen gibt es dazwischen immer auch wieder einige bessere fruchtbarere Gegenden (besonders an der Gränze von Syrien und gegen den Euphrat hin), die namentlich einen Boden haben, der grasreich und zur Weide gut ist. Burkhardt schreibt: «Vier oder fünf Tagereisen von der östlichen Gränze Syriens besteht die Wüste meistentheils aus kulturfähigem Boden, und bietet deutliche Spuren früherer Bodenkultur dar. Weiter nach dem Innern der Wüste hin wird der Boden sandig; aber selbst hier finden die Araber im Winter (nach der Regenzeit) eine große Mannigfaltigkeit von Kräutern, welche ihrem Vieh zur Nahrung dienen» [1]. Auch Olivier bemerkt: «Uebrigens ist diese Wüste nicht so unfruchtbar, daß man nicht viele Pflanzen und Gräser daselbst finden sollte. Gegen den Euphrat und Syrien hin ist das Gras überall hoch und dicht» [2]. Nach de Pages Bericht wird das Gras der Wüste ungefähr vier Zoll hoch, und hat gewöhnlich nur einen einzigen Halm, der sich nicht wie unser Rasen in Haufen zusammenvereiniget [3]. Indessen gibt dieses Gras in Verbindung mit den darunter befindlichen mannigfaltigen Kräutern ein gutes, kräftiges und gesundes Futter für Pferde und anderes Vieh; wie denn sonst unmöglich hier so zahllose Schwärme nomadischer Araber (Beduinen) Nahrung und Unterhalt für ihre zahlreichen Heerden finden könnten. — Die Hitze ist in dieser Wüste immer groß und im Sommer oft ungemein heftig. An Wasser ist überhaupt Mangel; auch ist es in den sich vorfindenden Brunnen mehrentheils schlecht und oft salzig und bitter.

Die Landschaft Nedjed oder Nedsched ist ein sehr großer Landstrich von wenigstens 8000 Quadratmeilen. Sie liegt im Innern des Landes, und bildet die Hochebene Arabiens. Die Luft ist sehr heiß, sehr trocken, aber gesund. Der Boden ist zum Theil gebirgig, größtentheils aber eben. Die Ebenen enthalten große Wüsten, die zum Theil mit Flugsand bedeckt sind, zum Theil aber auch tragbaren Boden besitzen, der mittelmäßig ergiebig ist. Burkhardt sagt: «Nedsched ist in ganz Arabien wegen seiner herrlichen Weiden, die nach dem Regen selbst in den Wüsten grünen, berühmt» [4]).

Die Landschaft Hadschar oder El-Hassa (auch Lachsa genannt) umfaßt den ganzen Küstenstrich am persischen Meerbusen. Es ist ein sehr ausgedehnter Landstrich, der sich indeß nur ein bis drei Tagereisen tief gegen das innere Land hinein erstreckt. Das Klima ist sehr warm, aber der Boden ist wegen der vielen vorhandenen Quellen meistens fruchtbar. Burkhardt sagt: «Der Ueberfluß an Wasser in dieser Landschaft gestattet den Arabern Klee (Birsim, Trifolium alexandrinum) zu bauen, welcher für ihre schönsten Pferde zum Futter dient.

Das Oberhaupt der Wahabiten schickt jeden Sommer seine Pferde hieher auf die Weide» *) [5].

Der zweite Haupttheil Arabiens, das sogenannte

steinige oder peträische Arabien

wird eingetheilt: in die Wüste am Berge Sinai (oder die peträische Halbinsel) und in die Landschaft Hedjaz oder Hedschas. Die Wüste am Berge Sinai (auch die Wüste El-Tih genannt) ist ein heißes, sehr bergiges, steiniges, äußerst dürres und ödes Land, das nur an wenigen einzelnen Stellen etwas fruchtbar ist. An Wasser ist fast überall Mangel, und es ist eine Seltenheit, wenn es im Sommer regnet.

Die Landschaft Hedschas ist theils bergig und steinig, theils eben. In den Ebenen ist der Boden meistens sandig und dürre, und trägt daher nichts als Akazien mit Dornen, Tamarisken, einige dürre salzige Gewächse und mehrere stachliche Kräuter. Sehr häufig ist er ohne alles Gras, und wo sich solches vorfindet, besteht es nur in einzelnen Halmen. Daher haben die Bewohner dieses öden Landes nichts als Kameele; wenige Schafe und Ziegen und äußerst wenige Pferde. Nur in einigen Thälern, in denen es nicht, wie sonst überall, an Bewäs-

*) Ich habe hier das wüste Arabien deßhalb so weitläuftig beschrieben, weil es die Heimath der schönsten und edelsten Pferde ist. Einige behaupten, daß diese vornämlich in den bergigen Gegenden Arabiens gezogen werden; dieß ist aber ein Irrthum. In den Gegenden, wo es viele und hohe Gebirge gibt, wird von den Arabern wenig oder gar keine Pferdezucht betrieben; auch stehen diese Pferde nicht in dem Rufe, wie diejenigen, welche in den Ebenen (Wüsten) gezogen werden.

serung fehlt, ist mehr Gras vorhanden, und da werden dann auch gewöhnlich mehr Pferde von den Bewohnern gehalten. — Das Klima ist sehr heiß; doch wird die Hitze meistens wieder von erfrischenden Winden etwas gemäßigt. Im Sommer regnet es gar nicht, und auch im Winter sind Regengüsse selten. Das Wasser in den Brunnen ist meistens salzig und bitter.

Der dritte Haupttheil ist das

glückliche Arabien.

Es wird eingetheilt: in die Landschaften oder Provinzen Yemen, Hadramut, Oman, Mahra u. s. w. In der Landschaft Yemen sind die Küstenstriche am rothen Meere größtentheils eben, sandig, dürre, unfruchtbar und sehr heiß, und werden selten durch Regen erquickt. Das innere Land hingegen, welches ziemlich bergig ist, aber auch viele kahle, wenig fruchtbare Strecken hat, ist im Durchschnitte genommen, ein fruchtbarer Landstrich, der auch ein ziemlich mildes Klima, eine gesunde Luft und gute Bewässerung besitzt. — Die Landschaften Hadramut, Oman u. s. w. sind theils eben, theils bergig. Der Boden ist größtentheils sandig, dürre und unfruchtbar. Das Klima ist sehr heiß, und an Wasser fehlt es in vielen Gegenden gänzlich.

Was die

Einwohner

Arabiens betrifft, so muß ich zuvörderst bemerken, daß unter ihnen ein Unterschied Statt findet. Sie unterscheiden sich nämlich in Städte- und Dörferbewohner, die von Stadtgewerben und vom Feldbau leben, und in herumwandernde Wüstenbewohner, die sich allein von der Viehzucht ernähren. Erstere werden Hadesi und letztere Beduinen (oder eigentlich Bedavi d. i. Kinder der Wüste) genannt. Da letztere diejenigen Leute sind, welche die schönen edlen Pferde, die wir in Europa so hoch schätzen, züchten: so müssen wir sie auch noch etwas näher kennen lernen.

Im Allgemeinen sind die Beduinen arm, unwissend, roh, wild und stolz; ihre Lebensart aber ist einfach und patriarchalisch. Ihr ganzer Reichthum besteht in ihren Heerden von Pferden, Kameelen, Schafen, Ziegen und wenigen Rindern, welche ihnen alle Bedürfnisse (Nahrung, Kleidung u. s. w.) liefern *). Sie sind in mehr oder weniger zahlreiche Stämme oder Horden, und diese wieder in Familien abgetheilt. Jede Familie bildet gewöhnlich ein eigenes Lager, und hat einen ihrer Aeltesten zum Oberhaupte, der sie unter dem Titel Scheikh oder Schech regiert. Von diesen Scheikhs führt allemal einer den Oberbefehl über den ganzen Stamm und heißt dann Scheikh el Kebir (d. i. Großscheikh) oder Emir (Fürst). Diese Vorgesetzten bilden eine Art Adel, der sehr stolz auf seine alte Abkunft ist. Indessen ist die Macht dieser Oberhäupter nur gering, und jedesmal, wenn es sich um eine öffentliche Angelegenheit handelt, versammeln sich die Aeltesten des Volks, um die zweckmäßigsten Maßregeln zu ergreifen.

Nach den, unter ihnen selbst getroffenen Anordnungen bewohnt jeder Stamm einen gewissen Distrikt der Wüste,

---

*) Ihren Bedarf an Nahrungsmitteln: Reis, Gerste, Datteln u. s. w. tauschen sie allemal für ein Stück Vieh ein, das sie gerade entbehren können. —

in welchem er seine Heerden weidet, und den er als sein Eigenthum ansieht. Ueberschreitet ein anderer Stamm ihre Gränzen, so entsteht zuerst Zank, dann Krieg, endlich unterhandelt man und macht Friede, der oft schnell genug, bei der geringsten Veranlassung wieder gebrochen wird. —

Kein ächter Beduine hat eine feststehende Wohnung (oder Haus). Sie leben in den Wüsten unter Zelten *), die sie öfter aus einer Gegend in die andere versetzen. Ist nämlich da, wo sie sich eben befinden, alles Gras von ihren Heerden abgeweidet, so brechen sie auf und ziehen weiter; dieß geschieht gewöhnlich alle acht oder vierzehn Tage, selten bleiben sie länger an einem Ort. In einem solchen Falle brechen sie ihre Zelte ab, laden sie mit dem geringen Hausgeräthe und ihren übrigen wenigen Habseligkeiten auf Kameele und Ochsen, und schon nach Verfluß von kaum zwei Stunden geht der Zug vorwärts.

Rousseau vormals französischer General-Consul in Aleppo) schreibt: «Nichts ist so sehenswürdig, als das Schauspiel eines auf dem Marsche begriffenen arabischen Stammes. Eine unzählige Menge Schafe, Rinder und Ziegen, gehen, unter Anführung junger rüstiger Hirten, vor dem Gepäcke her, und drücken durch ihr mannigfaltiges Geschrei ihre Freude aus, daß sie wieder zu frischen Wei-

---

*) Die Beduinen heißen ihr Zelt: Beit d. i. Haus. Es besteht gewöhnlich aus fünf oder sieben Stangen, und ist mit einem schwarzen, dicken, groben Tuche aus Ziegenhaaren bedeckt. Jedes Zelt wird durch einen Vorhang in zwei Hälften getheilt, wovon eine ausschließlich für die Weiber bestimmt ist. Die Zelte eines ganzen Lagers bilden gewöhnlich die Figur eines unregelmäßigen Zirkels. In dem leeren Raume, den dieser Zirkel einschließt, werden des Nachts die Heerden eingetrieben.

den kommen. Einige Lastthiere tragen die alten und schwachen Personen und das Federvieh (Hühner u. dgl.); ihnen folgen die mit Zelten, Hausgeräthen, Lebensmitteln und schwangern Weibern bepackten Kameele; die andern Weiber gehen zu Fuße und tragen ihre auf den Rücken gepackten Kinder, während die auf trefflichen Pferden reitenden Mannspersonen an den Seiten des Zugs hinsprengen, oder den Gang der Thiere antreiben, welche sich zu lange beim Abweiden des Grases verweilen» [6]).

So wie sie hernach auf ihrem Wege eine gute, ihren Bedürfnissen angemessene Gegend finden (das heißt: einen solchen Platz, wo Wasser und Weide zugleich vorhanden ist), wird Halt gemacht und abermals Lager geschlagen. Hier lassen sie dann ihr Vieh frei umhergehen, und sich seine Nahrung selber suchen; daher sieht der Reisende, wenn er ein solches Beduinenlager antrifft, die Wüsten weit und breit mit Heerden von allerlei Gattungen bedeckt. Des Abends kommen alle diese Thiere von selbst zurück in das Lager. Jedes kennt das Zelt seines Herrn, vor welchem es sich lagert.

Da im Sommer die großen Ebenen der Wüsten von der argen Sonnenhitze völlig ausgebrannt werden, so ziehen alle Beduinen nach Eintritt der heißen Jahreszeit mit ihren Heerden in die Gebirge, wo Quellen und Weiden häufiger sind, oder sie begeben sich in die Nähe der Flüsse (z. B. an den Euphrat) oder an die Gränze von Syrien und Palästina, wo der Boden grasreicher ist. Während der Regenzeit aber verbreiten sie sich wieder in die Wüsten, die alsdann mit üppiger Weide bedeckt sind, welche dem Viehe Nahrung im Ueberflusse darbietet. Auf solche Weise sind diese Menschen beinahe beständig auf der Reise, und finden allenthalben ihren Heerd und Geburtsort wieder, und was ihre Bedürfniße und Freuden fordern.»

Alle Beduinen sind leidenschaftliche Liebhaber der Pferde und große Freunde der Pferdezucht. Jeder hält gerne eine Stute, wenn ihn nicht Mangel oder Noth davon abhält. Burkhardt sagt: «Wenn das Glück einem Beduinen zu einigem Vermögen verhilft, so sieht er sich alsdann nach einer schönen Stute oder einem Dromedar um. Seine Stute bringt ihm hernach alljährlich ein Fohlen von Werth, und ist zugleich auch das Mittel sich mit Beute zu bereichern» [7]. Auch Rüppel bemerkt: «Für einen Araber ist der Besitz einer Stute das Ideal der Wünsche, hinsichtlich des damit verbundenen Vortheils im Kriege und auf der Jagd» [8]. Welche große Freude die Beduinen an der Pferdezucht haben, ersieht man auch daraus, daß von dem ärmern Theile des Volks, wo einer allein eine Stute zu erkaufen und zu ernähren nicht im Stande ist, oft drei oder vier und noch mehrere zusammentreten und eine edle Stute in Gemeinschaft kaufen, um hernach den aus dem Fohlen gelösten Gewinn unter sich zu theilen. Wahrscheinlich ist dieser Eifer für die Pferdezucht allein daran Schuld, daß diese Leute so schöne Pferde ziehen.

---

[1]) Burkhardt's Bemerk. über die Beduinen, S. 181. [2]) Olivier's Reise nach Kleinasien und Persien, 3. Bd. S. 121. [3]) de Pages Reise um die Welt, S. 332. [4]) Burkhardt's Reise in Arabien, S. 694. [5]) Ebenda, S. 697. [6]) Kunde der asiatischen Türkei, S. 111. [7]) Burkhardt's Bemerk. über die Beduinen, S. 55 u. 200. [8]) Rüppels Reise in Nubien, Kordofan und das petraïsche Arabien, S. 381.

Zweites Kapitel.

Ob Arabien das ursprüngliche Vaterland der Pferde sey?

Sehr häufig wird Arabien für das erste oder ursprüngliche Vaterland der Pferde gehalten; aber gewiß ohne Grund. Wenn wir unsere ältesten historischen Werke darüber zu Rathe ziehen, so geben diese zu erkennen, daß Arabien in dem frühern Alterthume höchst wahrscheinlich keine Pferde hatte.

Wenigstens findet man zu der Zeit, als die Israeliten aus Aegypten auszogen, die auf ihrer Wanderung Arabiens Gränzländer berühren mußten, und noch lange nachher keine Nachricht von Pferden in Arabien *). Von den Midianitern und einigen andern arabischen Stämmen, weiß man dieses mit Gewißheit; es ergibt sich aus mehreren

*) Einige haben das Buch Hiob als Beweis gebrauchen wollen, daß Arabien schon zu dieser Zeit Pferdezucht gehabt habe; aber gerade das Gegentheil geht daraus hervor. Hiob (der wahrscheinlich ein arabischer Emir war), hatte unter seinen großen Heerden keine Pferde; sie bestanden aus Schafen, Kameelen, Ochsen und Eseln (K. 1. V. 3). Man hat zwar die Existenz des Hiob bezweifeln wollen; allein einer bis jetzt in Arabien und Syrien erhaltenen Tradition zufolge, hat er wirklich gelebt. Wollte man aber auch zugeben, die ganze Geschichte des Hiob, sey ein Gedicht, so ist doch die Auslassung der Pferde unter

Stellen der Bibel. — Als die Israeliten unter Moses Anführung fünf midianitische Völker besiegten, bestand ihre Beute in Schafen, Rindern, Eseln und Sklavinnen [1]). Also keine Pferde; es müssen demnach diese arabischen Völker damals noch keine Pferde gehabt haben. Wenn zu den Zeiten der Richter die Midianiter Palästina jährlich überziehen, so heißt es: sie und ihre Kameele waren unzählig [2]); und auch ihre Könige ritten auf Kameelen: wahrscheinlich weil sie keine Pferde hatten. —

Auch zu König Sauls und Davids Zeiten muß Arabien noch ohne Pferde gewesen seyn. Denn als die dritthalb Stämme jenseits des Jordans Krieg führten mit vier arabischen Völkern (unter denen die Ituräer und die Einwohner des Landes Heger oder Hedscher im steinigen Arabien die bekanntesten sind); siegten die Israeliten abermals, und ihre Beute bestand wieder in Kameelen, Schafen, Eseln und Sklavinnen [3]). Demnach hatten auch diese arabischen Völker keine Pferde.

Dieser Mangel an Pferden in Arabien geht sogar noch mehrere Jahrhunderte weiter fort. Bekanntlich kaufte Salomon seine Pferde mehrentheils aus Aegypten: wäre das ihm näher gelegene Arabien damals seiner Pferde

---

Hiobs Reichthümern merkwürdig. Wahrscheinlich entstand dieses Denkmal patriarchalischer Weisheit in dem an Palästina gelegenen Theile von Arabien, in Idumäa. Nun müssen aber doch Umstände vorhanden gewesen seyn, warum der Verfasser (der bestimmt im frühesten Alterthum lebte) dem Hiob keine Pferde und Pferdezucht beilegen will, ungeachtet er das kriegerische Pferd so schön zu beschreiben weiß. Er muß also wohl geglaubt haben, das Pferd schicke sich nicht zu den Heerden eines in Idumäa lebenden Mannes, und so muß auch wohl dieser Theil Arabiens damals keine Pferde gehabt haben.

wegen schon berühmt gewesen, so würde er sie wohl daher bezogen haben. Auch würden die Könige der Hethiter und von Syrien gleichfalls lieber Pferde aus Arabien, als von Salomon ägyptische um hohen Preis gekauft haben [4].

Ungefähr vierhundert Jahre später, gedenket der Prophet Hesekiel des Pferdehandels der Stadt Tyrus mit Thogarma (Armenien oder Cappadocien), und sagt von dem Handel dieser Stadt mit Arabien: « Arabien und alle Fürsten von Kedar haben mit dir gehandelt, mit Schafen, Widdern und Böcken » [5]. Also nicht mit Pferden. Auch dieß gibt zu erkennen, daß Arabien entweder noch ganz ohne Pferde war, oder doch nur schlechte Pferde hatte. Denn wäre nicht das eine oder das andere der Fall gewesen, so würde diese große Handelsstadt gewiß auch mit arabischen Pferden gehandelt haben, besonders da ihr Arabien so nahe gelegen war.

Mit diesen in der Bibel enthaltenen Nachrichten vom Mangel an Pferden in Arabien, stimmen auch die alten Profanschriftsteller überein. Herodot erzählt, daß dem Könige Xerxes von Persien auf seinem Feldzuge gegen Griechenland (ungefähr 450 Jahre vor Christi), arabische Reiter begleiteten, und unter dessen Anführung fochten, aber er bemerkt zugleich, daß sie auf Kameelen ritten [6]. Dieses war auch der Fall mit den Arabern, die in der Schlacht bei Magnesia (ungefähr 300 Jahre später) in dem Heere des Königs Antiochus von Syrien stritten [7]. — So nützlich das Kameel für den einzelnen Reiter in der Wüste und auch im kleinen Kriege ist, wo mehr einzeln, als in geschlossenen Gliedern gefochten wird: so ist es doch, nach dem Urtheile der Kenner, ganz verächtlich, sobald es einer geschlossenen Reiterei zu Pferde oder römischen Infanterie (wie bei Magnesia) entgegen steht. Es läßt sich daher vermuthen, daß die Araber, wenn sie schon zu dieser Zeit Pferde gehabt hätten, gewiß auf diesen und nicht auf Kameelen in den auswärtigen Krieg gezogen seyn würden.

Wie Herodot und Strabo melden, mußten mehrere asiatische Völker den Königen von Persien einen jährlichen Tribut liefern. Dienigen Länder, welche damals ihrer Pferdezucht wegen berühmt waren, als z. B. Medien, Armenien, Kappadocien, Cilicien u. s. w., gaben Pferde, andere Gold, Silber u. dgl.; Arabien aber gab 1000 Pfund Weihrauch. Also keine Pferde. Würden aber wohl Persiens Könige, welche überall her Pferde bezogen, wo sie schön und gut waren, die arabischen zurückgelassen haben, wenn sie schon damals so schön, so flüchtig gewesen wären, wie in späterer Zeit? —

Indessen ist dieses Alles bei weitem nicht so entscheidend, als Nachstehendes. Strabo — der berühmte lte Geograph, der ungefähr zur Zeit Christi lebte, und selbst einen großen Theil Asiens durchreiset hatte — sagt ausdrücklich, daß Arabien zu seiner Zeit ohne Pferde war. Von dem glücklichen Arabien sagt er: «es habe keine Pferde, Maulesel und Schweine;» und von dem wüsten: «Pferde hat das Land nicht, die Kameele vertreten ihre Stelle» [8]. — Hiemit scheint auch der beinahe gleichzeitige Schriftsteller Diodor von Sicilien übereinzustimmen. Dieser beschreibt Arabien ziemlich weitläuftig, und gedenkt dabei der Hausthiere desselben, des Rindviehes, der Schafe, Kameele und Ziegen [9]; aber von Pferden schweigt er gänzlich. Dieses Schweigen ist auffallend: besonders weil er aller andern Hausthiere Erwähnung thut. Es scheint offenbar Strabo's Meinung zu bestätigen *). Aus diesen Untersuchungen geht hervor, daß Arabien lange Zeit hindurch gar keine Pferde gehabt habe; und daß es sohin das ursprüngliche oder älteste Vaterland dieser Thiere nicht seyn kann. Daß die jetzigen Bewohner dieses Landes ihre edlen Pferde von dem Gestüte des Königs Salomon ableiten, wie Niebuhr und Andere versichern, beweist nichts; es ist dieß vielmehr Eingeständniß, daß man die Pferde früher in Palästina als in Arabien hatte.

Auch kommt in Betracht, daß schon die Natur des Bodens in Arabien nicht von der Beschaffenheit ist, daß es sich zum ersten Vaterlande für das Pferdegeschlecht eignete. Gewiß hat der allweise Schöpfer anfänglich jeder Thiergattung einen Wohnort angewiesen, wo sich alles, was zu ihrer Ernährung und Erhaltung erforderlich ist, in reichlichem Maaße vorfindet: und so hat er dann auch höchst wahrscheinlich das Pferd nicht ursprünglich in die öden Wüsten Arabiens versetzt, wo die zu seiner Nahrung erforderliche Gräserei sehr spärlich und Wasser oft Tagereisen weit nicht zu finden ist. Für solche Länder gab er dem Menschen das Kameel, welches sich für die Wüsten am besten schickt, da es ungemein lange Hunger und Durst ertragen kann; und dieses nützliche Thier, das noch jetzt als Lastthier der wahre Reichthum Arabiens ist, mag lange

*) Hr. Professor D'Alton meint, es lasse sich aus den Schriften des Flavius Josephus erweisen, daß Arabien zu dieser Zeit wirklich Pferde hatte. Allein ich habe in den Schriften des Josephus diesen Beweis nicht finden können, obwohl ich selbst glaube, daß Arabien damals schon Pferde hatte, wenn auch nur in geringer Anzahl und von keiner sonderlichen Güte. —

Zeit den arabischen Völkern das Pferd entbehrlich gemacht haben *).

*) Es ist eine alte Sage der Scythen, der ehemaligen Bewohner von Hoch= oder Mittelasien, daß dieser hohe Erdstrich bei der Scheidung des Flüssigen vom Festen, also bei der Bildung der Erdoberfläche, zuerst aus den Fluthen hervorgeraget, und daß dort deßwegen das erste menschliche Leben sich gestaltet habe, wie dann auch alle Völkerzüge von dieser Weltgegend ausgegangen sind. — Aus den nämlichen Gründen, aus welchen man den Anfang des Menschengeschlechts hierhersetzt, ist es wahrscheinlich, daß auch die Pferde und andere unserer Hausthiere, hier ursprünglich zu Hause sind, und daß sie erst von hier aus sich nach und nach durch alle Erdtheile verbreitet haben. Dieser Meinung war auch der berühmte nun verstorbene Naturforscher Zimmermann, und für ihre Annahme sprechen mehrere wichtige Gründe, die hier alle anzuführen nicht der Ort ist. Schon der Umstand, daß sich in Hochasien (in der Wüste Cobi), und sonst nirgendswo in der Welt, noch jetzt das ursprünglich wilde Pferd. das heißt: der Urstamm des Pferdegeschlechtes und fast aller andern Hausthiere (Esel, Rindvieh, Schafe, Ziegen) vorfindet, unterstützt diese Meinung sehr.

[1]) 4. B. Mosis 31. V. 32—36. [2]) B. Richter 6. 5. 8. 25. [3]) 1. B. Chronik 5. V. 21. [4]) 1. B. Könige 10. 28. 28. 2. B. Chronik 1. 16. 17. [5]) Hesekiel 27. V. 21. [6]) Herodot 11. p. 211. [7]) Livius XXXVII. 40. [8]) Strabo XVII. [9]) Diodor sicul. 11. 54. —

Drittes Kapitel.

Bruchstücke aus der Geschichte der Pferdezucht der Araber.

Die arabische Literatur hat verschiedene Werke aufzuweisen, welche mehr oder weniger von den Pferden handeln. In diesen wird gewöhnlich behauptet, daß Arabien schon zur Zeit Ismaels, dem Sohne Abrahams *), Pferde hatte, und daß die edlen Pferde von einem Hengste aus Salomons Marstalle abstammen. In der gothaischen orientalischen Sammlung befindet sich eine besondere kleine arabische Schrift, die von den edlen Pferden und deren Ursprung handelt **). Der Verfasser derselben sagt: « Ismael der Sohn Abrahams hat zuerst Pferde geritten. Da-

*) Ismael lebte ungefähr zweitausend Jahre vor Christi Geburt. Die Araber halten ihn für ihren Stammvater.

**) Von dem Adel und der Genealogie der arabischen Pferde handeln mehrere alte arabische Schriftsteller, hauptsächlich aber zwei, nämlich: Abu Abdallah Muhamed Bin Sajäd, und Abu el mundir Häschäm Bin Muhamed Elkhälebi Elbalaaßi (Casiri T. II. p. 157). Ob das oben angeführte Werkchen nicht von einem oder dem andern dieser Schriftsteller herrührt, kann ich nicht bestimmen. Hätte ich diese Schriften in einer Uebersetzung zu Handen, so würde gewiß mancher Abschnitt ungleich besser ausgefallen seyn. Nach Herbelot hat auch ein Araber, Namens Abu Obeida Mamar, ein Buch von Benennungen der Pferde geschrieben. Es führt den Titel: Esma al Khail.

vid liebte sie auch sehr; und diese Liebe vererbte sich auch auf seinen Sohn Salomon. Die ersten, welche sich unter den Arabern einen Namen durch ihre Pferde erwarben, waren die El-Asched, ein Volk in Oman, deren Stammvater der Enkel im vierten Gliede von Laban war. Diese begleiteten die Königin Balkis, als sie zu Salomon reisete, um mit ihm ihre Vermählung zu vollziehen. Als diese Leute ihr Geschäft mit dem Könige abgemacht hatten, und wieder in ihre Heimath zurückkehren wollten, baten sie diesen um einen Vorrath von Lebensmitteln. Salomon gab ihnen ein Pferd seines Vaters, mit der Anweisung, es zur Jagd zu gebrauchen, und daß dann Lebensmittel ihnen nie fehlen würden. Und in der That entging auch dem Reiter dieses Pferdes keine Gazelle *), die er ansichtig wurde. Dieser Umstand war die Veranlassung, daß dieses Pferd den Namen Säd-el-Rakub erhielt. Kaum hörten die Beni-Thaleb von diesem Pferde, so ließen sie eine Stute davon belegen. Diese warf ein Fohlen El-Hödschisch, welches noch Vorzüge vor seinem Vater hatte. Die Beni-Aämer hörten in der Folge von El-Hödschisch, und ließen eine Stute von ihm belegen, wo sich El-Dinary herschreibt. So entstanden mehrere edle Pferderacen (oder vielmehr Pferde-Geschlechter), und späterhin hauptsächlich noch fünfe, von den fünf edlen Stuten, die der Prophet Mohammed geritten hat, und deren Namen folgende sind: Fasar, El-Murtadschisch, El-Szekeb, Lehhän und Jaszüb » **).

---

*) Ist ein äußerst flüchtiges Thier von der Größe eines Dammhirsches.

**) Nach Andern hießen diese Stuten: Rabdha, Noama, Wajzah, Sabha und Hazma (Ausland 1833 Nr. 175).

Von diesen entsprossen abermals eine Menge von Pferden, die alle in diesem Werkchen namentlich angeführt werden, worunter aber nicht ein einziger der jetzt gebräuchlichen Namen zu finden ist [1].

So lauten die Nachrichten der Araber von der Herkunft ihrer Pferde. Wie schwankend dieselben sind, und wie sehr sie das Gepräge der Erdichtung an sich tragen, fällt in die Augen. Da Arabien vor Mohammed keinen Geschichtschreiber hatte, so beruht natürlich Alles auf bloßen Sagen. Möglich ist indessen immer, daß die Araber ihre ersten Pferde zur Zeit Salomons aus Palästina erhalten haben. Allein, im Falle dieß auch wirklich Grund hat, so muß doch noch lange nachher Arabien sehr arm an Pferden gewesen seyn, weil die alten Schriftsteller (Herodot, Diodor, Strabo u. s. w.) der Araber immer nur als Reiter auf Kameelen und niemals als Reiter zu Pferde gedenken, und weil sie überhaupt von den letztern gänzlich schweigen.

Die erste sichere Nachricht, welche sich von den arabischen Pferden vorfindet, ist aus dem zweiten Jahrhundert nach Christi. Oppian, ein griechischer Dichter dieser Zeit, gedenkt zuerst derselben, indem er sie als gute Pferde zur Jagd rühmt [2]. Ob Arabien damals viel oder wenig Pferde hatte, ist nicht bekannt; doch scheint letzteres mehr, als ersteres der Fall gewesen zu seyn. Denn nach Arrians Versicherung wurden noch zu dieser Zeit Pferde aus Aegypten in das südliche Arabien eingeführt und den dortigen Königen als Geschenke dargebracht [3].

Daß im vierten Jahrhundert Arabien sowohl in seinem nördlichen, als südlichen Theile Pferde gehabt habe, ersieht man aus den gleichzeitigen Schriftstellern Ammian und Vegez. Ersterer schreibt: «Die Saracenen (ein Volk des nördlichen Arabiens) *) machen alle ihre Anfälle auf Kameelen, oder auf leichten unansehnlichen, aber ausdauernden Pferden»; und an einem andern Orte sagt derselbe: «Die Saracenen zeigen sich durch ihre schnellen, dünnleibigen Pferde aller Orten» [4]. — Sonach hatte also das nördliche Arabien zur Zeit Ammians zwar Pferde: aber sie waren noch ohne Schönheit, obwohl flüchtig und dauerhaft; auch müssen sie noch ziemlich selten gewesen seyn, weil die Araber sich auch noch immer der Kameele im Kriege bedienten.

Besser und schöner scheinen damals die Pferde des südlichen Arabiens gewesen zu seyn. Denn Vegez, welcher sich rühmt, alle Pferderacen seiner Zeit gekannt zu haben, läßt die sappharenischen Pferde im Werthe gleich nach den armenischen folgen [5], welch' letztere zu jener Zeit sehr geachtet waren. Es waren aber diese sappharenischen Pferde keine andern, als arabische aus der Gegend von Sapphar (jetzt Dhafar) im glücklichen Arabien und der jetzigen Provinz Yemen **).

---

*) Der Geschichtschreiber Lebeau schildert dieses alte arabische Volk (die Vorfahren der jetzigen Beduinen im wüsten Arabien) folgendergestalt: "Die Saracenen wußten weder vom Ackerbau, noch von Pflanzung der Bäume etwas. Stets mit Kriegen beschäftigt, stets herumschweifend, ohne Gesetze, sowie ohne bestimmte Wohnung, lebten sie bloß von der Jagd, von Kräutern und der Milch ihrer Heerden. Sie ritten auf sehr flüchtigen Pferden oder auf Kameelen.» (Siehe dessen Geschichte des morgenländischen Kaiserthums, 2r Bd. S. 231.)

**) Es ist jedoch wahrscheinlich, daß vorzüglich schöne Pferde auch hier (in Yemen) zu jener Zeit noch selten waren. Denn noch

Der berühmte Orientalist Michaelis sagt: «Ich habe keine Spur, zu welcher Zeit, und von welcher Race die Araber zuerst das Pferd bekommen haben mögen: aber soviel ist gewiß, sie haben es sehr geschwind veredelt, und vielleicht anfangs unwissend die Anstalt gemacht, die besten Pferde in der Welt zu haben. Schon in der Zeit des Heidenthums (d. i. vor Mohammed) reden ihre Dichter vom Pferde und Reiter so, daß man wohl sieht, das Pferd war in Arabien schon sehr bekannt» [6]).

Daß um diese Zeit (nämlich vor Mohammed) die Pferdezucht der Araber schnell emporgekommen, ist gewiß; auch ist glaubwürdig, daß sie schon damals edle Pferde hatten. Denn ihre alten Dichter des sechsten Jahrhunderts gedenken derselben als längst vorhanden. So z. B. sagt Amru: «Wir erbten diese treffliche Race (die edlen Pferde) von unsern Vorfahren, und nach unserm Tode werden unsere Söhne sie besitzen» *) [7]). — Durch welche Maaßregeln die Araber ihre Pferdezucht so schnell vervollkommnet haben, läßt sich wegen Mangel an Nachrichten nicht angeben. Wahrscheinlich haben der Krieg, die Liebe zur Jagd und das Wettrennen mit Pferden das Meiste dazu beigetragen.

Schon die alten Araber jener Zeit waren große Freunde der Pferde. Gesattelt und gezäumt hielten sie solche beständig vor ihren Zelten. Sie waren ihre treuen Beglei-

---

im Jahre 344 schenkte der römische Kaiser Constantius dem Könige der Homeriten (der einen Theil Yemens regierte) zweihundert Pferde aus Kappadocien, welche damals eben so berühmt waren, als heutigen Tages die arabischen.

*) Da Amru zu Anfang des sechsten Jahrhunderts lebte, so gibt Obiges zu erkennen, daß die Araber die edlen Pferde schon im

ter auf ihren abentheuerlichen Fahrten und ihren nächtlichen Wanderungen und Streifzügen; mit ihnen rannten sie ins Treffen und auf die Jagd. In beständigem Unfrieden mit ihren Nachbarn lebend, waren ihnen die Pferde zum Gebrauche im Kriege von unschätzbarem Werthe, und sie setzten die Sicherheit ihres Landes vornämlich in ihre Reiterei *). «Wegen der Geschwindigkeit ihrer Pferde — sagt der Geschichtschreiber Lebeau — wurden sie für unüberwindlich gehalten; sie überfielen ihre Feinde eben so schnell, als ein Raubvogel, und ritten eben so schnell wieder zurück» [8]). Was die Kosacken heutigen Tages den Russen sind, das waren sie oft den Griechen und Persern. Sie dienten bald der einen, bald der andern Nation freiwillig als leichte Reiterei, nicht so sehr des Soldes wegen, als vielmehr, um ihre Kriegs- und Raublust befriedigen zu können.

Außer dem Kriege gebrauchten sie ihre Pferde häufig zur Jagd. Es war ihnen eine Lieblingsbeschäftigung, wilde Esel, wilde Stiere, Gazellen, Strauße und anderes Wild zu Pferde zu verfolgen, zu ermüden und hernach mit ihren Lanzen zu tödten. «Beim ersten Grauen des Morgens — sagt ihr alter Dichter Amralkais **) — steh' ich auf, und besteige ein kurzhaariges edles Roß, das die Thiere des Waldes in seinem Laufe ereilt. Wilde Stiere und Kühe verfolgt es unaufhörlich, und überwäl-

---

fünften, ja vielleicht schon im vierten Jahrhundert und noch früher hatten.

*) Actam, der Salomon der heidnischen Araber, sagt: "Ehret und achtet die Pferde, denn sie sind die Burgen (oder Schutzwehren) der Araber.» (Abulfeda libr. 11. p. 120.)

**) Er lebte im fünften Jahrhundert nach Christi.

tigt sie im Angriff, ohne einen Tropfen Schweiß zu vergießen» *) [9]. Es ist demnach wohl zu glauben, daß auch der Krieg und die Liebe zur Jagd der Pferdezucht förderlich gewesen sind **).

Indessen ist wahrscheinlich, daß das Wettrennen noch mehr dazu beigetragen hat. Daß dieses Nacheiferung erwecke, und auf die Vorzüge schneller, starker, ausdauernder Pferde vorzüglich aufmerksam mache, bedarf keines Beweises ***). Auch Michaelis schreibt: «Ich vermuthe, daß die Pferdezucht in Arabien durch das Wettrennen der Pferde, darin die alten Araber ihre Ehre suchten, so geschwind zu ihrer Vollkommenheit gestiegen ist; doch schließe ich den Boden, die Nahrung nnd das Klima nicht aus, die auch das Ihrige beigetragen haben. Wo Pferderennen sind, und entweder viel Ehre oder viel Gewinnst bringen, legt man sich auf gute Pferde, veredelt die Race durch die besten, erst ausländischen Beschäler, und dann auch dnrch einheimische, an denen man vorzügliche Tugenden bemerkt hat. So entsteht nach und nach im Lande

---

*) Ich führe diese Stelle aus Amralkais Gedichte vornämlich deßhalb an, weil daraus hervorgeht, daß die Araber zu dieser Zeit wirklich edle Pferde hatten.

**) Auch in England hat die Liebe zur Jagd eine eigene Varietät von Pferden hervorgebracht, die man Hunters (d. i. Jagdpferde) nennt, und die treffliche Reitpferde sind.

***) Die zum Wettrennen bestimmten Pferde werden gewöhnlich mit äußerster Vorsicht ausgewählt und mit größter Sorgfalt gewartet; und ist ihre Schnelligkeit und Stärke einmal durch mehrere Siege im Rennen erprobt, so werden sie hernach sehr hoch geschätzt und zur Fortpflanzung gebraucht, welches für die Pferdezucht stets die besten Folgen hat, da solche sorgfältig ausgewählte und erprobte Pferde gewöhnlich die beste Nachkommenschaft liefern.

selbst eine vorzügliche Race. England hat größtentheils seine trefflichen Pferde der kostbaren und doch wieder nützlichen Thorheit des Wettrennens zu danken. Daß das Pferderennen bald bei den Arabern eingeführt ward, nachdem sie Pferdezucht hatten, siehet man aus den Namen der Wettläufer. Zehn Pferde wurden zugleich zu einem Rennen zugelassen, und jedes vom Sieger bis zum letzten hatte seinen eigenen Namen. Einer ihrer besten Scholiasten, Namens Tabrizi, erzählt sie uns folgendermaßen: «Das erste, oder der Sieger, hieß Sabek, der Vorderste, oder Mudschalli, der Erfreuende, allen Kummer wegnehmende, weil sein Herr fröhlich und ohne Sorgen dem Rennen zusehen konnte; — das zweite, Mutzalli, weil es seinen Kopf an dem Rücken des ersten hat; — das dritte, Musalli, weil es seinen Herrn vergnügt macht; — das vierte, Tali, das ist das Folgende; — das fünfte, Murtach, das Willige oder Muntere; — das sechste, Atif, das Wohlmeinende; — das siebente, Muwaimal, das Hoffnung aufs Künftige Gebende; — das achte, Hadi, das Langsame; — das neunte, Latim, das Geprügelte, weil man es im Stall mit Prügeln empfieng; — das zehnte, Sucait, d. i. dessen Namen man gar nicht nennen will, von dem man nicht redet, weil die Sache zu schlimm ist» [10]).

Was die Araber zum Pferderennen ermunterte, war die Ehre und der Gewinnst, welche dem Sieger zu Theil wurden. Wie sehr sie sichs zur Ehre anrechneten, in einem Rennen Sieger geworden zu seyn, erhellt vornämlich aus ihren alten Dichtern. So heißt es z. B. in einem Gedichte: «Wir sind Nachsälls Söhne, wir verlangen keinen andern Vater, und er keine andern Söhne. Wo ein

Wettrennen zur Ehre angestellt wird, wird man Sabek und Mutzalli (den Sieger und den nächsten nach ihm) aus unserm Stamme finden» *) [11].

In Hinsicht des Gewinnstes läßt sich nicht bestimmen, wie groß er für gewöhnlich war. In dem bei den Arabern berüchtigten Rennen zwischen den Pferden Dahes und Gabrah war der Rennpreis hundert Kameele **). Rechnet man nun ein Kameel im Durchschnitte nur zu dreißig Gulden, was gewiß nicht übertrieben ist: so gibt das schon eine Summe von dreitausend Gulden, welches für den Araber jener Zeit viel Geld und verhältnißmäßig eben so viel war, als wenn heutigen Tages ein reicher Engländer tausend Pfund Sterling und noch mehr gewinnt. Es kann daher wohl auch der Gewinnst zum Pferderennen ermuntert haben.

---

*) Michaelis bemerkt hierzu: "So würde gewiß kein deutscher Dichter singen, denn wir haben keinen Namen für die ersten, zweiten und folgenden Rennpferde; wie denn auch wohl mancher unserer Dichter kaum jemals ein Pferderennen gesehen hat." Es kann daher Obiges zum Beweis dienen, daß das Wettrennen mit Pferden damals in Arabien sehr gewöhnlich und eine allgemein bekannte und interessante Sache war.

**) Mit diesem berüchtigten Pferderennen, welches im sechsten Jahrhundert nach Christi Statt fand, verhielt es sich folgendermassen. Kais ben Zoheir, vom Stamme Dhobyan, hatte ein Pferd Namens Dahes; dieses ließ er auf geschehene Aufforderung mit einer Stute, die Gabrah hieß und dem Hamal ben Bedr vom Stamme der Absiten gehörte, um den Preis von hundert Kameelen ein Wettrennen halten. Dahes lief wirklich der Stute Gabrah den Vorrang ab; aber Hamal hatte Kinder unfern dem Ziele in einem Graben versteckt, diese machten auf seinen Befehl den Dahes scheu, wodurch seiner Stute der Sieg zu Theil wurde. Hierüber entstand zuerst Streit und hernach ein vierzigjähriger blutiger Krieg, der von den Arabern nur der Krieg von Dahes und Gabrah genannt wird. (Prococke Spec. histor. arab. p. 138.)

Daß die edlen Pferde schon damals wegen ihres schönen Baues und ihrer guten Eigenschaften sehr geschätzt wurden, ersieht man aus den alten arabischen Dichtern jener Zeit, welche derselben stets mit größtem Lobe gedenken. Nehmen wir ihren poetischen Schilderungen die Bilder und Gleichnisse, so haben wir folgende Beschreibung von ihrer damaligen Beschaffenheit. Sie hatten einen kleinen Kopf und langen Hals *), ihr Rücken und die Kruppe waren gerade **), der Leib schlank, die Hanken schön und stark, die Füße fein, aber fest gebaut ***), der Schweif lang †), und die Hauthaare kurz und fein ††). Dabei waren sie flüchtig †††), schnell ††††), stark, dauerhaft, muthig und unerschrocken, und sowohl im Kriege, als zur Jagd gut zu gebrauchen [12]).

Am Ende des sechsten Jahrhunderts war der Zustand der Pferdezucht in Arabien ungefähr wie folgt: die Land-

*) Der Dichter Lebid sagt: "Mein Roß erhebt seinen Nacken gleich dem Stamm der hochwipfligen Palme." Ein Anderer sagt ausdrücklich, sie hatten lange Hälse.

**) Der Dichter Amralkais meint, ihr Rücken sey so eben, als der Stein, worauf man Salbe reibt für die Braut.

***) "Ihre Knochen (Beine) sind federleicht" — sagt der Dichter Lebid; — "ihre Füsse sind stark gegliedert" (Antar).

†) "Es hat Lenden, wie ein Reh, und Schenkel wie ein Strauß; es trabt wie ein Wolf und gallopirt wie ein Fuchs. Fest ineinander geschlungen ist das Gewebe seiner Hüften; wenn es den hintern Theil zukehrt, füllt den Raum zwischen seinen Beinen ein schöner langer Schweif" (sagt der Dichter Amralkais).

††) "Am Morgen der Schlacht eilen wir auf kurzhaarigen Pferden ins Treffen u. s. w." — sagt der Dichter Amru; auch noch Andere nennen ihre Pferde kurzhaarig. —

†††) "Flüchtig bewegt es sich herum, wie der Kreisel in der Hand des Knaben" (Amralkais).

††††) "Es rennt so schnell, daß es die Thiere des Waldes im Laufe

schaft Hedschas war ihrer edlen Pferde wegen bekannt, nur besaß sie deren in geringer Anzahl *). Reich an Kameelen, aber arm an Pferden (wie noch gegenwärtig), war das steinige Arabien **). Nur das wüste Arabien und die Landschaft Nedsched hatten Pferde in einiger Menge, und die hier herumwandernden Nomaden scheinen schon damals die Haupt-Pferdezüchter unter den Arabern gewesen zu seyn ***). Mehrere Stämme derselben waren ihrer trefflichen Pferde wegen berühmt, als z. B. die Beni-Dhobyian, die Beni-Taglebi, die Beni-Abs oder Abbas u. s. w. Von dem Oberhaupte des erstern Stammes rühmt der alte Dichter Zoheir, daß er tausend schöne mit prächtigen Decken gezierte Pferde hatte; und von den Pferden des Stammes Taglebi — sagt Amru — daß sie an Schönheit und alter Herkunft keinen andern nachständen [13]. In Hedschas war der Stamm Koreisch seiner guten Pferde wegen in vorzüglichem Rufe; und noch rühmen sich einige

ereilt„ (Amralkais). “Angespornt läuft es gleich einem fliegenden Strauß über die Ebene hinweg„ (Lebid).

*) So lange Mohammeds Herrschaft sich noch nicht weiter, als über Hedschas erstreckte, hatte er immer nur zwei höchstens fünfhundert Pferde bei seiner Armee, ein Beweis, daß diese Landschaft nicht reich an Pferden war. (Gibbon 10r Thl. S. 111. u. allgemeine Welthistorie 19r Bd. S. 291).

**) In Mohammeds Kriegen mit den Stämmen im steinigen Arabien bestand die Beute nach einem Treffen oft aus 10,000 Kameelen und 30,000 Schafen, und nur selten in einigen Pferden (Allgemeine Welthistorie 19r Bd. S. 301).

***) Sobald Mohammed die Landschaft Nedsched und das wüste Arabien bezwungen hatte, hatte er auch schon 10,000 Pferde bei seiner Armee (Gibbon 10r Bd. S. 124). Von Nedsched ließ er aber auch schon früher Pferde kommen (Allgem. Welthistorie 19r Bd.).

Stämme der Araber der Wüste, daß ihre Pferde von denen der Koreischiten abstammen.

Mit dem Auftritte Mohammeds *), welcher sich als ein von Gott gesandter Prophet ankündigte, eröffnete sich die glänzendste Periode der Araber. Diesem schlauen Manne gelang es, sich Arabien ganz zu unterwerfen, und ihm eine neue Religion und neue Gesetze zu geben. Daß er ein großer Freund der Pferde war, beweisen viele Stellen in seinen Gesetzbüchern (dem Koran und der Sunna). Er empfahl seinen Anhängern nicht nur eine sanfte Behandlung und eine sorgfältige Wartung und Pflege der Pferde, sondern er machte ihnen dieses auch gleichsam zu einem Religionsgesetze **). Zu seinem Dienstgebrauche unterhielt er gewöhnlich zwei und zwanzig Pferde, deren Adel, Schönheit und Güte die alten arabischen Schriftsteller sehr rühmen. Nach dem Berichte des Al-Hafedh waren folgende darunter die vornehmsten: Sacaib, das ist das leichte, oder hurtige; Lahif, das mit seinem Schweif den Boden deckende; Al-Saba, das prächtige; Al-Dhareb, das mit seinen Hufen die Erde erschütternde; Al-Lazaz, das schnelle; Al-Mortajez, das donnernde; und Al-Warth, das rothe [14]. — Fünf Stuten (die bereits oben genannt sind),

*) Ums Jahr 600 nach Christi Geburt.

**) So z. B. heißt es in der Sunna: "Das Pferd ist dem Manne Lohn, wenn er es frei läßt auf Wiesen und Gärten; sey es, daß er den Strick, woran es gebunden ist, verlängert oder verkürzt, daß es frei gehen oder nur wenige Schritte thun kann, immer bringt es ihm Früchte. Wenn es an einem Flusse vorbei geht und daraus trinkt, und er es nicht hindert, hat er abermals ein gutes Werk gethan und Lohn dafür zu hoffen. Demjenigen, der das Pferd mit Sorgfalt pflegt, dient es zum Schutze u. s. w. (Bocharts Sammlung der Sunna).

waren jedoch seine Lieblingspferde, und diese fünf Lieblingsstuten sollen die Stammmütter von fünf edlen Pferdegeschlechtern geworden seyn, deren Nachkommen noch jetzt für die besten und schönsten Pferde Arabiens gehalten werden *).

Als nach Mohammeds Tode unter der Herrschaft seiner Nachfolger, der Khalifen, die Araber alle benachbarten Länder eroberten, gelangten sie zu großen Reichthümern und Wohlstand. Künste, Wissenschaften und Handel wurden blühend, und die Pferdezucht kam immer in noch größeren Flor; auch nahm die Anzahl der Pferde in Arabien sehr zu. Die reichen Khalifen umgaben sich mit einem glänzenden prachtvollen Hofstaate, und unterhielten zu ihrem Dienstgebrauche Pferde in großer Menge. Hescham, vom Stamme der Ommiaden **), ein großer Pferdeliebhaber, hatte viertausend Pferde in seinen mit der größten Pracht erbauten Marställen; Malekschah unterhielt außer den Pferden seines Marstalls noch vierzigtausend für seine Garde und Jägerei; und der Khalife Motassem, vom Stamme der Abassiden, der nur Schecken, Tiger oder Pferde mit gelblichen und röthlichen Flecken liebte, besaß deren gar hundert und dreissigtausend ***), die er alle in den Ställen seiner Residenz Samara stehen hatte [15]).

Ob nicht schon zu dieser Zeit (während der Herrschaft der Khalifen) †) die Pferdezucht der Araber in einem eben

*) Siehe das neunte Kapitel.

**) Er lebte ums Jahr Christi 730. und Motassem ungefähr hundert Jahre später.

***) Wenn diese Anzahl nicht übertrieben ist, so muß wohl ein bedeutender Theil dieser Pferde aus andern Ländern, als Arabien, gewesen seyn.

†) Die Khalifen herrschten über Arabien vom Jahr 632 bis 1258

so guten Zustande, oder vielleicht noch vollkommener war, wie gegenwärtig, ist schwer zu entscheiden. Soviel ist indessen gewiß, daß die arabischen Pferde damals sehr geachtet waren, und daß sie ihrer Schönheit und Güte wegen in einem großen Rufe standen. Schon in der ersten Hälfte des siebenten Jahrhunderts hielt man sie für bei weitem besser, als die Pferde aller andern Länder *) [15]). Dit ungemeine Schnelligkeit der edlen Pferde war so bekannt, daß man sie oft nur El-Faras-el-Sabek (d. i. Pferde des Laufes) oder Adiat (Läufer) nannte **). Wegen ihrer großen Stärke und Dauerhaftigkeit schätzte man sie besonders als treffliche Reitpferde zum Kriegs-

---

*) Als die Araber im Jahr 636 nach der siegreichen Schlacht bei Yermuck die Beute theilten, erhielt jeder Reiter, der ein Pferd von arabischer Zucht ritt, auf seinen Antheil zweimal mehr, als derjenige, der ein Pferd aus einem andern Lande hatte, oder das doch wenigstens aus demselben abstammte. Der Grund hievon war, (wie die alten Schriftsteller sagen) weil man die arabischen Pferde für weit besser hielt, als alle andern; sie müssen also schon damals eine größere Schnelligkeit, Stärke und Dauerhaftigkeit gehabt haben, als die andern Pferde Asiens, und deßwegen im Kriege größere Dienste geleistet haben (Allgemeine Welthistorie 19r Bd. S. 391).

**) Von der Schnelligkeit der arabischen Pferde jener Zeit schreibt der alte Geschichtschreiber Nicephorus: "Die Sceniten (Beduinen) haben so schnelle hurtige Pferde, daß sie dadurch fast unüberwindlich sind. Denn wenn sie auch zuweilen von ihren Feinden umschlossen werden, so können sie doch nicht gefangen genommen werden, weil sie mit ihren flüchtigen Pferden augenblicklich wieder entfliehen (Nicephor. libr. VI. p. 210). — Auch der Geschichtschreiber Lebeau sagt: "Die Araber ritten in der Schlacht Pferde, die so geschwind waren, als die Adler, die zugleich von vorne, von hinten nnd von der Seite angriffen, ohne Ende flohen und wieder umkehrten.» (Siehe Lebeau's Geschichte des morgenländischen Kaiserthums, 16r Bd. S. 402).

dienste [16]). Auch achtete man bereits ihren Adel und ihre reine unvermischte Abkunft; der alte arabische Naturforscher Abdollatif *) sagt: «Sit haben vor andern Pferden einen Vorzug in Hinsicht auf Geblüt und Adel» [17]).

Daß heutigen Tages Könige, Fürsten und andere Große die edlen arabischen Pferde lieben und sie gerne zu ihrem Dienstgebrauche in ihren Ställen halten, ist nichts Neues. Es war schon eben so vor mehr, als tausend Jahren. Von den griechischen Kaisern zu Konstantinopel wurden sie schon im siebenten Jahrhundert sehr geschätzt, so daß diese Herren jede Gelegenheit, ja selbst Friedensschlüsse benützten, sich einige derselben zu verschaffen. Als der Kaiser Konstantin IV. (im Jahr 697) den arabischen Khalifen Moawijah durch einen glücklichen Feldzug sehr in die Enge getrieben hatte, bewilligte er ihm nur unter der Bedingung eines jährlichen Tributs von fünfzig Pferden von der edelsten Zucht, und dreitausend Goldstücken den Frieden [18]). Ungefähr zwanzig Jahre später, unter der Regierung des Khalifen Abdalmalek, forderte und erhielt der Nachfolger des genannten Kaisers (Justinian II.) nochmals einen jährlichen Tribut von dreihundert und fünfundsechszig edlen arabischen Pferden, welcher Tribut aber, wie das erstemal, nur kurze Zeit Statt fand [19]). Dieses öftere Verlangen nach edlen arabischen Pferden beweiset, daß man sie schon zu jener Zeit am Hofe zu Konstantinopel als ein kostbares Gut betrachtete.

Auch lehrt uns die Geschichte, daß die Großen unter den Griechen zu jener Zeit im Kriege gewöhnlich arabische

*) Er lebte im zwölften Jahrhundert.

Pferde ritten. So z. B. erzählt Lebeau, daß in dem Kriege, welchen die Griechen im Jahre 1140 mit den Türken führten, der griechische Prinz Johannes ein schönes arabisches Pferd geritten und noch mehrere dergleichen Pferde besessen habe [20]; ferner, daß im Jahr 1187 Prinz Johannes Kantakuzenos im Kriege gegen die Bulgaren ein arabisches Pferd geritten u. s. [21] Selbst die Könige, Fürsten und Großen der Perser, Türken und Tatarn, die doch selbst treffliche Pferde von eigener Zucht hatten, bedienten sich häufig der arabischen Pferde im Kriege. So z. B. erzählt Malcolm, daß König Kosru Purviz von Persien im Kriege gewöhnlich sein Leibroß von arabischer Race, das Schub-Diz hieß, geritten habe, welches — sagen die alten persischen Geschichtschreiber — flüchtiger war, als der Wind *) [22]. In dem Kriege, welchen der griechische Kaiser Alexius I. im Jahr 1116 mit den Türken führte, ritten die Anführer der letztern und auch viele gemeine Soldaten arabische Pferde [23]. Dasselbe war auch der Fall in dem Kriege, welchen der Kaiser Manuel I. im Jahr 1143 mit den Türken führte, und in allen spätern Kriegen zwischen den Griechen und Türken [24]. Bei der Armee des tatarischen Kaisers Dschingis-Khan entstand einst ein blutiger Streit unter den Befehlshabern über den Besitz eines erbeuteten schönen arabischen Pferdes [25]. Dergleichen Beispiele sind an sich zu unbedeutend, als daß ich noch mehrere derselben anführen sollte; allein sie zeigen doch, wie gerne schon damals die Großen sich der arabi-

*) König Kosru Purviz lebte im siebenten Jahrhundert; er soll 50,000 Pferde in seinen Marställen gehabt haben (Siehe Malcolms Geschichte von Persien, 1r B. S. 132).

schen Pferde bedienten, und wie hoch sie dieselben schätzten.

Auch war es unter ihnen bereits gewöhnlich, sich dergleichen Pferde als Geschenke zu geben. So z. B. verehrte (im zehnten Jahrhundert) der Großvizier Abd-el-Malek-ben-Cheid dem in Spanien herrschenden Khalifen Abdal-Rahman III. unter andern kostbaren Sachen auch fünfzehn edle arabische Pferde [26]). Im Jahre 970 schenkte der Khalife Moez Ledinillah vom fatimitischen Geschlechte seinem Statthalter der Königreiche Tunis und Algier Namens Jussuff Zeir vierzig arabische Pferde [27]). Im Jahr 1179 verehrte Machadol (arabischer Kommandant der Festung Shizar) dem griechischen Kaiser Johannes neben andern kostbaren Geschenken auch mehrere edle arabische Pferde [28]). Anno 1192 gab Sultan Saladin dem Könige Richard von England arabische Pferde zum Geschenke, und erhielt dagegen norwegische Falken [29]). Ferner verehrte im Jahr 1193 der Sultan von Aegypten dem Kaiser Alexius III. zwei schöne arabische Pferde, welche der Sultan von Iconium unterwegs wegnehmen ließ, worüber sich ein gefährlicher Krieg entspann [30]). Solche Geschenke waren aber keineswegs so unbedeutend, als sie vielleicht scheinen. Ein schönes edles Pferd, welches Abulfeda, Sultan von Hama, dem Emir Saifoddin ums Jahr 1312 verehrte, wurde auf 40,000 Drachmen (13 bis 14000 Gulden rhein. *) geschätzt [31]). Ueberhaupt waren auserlesene schöne Pferde sehr im Werthe und wurden zu hohen Preisen verkauft.

*) Lebeau sagt, daß drei arabische Drachmen im Werthe von 50 französischen Sols gewesen wären; also einer ungefähr 20 Kreuzer.

Wie Abdollatif versichert, galten manche tausend bis viertausend Dinaren (4 bis 16000 Gulden rhein.) *) **) [32].

Bekanntlich haben die in Mesopotamien (zwischen Orfa, Mosul und Merdin) herumziehenden Beduinen-Araber gegenwärtig sehr schöne Pferde. Dieß war schon der Fall, da dieses Land noch unter der Herrschaft der Khalifen stand. Der alte Araber Abubekr-ben-al-Bedr (der ums Jahr 1179 Stallmeister des Sultans Malek-el-Nassar war) hielt die Pferde von Mesopotamien für die schönsten seiner Zeit. Von den übrigen arabischen Pferden sagte er, daß die von Hedschas die edelsten, die von Nedsched die vortrefflichsten, und die von Yemen die geduldigsten und dauerhaftesten wären [33].

Besonders hochgeachtet waren die angeblich von Mohammeds Stuten abstammenden edlen Pferdegeschlechter ***). Um Ehre und Andenken derselben zu erhalten, wurden bei der Geburt der Fohlen Urkunden über ihre Abkunft ausgestellt, die von der Obrigkeit beglaubigt waren. Man hielt die Genealogie dieser Pferde für einen so wichtigen Gegenstand, daß selbst Fürsten sich darin zu unterrichten strebten; wie denn der alte arabische Geschicht-

*) Ein Dinar war ungefähr vier Gulden bis vier Gulden 30 Kreuzer im Werthe.

**) Man gab auch neun Sklaven für ein Pferd, und für ein ganz vorzügliches auch deren vierzehn. Nach abgeschlossenem Kaufe wurde von Zauberern allerhand Hokus-Pokus getrieben, um das Pferd im Kriege muthiger zu machen. Man beräucherte und salbte das Pferd, während gewisse Sprüche gemurmelt wurden, und hieng ihm dann allerlei Amulete um den Hals. (Letzteres geschieht noch.)

***) Mehreres von diesen Geschlechtern ist im neunten Kapitel zu finden.

schreiber Bohaddin vom Sultan Saladin rühmt, daß er in der Genealogie der Pferde sehr bewandert war [34]. — Um die Race stets in ganzer Reinheit zu erhalten, ließ man die edlen Stuten nur von edlen Hengsten belegen; daher schreibt der alte Dichter Motanebbi *):

"Edle Rosse, deren Mutter
Wird belegt vom edlen Hengste" [35].

Die Geburt eines solchen Fohlens ward unter den herumwandernden Stämmen als ein Gegenstand der Freude und gegenseitiger Glückwünschung geschätzt. Man setzte sie der Geburt eines Sohnes und der Erscheinung eines Dichters an die Seite, und feierte sie mit festlichem Pompe, mit Glückwünschungsgedichten und mit Gastmählern ** [36].

Arabien hatte damals wo nicht einen Ueberfluß an Pferden, so doch mehr, als sein Bedürfniß erforderte: daher denn auch schon viele derselben in das Ausland verkauft und weit und breit verführt wurden, selbst bis nach Indien. Wann dieser Handel seinen Anfang genommen, ist nicht bekannt. Gegen das Ende des dreizehnten Jahrhunderts, als Marco Paolo Asien durchreisete, wurden schon viele Pferde aus den Häfen Aden und Escuir (jetzt Schär, beide im glücklichen Arabien) ausgeführt, und damit ein wichtiger Handel nach Indien getrieben [37]. Ferner kamen auch mit den Karawanen ***) aus der Wüste

---

*) Motanebbi lebte im zehnten Jahrhundert.

**) Dieser sonderbare Gebrauch ist bei den Arabern sehr alt (Man sehe Dsjalel-eddin historischen Blumengarten). Auch ist er bis auf den heutigen Tag nicht ganz abgekommen, wie der Reisende Mariti versichert (Siehe das siebenzehnte Kapitel).

***) Karawanen sind große Reisegesellschaften, die sich, um vor Räubern gesichert zu seyn, zusammen begeben, und hauptsächlich die

und von Nedsched öfters Pferde auf die Märkte nach Aleppo, Damaskus und Bagdad, von wo aus sie hernach durch die Händler weiter verführt wurden *) [38].

Von dieser Zeit an dauerte der Ruhm der arabischen Pferde ununterbrochen fort, bis auf den heutigen Tag. Sie blieben fortwährend in Ansehen und Achtung bei Königen, Fürsten und andern Großen, besonders im Oriente. Im Jahre 1432 bekriegte der türkische Sultan Murad II. den Fürsten Oglu Ibrahim von Karamanien wegen eines vortrefflichen arabischen Pferdes, das ihm dieser käuflich nicht überlassen wollte [39]. Von den Sultanen Bajasid und Soleiman wird erzählt, daß sie die arabischen Pferde sehr liebten, und beinahe keine andern, als Pferde von dieser Race ritten [40]. Dasselbe war auch der Fall mit dem Sultan Murad IV., welcher neunhundert mit kostbaren Dekken gezierte Reitpferde größtentheils von arabischer Race besaß, und noch außer diesen vierzig, die mit Stammbäumen versehen waren und zu seinem eigenen Gebrauche dienten» **) [41]. Auch die Könige von Persien unterhielten

Handlung oder die Wallfahrt nach Mekka zur Absicht haben. Eine solche Gesellschaft führt oft 1000 Kameele und immer auch viele Pferde bei sich.

*) Daß auch schon zu dieser Zeit, besonders während der Kreuzzüge, manchmal arabische Pferde nach Europa kamen, ist außer Zweifel. Kaiser Friedrich II. ließ mehrere nach seinem Erblande Sicilien bringen, um seine dortigen Stutereien zu verbessern. Von den damals in Frankreich eingeführten arabischen Pferden stammen bekanntlich die limousiner Pferde ab. Und wahrscheinlich wurden auch von den vielen tausend deutschen Herren und Rittern, welche zu jener Zeit als Kreuzfahrer in das Morgenland zogen, hie und da einige arabische Pferde bei ihrer Rückkehr mit nach Deutschland gebracht.

**) Außer den obengedachten 900 Reitpferden und 40 mit Stamm-

stets eine große Anzahl arabischer Pferde; so z. B. soll Schah Abbas, der Große, über dreihundert, und Nadir Schah noch mehr dergleichen Pferde in ihren Marställen gehabt haben. Von ersterm wird auch erzählt, daß er einst eine schöne arabische Stute (Namens Gazelle), von der er viel Rühmliches gehört hatte, durch einen Sklaven mit großer Gefahr aus dem Marstalle des türkischen Sultans zu Constantinopel stehlen ließ, und daß er hernach diese Stute so lieb gewann, daß er ihr nach ihrem Tode ein Grabmahl errichten ließ, welches der Reisende Chardin selbst gesehen zu haben versichert [42]).

Mehrere Reisende, z. B. Rauwolf, Thevenot, Chardin u. s. w., die zu dieser Zeit den Orient besuchten, gedenken der arabischen Pferde rühmlichst. So z. B. preist ersterer ihren Adel, ihre Schönheit und ihre trefflichen Eigenschaften, und besonders derjenigen, die man nach Bagdad zum Verkaufe brachte. Dabei bemerkt er zugleich, daß viele dieser Pferde nach Indien, der asiatischen Türkei und etliche auch nach Europa verkauft wurden [43]). Auch Scaliger erzählt, daß zu dieser Zeit viele Pferde aus Arabien nach Indien ausgeführt und dort zu den hohen Preisen von 500, 800, ja 1000 und 2000 Dukaten verkauft wurden *). Er meinte daher, daß die ara-

---

bäumen versehenen Pferden, hatte Sultan Murad IV. noch sechs Ställe mit Pferden, und zwar in jedem dieser Ställe 7 bis 800 Pferde. In den meisten dieser Ställe waren die Krippen von Silber und die Pferde mit silbernen Fesseln angebunden. Jeder der vielen Pagen hatte zwanzig bis dreissig Reitpferde. (Hammers Geschichte des osmannischen Reichs, 5r Bd. S. 291).

*) Viele dieser Pferde wurden über die Insel Ormuz nach Indien gebracht, und es mußte daselbst für das Stück der ungeheuere

bischen Pferde höher zu schätzen seyen, als Indiens Reichthum [44]).

Von dem hohen Preise der edlen Pferde zu jener Zeit erzählen auch noch andere alte Reisende. S. z. B. schreibt Tavernier (welcher in der Mitte des siebenzehnten Jahrhunderts Asien bereisete): «Es gibt arabische Pferde, die ausnehmend hoch im Preise stehen. Zu Mached-raba, im wüsten Arabien, sah ich ein Fohlen von ausgezeichneter Schönheit, für welches der Pascha von Damaskus 3000 Thaler (écus) *) geboten hatte. Der Gesandte des Moguls (Kaisers von Indostan) hatte einige arabische Pferde für drei, für vier, für sechstausend Thaler (écus) gekauft, und bot für ein anderes, welches ausnehmend schön war, bis auf 8000 Thaler. Man wollte es ihm aber nicht unter zehntausend ablassen, weßhalb er den Kauf unterließ» [45]).

Man ersieht hieraus, daß im sechszehnten und siebenzehnten Jahrhundert die Pferdezucht in Arabien in blühendem Zustande war. Ob sie gegenwärtig noch eben so vollkommen ist, ist schwer zu entscheiden. Russel (der in der letzten Hälfte des vorigen Jahrhunderts längere Zeit in Syrien, unfern der arabischen Gränze lebte), schreibt: «Die Achtung, welche die Araber gegen ihre Pferde haben, und die gewissenhafte Mühe, welche sie sich geben, den Stamm derselben rein zu erhalten, sind Umstände, von welchen Reisende oft Meldung thun. Diese besondere Aufmerksamkeit auf die Zucht ihrer Pferde hat noch in eini-

---

Zoll von vierzig Dukaten erlegt werden. Schon hieraus läßt sich auf den hohen Einkaufspreis schließen. (Siehe Rauwolfs Reisebeschreibung S. 85).

*) Ein solcher Thaler ist ungefähr ein Gulden 22 Kreuzer.

gen Theilen Arabiens Statt, aber an den Grenzen der Wüste sind sie nicht mehr so aufmerksam darauf als ehemals» [46]). — Was Russel hier sagt, bezieht sich vornämlich nur auf die an den Grenzen von Arabien (d. h. in Syrien, Palästina, Irak-Arabi u. s. w.) hausenden Araber; denn auf die Bewohner vom innern Arabien (der großen arabischen Wüste und der Landschaften Nedsched, Hadschar, Hedschas u. s. w.) kann dieß keine Anwendung finden. Von diesen sagt Hr. v. Rosetti: «Kein Pferd, das nicht von rein edler Race ist, wird in ihren Zelten gelitten; auf diese Weise haben sie die Reinheit des Geblütes ihrer Pferde bis auf den heutigen Tag erhalten» [47]). Dieses wird auch von andern Reisenden, z. B. Fouche d'Obsonville, Taylor, Gollard u. s. w.) bestätiget. Ferner bemerkt Hr. Graf v. Veltheim sehr richtig: «Da die Beduinen der Wüste noch eben die Lebensweise führen, wie ihre Vorfahren vor tausend und noch mehr Jahren, und die Pferdezucht mit dieser Lebensweise auf das Engste zusammenhängt, so ist daher gar kein vernünftiger Grund vorhanden, zu glauben, daß ihre Pferde seit achtzig oder hundert Jahren auffallend schlechter geworden seyn sollten» [48]).

---

1) Zachs monatl. Correspondenz 1809. 20. Bd. S. 318. 2) Oppian Cyneget. v. 173. 3) Arrians periplus p. 40. 4) Ammian. marcellin. XIV. 4. 8. u. XXII. 6. 5) Veget. IV. 6) Michaelis mosaisches Recht, 3. Thl. S. 320. 7) Moallakat oder die sieben im Tempel zu Mekka aufgehangenen Gedichte, S. 192. 8) Lebeau's Geschichte des morgenländischen Kaiserthums, 2. Bd. S. 69. 9) Moallakat S. 101. 10) Michaelis a. a. O., S. 323. 11) Ebenda. 12) Moallakat S. 121. 123. u. 128. 13) Ebenda. 14) Abulfeda annal. moslem. libr. I. u. allgem. Welthistorie, 19. Bd. S. 181. 15) Herbelot's orientalische Bibliothek, 2. Bd. S. 21. 16) Allgem. Welthistorie, 19. Bd. S. 391. 17) Abdollatif Denkwürdigkeiten von Aegypten, S. 136. 18) Gibbon's Verfall des römischen Reichs, 10. Thl. S. 111. u. allgem. Welthistorie,

21. Bd. S. 432. [19]) Ebenda 19. Bd. S. 634. [20]) Lebeau a. a. O., 19. B. 165. [21]) Ebenda 20. Bd. S. 23. [22]) Malcolm's Geschichte von Persien, 1. Bd. S. 132. [23]) Lebeau a. a. O., 19. Bd. S. 55. [24]) Allgem. Welthistorie, 21. Bd. S. 432. [25]) Ebenda 21. Bd. S. 611. [26]) Cardonne's Geschichte von Afrika, 2. Bd. S. 131. [27]) Gibbon a. a. O., 11. Bd. S. 277. [28]) Lebeau a. a. O., 19. Bd. S. 149. [29]) Abulfeda libr. III. [30]) Lebeau a. a. O., 20. Bd. S. 240. [31]) Abulfeda libr. III. [32]) Abdollatif a. a. O., S. 136. [33]) Abubekr. Kamel el Sanotein p. 18. [34]) Bohadini vitae et res gest. Sult. Saladin. p. 108. [35]) Motanebi's Gedichte. Aus dem Arabischen von Hammer, S. 135. [36]) Casiri Bibliothek. escurial. T. II. p. 210. [37]) Marco Paolo's Reise in den Orient, S. 140, [38]) Abulfede libr. VI. [39]) Allgem. Welthist., 22. Bd. S. 141. [40]) Ebenda. [41]) Hammer's Geschichte des osmanischen Reichs, 5. Bd. S. 294. [42]) Hanway's Reise nach Persien, u. Chardin voyage T. IV. p. 111. [43]) Rauwolf Reisebeschreibg., 2. Bd. S. 41 u. 85. [44]) Scaliger exercit. p. 206, [45]) Tavernier six voyag. en Turq. T. I. p. 156. [46]) Russel's Naturgeschichte von Aleppo, 2. Bd. S. 55. [47]) Fundgruben des Orients, 5. Bd. S. 59. [48]) Veltheim's Abhandlg. über Pferdezucht, S. 163.

Viertes Kapitel.

Ueber die Anzahl der Pferde in Arabien *).

Mehrere ältere Reisende, als z. B. Arvieux, de la Rocque, Niebuhr, Mariti u. s. w. behaupten, daß Arabien reich an Pferden sey, während neuere Reisende, wie z. B. Seezen, Pedro Nunnes, Burkhardt u. s. w., gerade das Gegentheil versichern. Es fragt sich daher: Wer hat Recht? — Um diese Frage zu lösen und um der Wahrheit näher zu kommen, wollen wir im Folgenden diese verschiedenen Meinungen prüfen und miteinander vergleichen.

Zuerst wollen wir unsern unglücklichen Landsmann Seezen hören **), da dessen Bericht sehr ausführlich ist. Er schreibt: «Da Arabien wegen seiner Pferde bei den Europäern in so hohem Rufe steht: so sollte man erwarten, daß dieß schönste und edelste unter den Säugthieren daselbst in großer Menge angetroffen werde. Allein nichts weniger, als das; es giebt sogar ganze Provinzen, wo man kein einziges Pferd antrifft, z. B. auf der peträischen

*) Beim Durchlesen dieses Kapitels bitte ich die am Ende dieses Buches angehängte kleine Charte von Arabien zu Hülfe zu nehmen.

**) Er wurde im Jahre 1811 auf der Reise von Mockha nach Szana, als er eben das südliche Arabien bereiste, vergiftet.

Halbinsel und in Hadramut. Vielleicht ist dieß der Fall auch mit einigen andern; allein nur von jenen beiden weiß ich es gewiß. Auch in den unermeßlichen Distrikten, wo Beduinen herumziehen, sind die Pferde höchst selten, und es giebt manche Stämme, wo kein einziges zu finden ist. Bei andern, wo es dergleichen giebt, werden sie bloß von wohlhabenden Scheickhen, und einem oder dem andern von ihren Verwandten, welcher auch schon den Titel des Scheikhs führt, gehalten; aber nie in Menge, sondern jeder nur ein einziges Pferd zum Reiten. Kein gemeiner Beduine ist im Stande, das nöthige Futter zur Unterhaltung eines Pferdes herbeizuschaffen, weßwegen bei ihm auch nie ein solches angetroffen wird.»

«In der sehr großen arabischen Provinz Hedschas, findet man äußerst wenige Pferde. Nur der Scherif von Mekka hält etwa 60 bis 70, und eine halbe Stunde von Mekka in dem Thale, welches man El-Bessatin (die Gärten) nennt, hat er in einem seiner Landhäuser eine Stuterei, wo jährlich etliche Fohlen fallen. Der große Stamm Harb hatte vorhin gar keine Pferde; nur seitdem er wuhabisirte, und ihm aus seinem Mittel Emire vorgesetzt wurden, erhielten diese von dem weltlichen Oberhaupte der Wuhabiten, Saud, ein Reitpferd zum Geschenke. Kein Privatmann in ganz Hedschas, sey er übrigens so reich als er wolle, hält sich ein Pferd. Selbst die Inhaber der zwei großen Handelshäuser in Dschidda halten sich kein Reitpferd, sondern nur ein Maulthier *). Indessen der Stuterei ungeachtet, muß der Scherif von Mekka noch Pferde

*) Pedro Nunnes sagt dagegen, daß die Kaufleute in Djidda Pferde halten. (Siehe Alibey's Reise, 2te Abthlg. S. 190.)

aus der Fremde kommen lassen, um seinen Vorrath vollzählig zu erhalten. So erhielt er während meinem Aufenthalte in Mekka etwa 16 elender Gäule vom Könige von Sennar, oder nach einer sichern Nachricht, von seinem Aga in Massâa zum Geschenke. Ich gebe die Zahl aller Pferde in Hedschas auf tausend an, und wer diese Provinz kennt, wird diese Angabe eher zu hoch, als zu niedrig halten.»

«In Yemen ist dieses edle Thier fast eben so sparsam anzutreffen, als in Hedschas. Einer von den Hausoffizianten des Imams von Szana *) versicherte mich, sein Herr könne höchstens 3 bis 400 Mann beritten machen **). Uebrigens giebt es auch hier keinen einzigen Privatmann, Gelehrten, oder Kaufmann, welcher ein Pferd hält; alles bedient sich der Esel zum Reiten ***). Der Scherif von Abu-Arisch, Hammud, hält zwar einen Trupp Pferde; auch soll die Provinz El-Dschof und die Herrschaft Nedschran reich daran seyn. Allein letztere hat einen zu kleinen Umfang, als daß man daselbst Viele erwarten könnte; und wenn man eine Menge davon in El-Dschof angiebt, so weiß man schon, was man hier unter Viel zu verstehen habe. Kurz! ich zweifle daran, daß man in Yemen, der wichtigsten und blühendsten Provinz in Arabien, mehr als tausend Pferde antreffen werde. Allein, um seinem Rufe

*) Der Imam von Szana ist der Regent oder König von der Landschaft Yemen.

**) Niebuhr der in Szana war, sagt, daß zu seiner Zeit der Imam (oder König) tausend Mann Reiterei hatte und Degrandprée behauptet gar zweitausend. Wem soll man glauben?

***) Diesem widerspricht die Nachricht Niebuhr's, daß er in Szana bei einer Feierlichkeit 600 vornehme Araber auf schönen Pferden reiten sah.

nicht zu nahe zu treten, will ich ihre Zahl auf anderthalbtausend festsetzen.»

«Weder bei Niebuhr, noch bei andern Geographen finde ich der Pferde in Omân erwähnt. Indessen läßt es sich erwarten, daß der Regent und dessen vornehmsten Staatsbedienten dergleichen halten werden. Wir wollen daher die Zahl derselben in diesem Lande auf fünfhundert festsetzen.»

«In der Provinz El-Bahrein dürften sehr wenige Pferde angetroffen werden, weil sie größtentheils aus sandigem, wasserlosem oder wenigstens wasserarmen Boden besteht; auch finde ich dergleichen nirgends erwähnt. Indessen will ich auch dort fünfhundert Pferde ansetzen.»

«Reicher und berühmter an Pferden ist die daranstoßende Provinz El-Nedsched. Da sie indessen bei weitem nicht den Umfang hat, als Yemen, welchem sie übrigens wegen ihrer Gebirge sehr ähnlich seyn dürfte: so glaube ich ihr kein Unrecht zu thun, wenn ich ihre Pferdezahl auf tausend festsetze.»

«Da manche geneigt seyn dürften, die Wüste von Syrien und die südlichen Ufer des Euphrats zu Arabien zu zählen, so lassen sie uns noch tausend Pferde für diesen Distrikt rechnen.»

«Aus dieser detaillirten und zum Theil auf eigene Erfahrung gegründeten Angabe ist zu ersehen, daß man dem großen Arabien durchaus nicht zu nahe thut, wenn man die ganze Zahl seiner Pferde auf sechsthalbtausend festsetzt. Vergleicht man diese Summa mit Ländern Europa's, so wird man gestehen müssen, sie sey so höchst unbedeutend, daß Arabien kaum verdiene, der Pferde bei seiner Beschreibung zu erwähnen. — Aber auch in ganz Asien giebt es vielleicht keinen eben so großen Erdstrich, wo nicht mehrere Pferde vorhanden seyn sollten, als in Arabien» [1]).

So weit Seetzen. Was er von der geringen Anzahl der Pferde in Arabien sagt, ist zum Theil wahr; denn auch Burkhardt schreibt: «Es ist eine allgemein verbreitete, obschon ganz irrige Meinung, daß Arabien sehr reich an Pferden sey; aber die Pferde beschränken sich nur auf die Gegenden dieses Landes, wo man fruchtbare Weiden findet. Nur in solchen Theilen gedeihen die Pferde, während diejenigen Beduinen, die einen dürftigen Boden bewohnen, selten Pferde besitzen. In Gemäßheit dieser Umstände findet sich es nun, daß diejenigen Stämme, welche an Pferden am reichsten sind, meistentheils in den verhältnißmäßig fruchtbaren Ebenen von Mesopotamien, an den Ufern des Euphrats und in den syrischen Ebenen wohnen. Pferde können hier mehrere Monate im Frühlinge von dem jungen Grase und den Kräutern leben, welche in den Thälern und in den fruchtbaren Niederungen vom Regen hervorgelockt werden. In Nedsched findet man z. B. nicht so viele Pferde, als in den vorerwähnten Gegenden, und sie werden immer seltener, je weiter man nach Süden geht» [2]).

Es stimmen demnach Burkhardt und Seetzen in der Hauptsache überein; nämlich darin daß Arabien nichts weniger als reich an Pferden ist. Uebrigens ist es dessenungeachtet zuverlässig, daß dieses Land bei weitem mehr Pferde besitzt, als Seetzen berechnet hat *). Um dieses

*) Seetzen gesteht selbst ein, daß er nur zum Theil aus eigener Beobachtung und Erfahrung spreche. Er hat nichts weniger, als ganz Arabien bereiset; das Innere dieses ungemein großen

zu beweisen und um der Wahrheit näher zu kommen, werde ich nun seine wichtigsten Angaben prüfen, und mit denen anderer Reisenden vergleichen, wornach sich dann das Resultat von selbst ergeben wird. —

Zuvörderst muß ich bemerken, daß das, was Seetzen von dem Mangel an Pferden auf der peträischen Halbinsel (oder der Wüste am Berge Sinai) und in der Landschaft Hadramut, sagt, größtentheils wahr ist. Von der ebengedachten Halbinsel sagt auch Burkhardt: «Die hiesigen Beduinen sind sehr arm; Pferde besitzen selbst ihre Scheikhs (Oberhäupter) nicht» [3]). Auch in Hadramut soll es äußerst wenige Pferde geben; sie sollen hier wirklich so selten seyn, daß man bisweilen große Distrikte findet, wo auch nicht ein einziges Pferd vorhanden ist, weil der äusserst unfruchtbare Boden kein Pferdefutter hervorbringt, und weil es auch an Wasser sehr mangelt.

Weniger gegründet ist dagegen, was Seetzen von der Seltenheit der Pferde bei den Beduinen sagt. Wenn er behauptet, daß kein gemeiner Beduine ein Pferd zu ernähren im Stande sey, und daß auch ihre Oberhäupter (Scheikhs) gewöhnlich nur ein einziges Pferd haben: so ist das viel zu allgemein geurtheilt und keineswegs auf

---

Landes hat er gar nicht gesehen. Seine Reise ging von Palästina aus durch die Wüste El-Tih im steinigen Arabien nach dem Berge Sinai und von da nach Aegypten. Von hier aus besuchte er hernach Mekka in der Landschaft Hedschas, und einen Theil von Yemen. Sonach hat er gerade nur diejenigen Gegenden von Arabien gesehen, wo die Pferde selten sind; und daraus läßt sich erklären, warum er sich in seiner Berechnung der Pferdezahl Arabiens so sehr geirrt hat. Wo Seetzen aus eigener Beobachtung urtheilt, sind übrigens seine Angaben immer richtig.

alle Beduinen anwendbar. Es paßt zunächst nur auf die Horden in der bereits gedachten Wüste am Berge Sinai, auf die in der Wüste El-Tih und noch auf einige andere in dem sogenannten steinigen Arabien herumwandernden Beduinen. Die Ursache, warum diese so wenig Pferde haben, ist die große Dürre und Unfruchtbarkeit des Bodens und der Mangel an Wasser in diesen Landstrichen. An Gräserei und überhaupt an Pferdefutter fehlt es in den meisten dieser Gegenden gänzlich *), so daß es kein Wunder ist, wenn die hier herumwandernden Beduinen äußerst wenig Pferde haben, und wenn es sogar ganze Stämme derselben giebt, die nicht ein einziges Pferd besitzen. Was Pococke von den armseligen Bewohnern der Wüste am Berge Sinai bemerkt, paßt auch auf viele andere, im steinigen Arabien herumziehende Horden: «Ihr ganz Vermögen — schreibt er — besteht in Kameelen, etwas Ziegen und wenigen Schafen; sie leben mithin in größter Armuth» [4]).

In so weit hätte demnach Seetzen Recht. Allein, wenn er behauptet, daß auch bei allen übrigen Beduinen die Pferde eben so selten sind, so ist das ein großer Irrthum. Man sollte glauben, er müßte schon in Syrien erfahren haben, daß gerade die Beduinen diejenigen Einwohner Arabiens sind, welche die meisten und schönsten Pferde züchten, und daß, wenn auch manche derselben nur wenig Pferde haben, andere dagegen wieder desto mehr besitzen. (Das Nähere hierüber wird weiter unten, wenn von der

*) Der alte Reisende Neidschütz sagt: “Es ist hier nichts, als brennender Sand und sonst weder Laub noch Gras.» (Siehe dessen Weltbeschreibung S. 197.)

Pferdezahl in der großen Wüste und der Landschaft Nedscheb die Rede seyn wird, vorkommen).

Mehr Grund hat das, was Seetzen von dem Mangel an Pferden in der Landschaft Hedschas sagt. Von dieser Landschaft schreibt auch Pedro Nunnes (Alibey genannt): «Man wird erwarten, daß ich nun auch von den weit und breit berühmten arabischen Pferden etwas sagen werde. Was kann ich aber davon sagen? da man hier in der Hauptstadt Arabiens (Mekka) kaum einhundert bei der Leibgarde des Sultan Scherif und höchstens sechs bei Privatpersonen antrifft. Und bei den Beduinen sind sie so selten, daß Sultan Saoud bei seinen 45000 Wahabiten nicht mehr als zwei- bis dreihundert Pferde hatte, die alle noch dazu aus der Provinz Yemen waren» [5]).

Was Pedro Nunnes hier von der geringen Anzahl der Pferde in der Landschaft Hedschas und bei den dortigen Beduinen sagt, ist wahr. Burkhardt, der diese Landschaft genau kannte, da er sie bereiset hatte, bestätiget es mit folgenden Worten: «Die Beduinen in Hedschas haben nur wenige Pferde; ihre Hauptmacht besteht in Kameelreitern und Fußvolk. In dem ganzen Lande von Mekka bis Medinah, zwischen den Gebirgen und dem Meer, eine Entfernung von wenigstens 260 (englische) Meilen, sind, meines Erachtens, nicht 200 Pferde anzutreffen; und dasselbe Zahlenverhältniß wird man längs dem rothen Meere von Yambo bis Akaba überall antreffen» [6]). Die Ursache der Seltenheit der Pferde in diesem großen Landstriche, ist der Mangel an Futter *) und Wasser. Pedro Nunnes sagt: «Die

*) Daher geschah es auch, daß, als im Jahre 1812 die Armee des Pascha's Mehemet Ali von Aegypten in der Gegend von Mekka

große Trockenheit des Bodens ist Schuld daran, daß es in Hedschas so wenig Pferde giebt; nur das Kameel kann hier leicht fortkommen und seinen Unterhalt finden» [7]).

Burkhardt sagt ferner: «Die Bewohner von Hedschas und Yemen, welche Landbau treiben, pflegen nicht viel Pferde zu halten; und ich glaube, daß es eine eben so mässige, als richtige Berechnung ist, wenn man die höchste Zahl der Pferde in dem Lande von Akaba, oder der nördlichen Spitze des rothen Meeres, bis an die Meeresküsten bei Hadramut, mit Einschluß der großen Gebirgskette und der westlich gegen das Meer hingelegenen Niederungen (also die großen Landschaften Hedschas, Yemen und Hadramut zusammengenommen) auf 5 bis 6000 annimmt» [8]).

Daß die in der eben angeführten Berechnung Burkhardt's mit eingeschlossene Provinz Yemen, wenig Pferde habe, beweist auch der Umstand, daß daselbst Pferde aus Nubien und Nedsched eingeführt werden. Ebengedachter Burkhardt schreibt: «Jede Karavanne von Souakin führt eine Anzahl Pferde von der Dongola-Race aus Nubien mit sich und verkauft dieselbe mit großem Gewinn in Yemen, Hodeyda, Loheya und südlich bis nach Mokha hin. Die Reiterei des gegenwärtigen Oberhauptes von Yemen, des Scherifs Hammoud, hat fast lauter Pferde von dieser Race; denn die gute Zucht (edle Race) der einheimischen Pferde von Arabien ist in Yemen selten» [9]). Auch der

---

stand, man das Futter für die zu ihr gehörigen Pferde aus Aegypten herbeischaffen mußte, und dennoch fehlte es so sehr daran, daß man oft genöthiget war, die Pferde mit gedörrten Fischen zu füttern. (Leghs Reise nach Aegypten. Weimar 1818. S. 32.)

Lord Valentia berichtet, daß aus Berber (einer zu Nubien gehörigen Provinz) Pferde in Yemen eingeführt werden; jedoch scheint aus dessen Bericht hervorzugehen, daß dieses mehr des Handels, als des Bedürfnisses im Lande wegen geschieht [10]).

Auch was Seetzen von der geringen Anzahl der Pferde in den Provinzen Omân und El-Bahrein sagt, ist wahr, und stimmt mit den Nachrichten anderer Reisenden überein. So z. B. sagt auch Burkhardt: «Die große Wärme des Klima's in Omân soll der Pferdezucht ungünstig seyn; und deßhalb sind auch hier die Pferde noch seltener, als in Yemen» [11]).

Weniger Grund hat dagegen das, was Seetzen von der Landschaft Nedsched, der Wüste von Syrien und dem südlichen Ufer des Euphrats (die zusammen das sogenannte wüste Arabien ausmachen) sagt. Wenn er annimmt, daß in diesem ungeheuer großen Landstriche nicht mehr als 2000 Pferde vorhanden sind, so ist das ein großer Irrthum. Fast alle, in diesem Landstriche herumwandernden Beduinen-Stämme haben Pferde und manche derselben in ziemlicher Anzahl. Von diesen Beduinen gilt es hauptsächlich, wenn Hasselquist bemerkt: «Der größte Reichthum der Beduinen sind ihre Pferde» [12]); und Chardin sagt: «Der Reichthum der Beduinen besteht in Vieh, vorzüglich in Schaafen und Ziegen, wiewohl sie auch Pferde in Menge (?) haben» [13]). Doch darf man dabei nicht glauben, daß jeder Beduine eine starke Anzahl Pferde habe, etwa wie dieß bei den Kirgisen, Kalmucken und andern russischen Nomaden der Fall ist, woselbst der geringste Mann 10, 20 und noch mehr Pferde besitzt. Im Gegentheil hat auch hier jeder Beduine gewöhnlich nur ein einziges Pferd, und zwar allemal eine Stute, und höchstens noch ein oder ein paar Fohlen. Daher bemerkt auch Arvieux sehr richtig: «Das Vermögen eines Beduinen besteht in einem Zelte, wenigem Hausgeräthe, dann in Schaafen, Ziegen und Kameelen und in einem, selten in mehrern Pferden» [14]. Eben so sagt Volney: «Die Habe eines Beduinen besteht in seinen Hausgeräthschaften, einigen Kameelen männlichen und weiblichen Geschlechts, einigen Ziegen und Hühnern, und dann in einem Mutterpferde, welches zu seinem Wohlstande unentbehrlich ist» [15]. Auf ähnliche Weise berichten auch noch Olivier, Rousseau, Griffith und Andere, die ich aber nicht wörtlich anführe, weil solches nur Wiederholung des Vorigen wäre.

Nur was der berühmte Reisende Burkhardt bemerkt, will ich noch mittheilen, weil dieser sich längere Zeit in Arabien aufgehalten hat, und zugleich auch der arabischen Sprache völlig mächtig war. Derselbe schreibt: «Die (Beduinen) Stämme der Aeneze (Aenese) an den Gränzen Syriens haben 8 bis 10,000 Pferde; und einige kleinere Stämme, welche in ihrer Nachbarschaft umherziehen, besitzen wahrscheinlich halb so viel. Dem Stamme Montefik in der Wüste zwischen Bagdad und Basra, welche durch den Euphrat bewässert wird, kann man wenigstens 8000 Pferde beimessen; die Stämme Dhofür und Beni-Schamar sind verhältnißmäßig reich an diesen edlen Thieren, wogegen die Provinzen Nedsched, Dschebel-Schamar und Kasym (d. h. nämlich vom persischen Meerbusen an bis Medinah) nicht über 10,000 Pferde besitzen» [16]. Sonach schätzt Burkhardt die Pferde der Beduinen im wüsten

Arabien mit Inbegriff der Landschaft Nedsched auf ungefähr 34,000 Stücke, während Seetzen ihnen nur 2000 zugestehen will. —

Es gewinnen aber diese Angaben Burkhardt's um so mehr Wahrscheinlichkeit, wenn man zugleich auch noch die Berichte einiger älterer Reisender zu Rathe zieht. Einer von diesen (Barthema) erzählt, daß ihm auf seiner Reise durch die Wüste von Syrien, drei Tagereisen von Damaskus, ein Emir (Fürst) der Beduinen begegnet sey, der mit den ihm untergeordneten Stämmen 10,000 Pferde hatte *) [17]. Desgleichen erzählt Tavernier, daß er in der großen arabischen Wüste einige Emirs antraf, die viele Pferde hatten. So z. B. hatte einer derselben 2000 Mann zu Pferde bei sich, und er selbst besaß noch außerdem eine große Anzahl schöner Pferde; ein anderer Emir hatte 500 Pferde u. s. w. [18]) Diese Nachrichten bestätigen vollkommen, was Burkhardt berichtet, und zeigen klar, daß Seetzen sich in der Anzahl der Pferde des wüsten Arabiens und der Landschaft Nedsched sehr geirrt habe.

Es fragt sich nun noch: Wie groß ist die Anzahl der Pferde in Arabien im Ganzen? Wie wir oben gesehen haben, hat Seetzen die Zahl aller Pferde Arabiens auf sechsthalbtausend berechnet. Daß diese Berechnung in ihren einzelnen Theilen größtentheils, und auch in ihrem Schlußresultat unrichtig ist, geht, glaube ich, aus dem bisher Gesagten klar hervor. Näher der Wahrheit

*) Wahrscheinlich war dieser Emir das Oberhaupt des großen, ungemein volkreichen Stammes Aenese, der sich häufig in der von Barthema angegebenen Gegend aufhält.

Wahrheit scheint Burkhardt zu kommen. Er schreibt: «Wenn ich versichere, daß die Totalsumme aller Pferde in Arabien, wie es vom Euphrat und von Syrien begränzt wird, nicht über 50,000 beträgt *) (eine weit geringere Anzahl, als man auf einer gleichen Quadratfläche in einem andern Theile Asiens oder in Europa antrifft), so thue ich dieß in der Ueberzeugung, daß meine Berechnung keineswegs falsch sey» [19]). — Zufolge dieser Berechnung käme im Durchschnitte auf jede Quadratmeile Arabiens ein Pferd, was gewiß immer noch äußerst wenig ist.

Uebrigens scheint es zuverlässig zu seyn, daß sich die Zahl der Pferde in Arabien schon seit mehrern Jahren (in Folge der durch die Sekte der Wahabiten hervorgegangenen innern Unruhen und Kriege) immer fort vermindert. Burkhardt berichtet darüber Folgendes: «Während der Regierung des Oberhauptes der Wahabiten wurden die Pferde unter seinen Arabern, mit jedem Jahre seltener. Sie wurden von ihren Besitzern an fremde Käufer abgelassen, die sie nach Yemen, Syrien und Basra brachten, von welchem letztern Orte aus der indische Markt mit arabischen Pferden versorgt wurde, weil die Beduinen fürchteten, daß Saud (ihr Oberhaupt) oder sein Nachfolger ihnen die Pferde nehmen möchten; denn es war ganz ge-

*) In dieser Summa sind jedoch nicht mitbegriffen die Pferde der Araber in Syrien, Palästina, Mesopotamien und Irak-Arabi, welche wenigstens doppelt so viel betragen (Siehe das sechste und siebente Kapitel). Man kann sohin die Zahl aller Pferde, welche von Arabern gezüchtet werden, und von ächtarabischer Race sind, auf ungefähr 150 bis 160,000 Stücke annehmen.

wöhnlich, unter dem geringsten Vorwande von Ungehorsam, oder ungesetzlichem Benehmen, einem Beduinen seine Stute zu Gunsten des öffentlichen Schatzes zu confiscieren. Der Besitz eines Pferdes legte auch übrigens einem Beduinen die Verbindlichkeit auf, stets bereit zu seyn, um das Oberhaupt während seiner Kriege zu begleiten. Deßhalb zogen es viele Araber vor, ganz ohne Pferde zu seyn. — Im Distrikte Dschebel=Schamar hat man in der neuesten Zeit viele Araber=Lager ohne ein einziges Pferd gesehen; und es ist eine ganz bekannte Sache, daß der Stamm Meteyr (zwischen Medinah und Kasym) binnen einigen Jahren die Zahl seiner Pferde von 2000 auf 1200 reducirt hat» [20].

---

[1]) Fundgruben des Orients, 2. Bd. S. 275. [2]) Burkhardt's Bemerk. über die Beduinen, S. 342. [3]) Burkhardt's Reise in Syrien, 2. Bd. S. 900. [4]) Pocokes Reise in das Morgenland, 1. Bd. S. 210. [5]) Alibey's Reisen in Afrika und Asien, 2te Abtheil. S. 293. [6]) Burkhardt's Bemerk. über die Beduinen, S. 345. [7]) Alibey a. a. O. S. 293. [8]) Burkhardt a. a. O. S. 346. [9]) Burkhardt's Reise in Nubien, S. 204. [10]) Valentia's Reise nach Ostindien und dem rothen Meere, 2. Bd. S. 106. [11]) Burkhardt a. a. O. S. 342. [12]) Hasselquist's Reise nach Palästina, S. 89. [13]) Chardins handschriftl. Nachrichten bei Harmar, 2. Bd. S. 110. [14]) Arvieux's Nachrichten von seiner Reise, 2. Bd. S. 131. [15]) Volney's Reisen in Syrien, 2. Bd. S. 482. [16]) Burkhardt a. a. O. S. 345. [17]) Barthema's Reisen in Arabien, Persien u. s. w. S. 181. [18]) Tavernier's Reisebeschreibung u. s. w. Genf 1681. S. 65. [19]) Burkhardt a. a. O. S. 345. [20]) Ebenda S. 346. —

Fünftes Kapitel.

Von der Pferdezucht in Arabien im Allgemeinen *).

Nach den Berichten der Reisenden ist der Zustand der Pferdezucht in Arabien im Allgemeinen folgender:

Die meisten und schönsten Pferde besitzt das

wüste Arabien.

Dieser große Landstrich, welcher die Wüste von Syrien die Wüste von Irak, die Wüste von Dschesira und die Landschaften Nedsched und Hadschar oder El-Hassa in sich begreift, ist die eigentliche und wahre Heimath der edlen Pferde. Ein Engländer, Namens Smith, der sich mehrere Jahre an der Gränze von Arabien aufgehalten hat und auch in Arabien selbst war, schreibt: «Das wüste Arabien ist, nach meiner Meinung, das Vaterland des ursprünglichen Race- (blood) Pferdes; denn da sieht man nur eine Art Pferde, und alle zeigen das edelste Blut» [1]). Auch Niebuhr sagt: «Die edlen Pferde (Köchlani) werden vornämlich von den zwischen Syrien, Basra und Mardin herumziehenden Beduinen ge-

*) Beim Durchlesen dieses Kapitels bitte ich die am Ende dieses Buches angehängte kleine Charte von Arabien zu Hülfe zu nehmen.

züchtet» [2]); das heißt mit andern Worten: in dem wüsten Arabien mit Einschluß eines Theils von Mesopotamien. Ferner bemerkt Burkhardt: «Die besten Weideplätze Arabiens erzeugen nicht allein die größte Zahl von Pferden, sondern auch die schönste und auserlesenste Race. Die besten Koheylans (edlen Pferde) findet man in der Landschaft Nedsched, am Euphrat und in der Wüste von Syrien (also im wüsten Arabien), während in den südlichen Theilen Arabiens und besonders in Yemen keine gute Race anzutreffen ist, außer diejenige, welche man aus dem Norden eingeführt hat» [3]).

Die Pferde der Wüste von Syrien *) rühmen, außer Burkhardt, auch noch andere Reisende. So z. B. schreibt Macdonald Kinneir: «Die schönsten arabischen Pferde, nach meinem Geschmacke, sind die, welche in der Wüste bei Damaskus (d. i. in der Wüste von Syrien) gezogen werden» [4]). Auch Pedro Nunnes (Alibey el Abassy genant) bemerkt: «In der Wüste an der Gränze von Syrien sind die schönsten arabischen Pferde zu finden» [5]). Ferner berichtet Bruce: «In den Ebenen des wüsten Arabiens ist die schönste Zucht arabischer Pferde, bei den Stämmen Aeneze (oder Aenese) und Mowalli, welche unter dem dreißigsten Grade der Breite (also in der Wüste von Syrien) wohnen» [6]). — Der ebenerwähnte Stamm Aeneze (Aenese) ist die mächtigste Nation auf der syrischen Seite von Arabien. Seine Pferde werden ihrer Schönheit und Güte wegen von allen Reisenden gerühmt. Wie v. Rosetti versichert, sollen sich insonderheit die zwei Haupt-

*) Diese Wüste liegt auf der Südostgränze von Syrien und macht den nordwestlichen Theil des wüsten Arabiens aus. —

zweige dieses unermeßlichen Stammes *), die Rowalla und Ehhsanne, durch die Vortrefflichkeit ihrer Pferde auszeichnen. Ihre beliebtesten edlen Racen (oder Geschlechter) sind die Saclawy, Maneky, Obeyan, Abu-Arkoub u. s. w. [7])

Von den Pferden der Wüste von Irak **) sagt ein ungenannter Engländer: «Die Pferde dieser Wüste stehen keinen andern arabischen Pferden an Schönheit und Güte nach. Einige edle Racen (Geschlechter) scheinen hier ursprünglich zu Hause zu seyn, als die: Wednan, Sebahy, Richa, Jouheira, El-Nameh, Saadeh, Ghuzaleh u. s. w.» [8]) Im Allgemeinen heißt man diese Pferde Buree, (d. i. Pferde der Wüste).

Von der Landschaft Nedsched schreibt Scott-Waring: «Nedsched, die größte Provinz Arabiens, ist das Geburtsland der schönsten und vorzüglichsten arabischen Pferde. Sie theilen sich in zahlreiche Racen (Geschlechter) ab, die alle ihre besondere Namen führen. Die berühmtesten dieser Racen sind: Obeyan, Soueyti, Unezu, Hamdanie, Rishan, Motyran, Diheem, Huzmae, Shameyti, Kohilan u. s. w.» [9]) Auch Burkhardt bemerkt: «In dieser Landschaft ist eine sehr vortreffliche Pferdezucht, so ausgezeichnet, daß man auch die schönsten arabischen Pferde mit den eigenthümlichen Namen Kheyl Nedjade, das ist: «Nedsched-Pferde belegt» [10]). Eben so rühmen

---

*) Man schätzt den Stamm Aeneze oder Aenese in der Wüste von Syrien und Nedsched auf mehr als 300,000 Seelen. Er theilt sich wieder in mehrere Haupt- und Nebenzweige (kleinere Stämme) ab.

**) Diese Wüste begreift denjenigen Theil des wüsten Arabiens, welcher an die Landschaft Irak-Arabi angränzt und sich bis an den Euphrat erstreckt. —

auch noch Rousseau, Jourdain, Fraser, Taylor und andere Reisende die Pferde der Landschaft Nedsched als die vorzüglichsten und edelsten unter den arabischen Pferden; ja Hr. v. Rosetti glaubt sogar, daß alle edlen Pferde der Araber aus dieser Landschaft herstammen.

Auch die Landschaft Hadschar oder El-Hassa (auch Lachsa genannt) hat treffliche Pferde von edler Art. Scott Waring schreibt: «Die Pferde der Umgegend von Outeff (einer Stadt am Meere Bahrein gegenüber), dann die Pferde der Beduinen-Stämme Beni-Khaled, El-Zab und Bisher (in der Landschaft Hadschar) schätzt man im Werthe denen von Nedsched gleich [11]. Auch Fraser sagt, daß die Pferde dieser Landschaft zu den edelsten und schönsten in Arabien gehören, und daß sie von denselben Racen (Geschlechtern) wie die Pferde der Landschaft Nedsched sind [12]. Burkhardt bemerkt: «Der Ueberfluß an Wasser gestattet hier den Arabern Klee (birsim) zu bauen, welcher für ihre schönsten Pferde zum Futter dient» *) [13].

Auch die Insel Bahrein, die zur Landschaft Hadschar gehört, soll schöne Pferde haben. Der Engländer Javelin sagt: «Die Pferde dieser Insel messen über fünfzehn Fäuste, sie zeigen eben soviel Edles, als das englische Vollblutpferd, und die Muskelpartien sind noch mehr bei ihnen entwickelt. Sie unterscheiden sich von den Pferden der Wüste durch einen sehr schlanken Leib. Diese

*) In dieser Landschaft giebt es auch Esel, die groß und ausgezeichnet schön sind. Man versichert, daß ein Reiter mit einem Esel dieser Art in einer Stunde 8 bis 10 englische Meilen (?) in sehr bequemen Schritte zurücklegen kann, und ein solches Thier kostet in Persien 40 bis 50 Tomans (4 bis 500 Gulden). Siehe Frasers Reise nach Chorasan. 2r Bd. S. 461. —

Pferde sind eine Kreuzung des edlen Hengstes der arabischen Wüste mit großen persischen oder turkomanischen Stuten» [14]).

Man ersiehet hieraus, daß das wüste Arabien in allen seinen Theilen treffliche Pferde von der edelsten Art besitzt. Diese Pferde (mit Ausnahme jener der Insel Bahrein) sind die wahren und ächten Vollblutpferde; denn von ihnen stammen die englischen und die meisten andern Vollblutpferde in näherm oder entfernterm Grade ab.

Von weniger Bedeutung ist die Pferdezucht in dem

steinigen oder peträischen Arabien.

In der zu diesem großen Landstriche gehörigen Wüste am Berge Sinai (oder peträischen Halbinsel), soll es gar keine Pferde geben *). Auch soll die große Landschaft Hedschas nur wenige Pferde enthalten; jedoch sollen diese von sehr edler Art seyn. Nach dem Zeugnisse des alten arabischen Stallmeisters Abubeker-ben-al-Bedr wurden ehemals die Pferde von Hedschas für die edelsten in ganz Arabien gehalten. Auch werden noch gegenwärtig von den daselbst herumziehenden Beduinen Pferde von den edelsten Geschlechtern gezüchtet, wie dieß die glaubwürdigsten Reisenden bezeugen. S. z. B. schreibt Burkhardt: «Der Stamm Khatan, welcher in der östlichen Ebene zwischen Beische und Nedschran (also gegen die Gränze von Yemen hin) wohnt, ist wegen seiner vortrefflichen Pferde von der Race Koheyl bekannt; und dasselbe kann man auch

*) Siehe das vorige Kapitel.

von dem Stamme Dowaser sagen» [15]). Derselbe sagt ferner, daß die Beduinen-Stämme: Refeydha, Abyda, Beni-Safar, Hodheyl, Ateybe, Meteyr u. s. w. schöne Pferde von den Racen Koheyl, Maneky, Dscholfe u. s. w. züchten. Auch sollen die in der Wüste zwischen Akaba-el-Schamy (dem syrischen Akaba) und Medinah hausenden Beduinen, und besonders die Stämme: Ulad-Soleyman, El-Fokara, Beni-Sakher, Rowalla u. s. w. viele und treffliche Pferde von der edlen (Nedsched-) Race besitzen [16]). Nach Hrn. v. Rosetti's Versicherung, soll bei diesen Beduinen (und überhaupt in der Landschaft Hedschas) auch das edle Pferdegeschlecht Tusye (welches eben sowohl, als die Koheyl und Dscholfe zu den El-Khoms gehört) einheimisch seyn [17]).

Daß die Beduinen in Hedschas treffliche edle Pferde haben, geben auch noch andere Nachrichten zu erkennen. Damoiseau (ein französischer Thierarzt) sah im Jahre 1819 im Stalle des türkischen Pascha's zu Damaskus fünfzehn sehr schöne edle Stuten, welche aus der Gegend von Mekka (also aus Hedschas) waren. Er sagt: «Die kleinsten hatten 4 Fuß 9 Zoll Pariser Maas, und alle waren schön und überaus merkwürdig wegen des herrlichen Baues ihrer Sprunggelenke» [18]). Auch der Reisende Maritti sah in Syrien einige edle Pferde aus Hedschas die ihm ungemein schön vorkamen *).

---

*) Weniger günstig urtheilt Pedro Nunnes von den Pferden der Landschaft Hedschas. Er schreibt: "Alle Pferde, welche ich hier (in Mekka, der Hauptstadt von Hedschas) sah, waren klein und plump gebaut; es befanden sich nur ein halbes Dutzend mittelmäßige und zwei oder drei schöne darunter. Sie sind im Ganzen stark und tüchtige Läufer, und ertragen leicht Hunger und

Auch in dem sogenannten

glücklichen Arabien,

soll es nur wenige Pferde geben, und diese sollen großentheils nicht von der besten Art seyn. Die Reisenden berichten darüber Folgendes. Von den Pferden der Provinz Yemen sagt Seetzen: «Diese Pferde scheinen mir etwas stärker gebaut (als die andern arabischen Pferde), und ich sah in Szana (der Hauptstadt von Yemen) wirklich einige, die mir ungemein schön vorkamen» [19]. Auch Lord Valentia sagt: «Ich sah zu Mokha (einer Stadt in Yemen) Pferde von ungewöhnlicher Schönheit, besonders in Hinsicht des Kopfes und Halses» [20]. Ferner rühmen auch noch andere Reisende, z. B. Pedro Nunnes, Graf Ferrieres-Sauveboeuf, Degrandpre u. s. w. die Pferde von Yemen. Ersterer hält sie nebst denen der Wüste von Syrien für die schönsten von allen arabischen Pferden, und der zweite (Graf Ferrieres) meint sogar, daß sie von schönerer Gestalt sind, als die Pferde im wüsten Arabien [21].

Dagegen bemerkt Burkhardt: »Sowohl das Klima, als die Weide in Yemen soll der Gesundheit der Pferde nachtheilig seyn, viele von ihnen werden in diesem Lande

---

Durst; darinn bestehen überhaupt die Vorzüge der arabischen Pferde» (Siehe dessen Reisen in Afrika und Asien, 2 Theile S. 431.) — Pedro Nunnes war offenbar kein Pferdekenner, und dergleichen Leute finden die kleinen, magern Wüstenpferde niemals schön. Auch ist zuverlässig, daß es unter diesen Pferden viele giebt, die in ihrem Aeußern nichts Empfehlungswerthes haben, wenn schon ihnen die Haupteigenschaften ihres Stammes (große Geschwindigkeit und Ausdauer) nicht mangeln.

krank und sterben *). Pferde wollen, mit einem Wort, in diesem Lande nicht gedeihen, denn ihre Race verschlechtert sich schon in der ersten Generation (?). Der Imám (Oberhaupt) von Szana und alle Gouverneure von Yemen bekommen jährlich Pferde aus Nedsched und die Bewohner der Meeresküste erhalten eine beträchtliche Zahl aus den Nilgegenden über Souakin (also aus Nubien)» [22]).

Was soll man bei diesem Widerspruche der Nachrichten der Reisenden glauben? — Mir scheint die Wahrheit auch hier, wie in den meisten Fällen, in der Mitte zu liegen. Daß in einigen Gegenden von Yemen Pferde von den edelsten Geschlechtern (besonders von Dscholfe, Koheil u. s. w.) gezüchtet werden, und namentlich in den Distrikten Dschof und Nedschrán, und der Umgegend der Stadt Damar ist außer Zweifel. Niebuhr, Taylor und Degrandpré geben dieß in ihren Reiseberichten deutlich zu erkennen. Indessen ist es wahrscheinlich, daß diese Pferde für den Bedarf des ganzen Landes nicht ausreichen, und daß deßhalb auch noch Pferde aus Nedsched und Nubien eingeführt werden. Möglich ist auch, daß die schönen Pferde, welche Seetzen, Valentia und Degrandpre in Yemen sahen, solche eingeführte Pferde waren.

Wie die Pferdezucht in den übrigen Theilen des glücklichen Arabiens beschaffen sey, läßt sich wegen Mangelhaftigkeit der Nachrichten nicht genau angeben. Wie Burkhardt versichert, soll es in der großen Landschaft Hadramut äußerst wenige Pferde geben. Ob diese von

*) Dieß ist nur von den niedrigen Küstenstrichen am rothen Meere wahr; das innere Land von Yemen ist der Pferdezucht nicht ungünstig, wie Niebuhr und Degrandpré bezeugen.

edler Art (Koheylans) sind oder nicht, ist unbekannt, da weder Burkhardt, noch sonst irgend ein Reisender hierüber Aufschluß ertheilt. — Von der Landschaft Oman sagt der Engländer Fraser: «Pferde sind in dieser ganzen Landschaft nur in sehr geringer Zahl vorhanden, und ihre Güte ist zu verschieden, als daß sich etwas darüber bestimmen ließe» [23]. Ein anderer Engländer, Namens Javelin sagt: «An der Küste des persischen Meerbusens (in der Landschaft Oman) findet man eine kleine, nicht rasche, aber fast unglaublich dauerhafte Pferderace, die von Datteln und dem Abfalle von Fischen lebt *). Sie gedeihen und arbeiten bei dieser Nahrung und behalten einen vollkommenen Leib» [24]. Degrandpre gedenkt einer Art Pferde die er Maskatten nennt; wahrscheinlich stammen diese aus der Provinz Oman, und haben von der dortigen Stadt Maskate ihren Namen erhalten. Er sagt: «Sie sind schlank, sehr fein von Gliedern und äußerst leicht» [25].

Nach der Behauptung Einiger soll es in Arabien auch wilde Pferde geben, und Leo Afrikanus und Marmol haben gemeint, daß die zahmen arabischen Pferde von diesen abstammen. Dieses wird jedoch von den neuern Reisenden nicht bestätiget. Bruce sagt ausdrücklich: «Arabien hat keine wilden Pferde, selbst das wüste Arabien, wo sie seyn sollen, scheint gar nicht dazu gemacht, sie zu verbergen, weil es ein offenes Land ohne Wald und Schutz

*) Auch Fraser sagt: "Das Futter ist in einigen Gegenden dieser Landschaft so rar, daß man daselbst die Pferde bisweilen mit gedörrten Fischen füttert» (S. Fraser a. a. O. 1r Bd. S. 14).

ist; auch habe ich nie gehört, daß es wilde Pferde hat» [26]). Wahrscheinlich haben Leo Afrikanus und Marmol sich geirrt, und haben wilde Esel für wilde Pferde angesehen. Von den erstern schreibt Burkhardt: «In dem Lande, welches an den Distrikt Dschof gränzt, und zwischen Tobeik, Sauân und Hedrusch und südlich von diesen Orten liegt, findet man wilde Esel in großer Menge. Die Scherarat-Araber jagen diese Esel und essen ihr Fleisch, aber nicht in Gegenwart Fremder» [27]).

---

[1]) Smith on breeding for the turf p. 31. [2]) Niebuhr's Beschreibung von Arabien, S. 162. [3]) Burkhardt's Bemerk. über die Beduinen, S. 345. [4]) Kinneir's Reise durch Klein-Asien, Armenien u. s. w. S. 458. [5]) Alibey's Reisen in Afrika und Asien, S. 378. [6]) Bruce's Reisen an die Quellen des Nils, 4. Bd. S. 526. [7]) Fundgruben des Orients, 5. Bd. S. 58. [8]) Sammlung der neuesten Reisebeschreibungen, 11 B. S. 193. [9]) Scott Waring, Reise nach Scheeraz, 1. B. S. 182. [10]) Burkhardt's Reisen in Arabien, S. 695. [11]) Scott Waring a. a. O. S. 183. und Samml. der Reisebeschreib., 6. Bd. S. 120. [12]) Fraser's Reise nach Chorasan, 1. B. S. 121. [13]) Burkhardt a. a. O. S. 695. [14]) Sporting magaz. Jul. 1833. [15]) Burkhardt's Reisen in Arabien, S. 691—95 und dessen Bemerkungen über die Beduinen, S. 325. u. 344. [16]) Ebendaselbst. [17]) Fundgruben, 5. Bd. S. 58. [18]) Alibey's Reisen, S. 374. [19]) Fundgruben, 2. Bd. S. 276. [20]) Valentia's Reisen nach Indien, Arabien u. s. w. 2. Bd. S. 271. [21]) Alibey a. a. O. S. 375 und Graf Ferrieres a. a. O. S. 164. [22]) Burkhardt's Bemerk. über die Beduinen, S. 346. [23]) Fraser's Reise nach Chorasan, 1. Bd. S. 27. [24]) Sporting magaz. Juli 1833. [25]) Degrandpre's Reisen nach Indien und Arabien, S. 242. [26]) Bruce a. a. O. 4. Bd. S. 121. [27]) Burkhardt's Bemerk. S. 179.

Sechstes Kapitel.

Von der Pferdezucht der Araber in Syrien und Palästina.

In diesen beiden Ländern giebt es viele Araber *), die zum Theil in Städten und Dörfern wohnen, zum Theil wandernde Hirten (Beduinen) sind. Ein großer Theil der letztern hält sich das ganze Jahr hindurch in Syrien und Palästina auf; die übrigen sind Zweige großer, im Innern von Arabien hausender Stämme, die nur im Frühjahre nach gedachten Ländern kommen, um daselbst frische Weiden für ihre Heerden aufzusuchen.

Mehrere von diesen Beduinen, wie z. B. von den erstern, die Stämme: Serdie, El-Serhhan, El-Hessenne, Beni-Ammer, Gheiath, Ahl-el-Dschebel u. s. w. und von den letztern, die Stämme Aenese, Wuld-Ali, Fedhan, Zebaa, Ibn-Ghebein, Beni-Sakher u. s. w. haben treffliche Pferde, theils von den fünf Geschlechtern der El-Khoms, theils von andern zur Race Nedsched gehörigen edlen Geschlechtern **). Niebuhr führt einige dieser Geschlechter namentlich auf. Er schreibt: «Die vornehmsten edlen Pfer-

*) Man schätzt ihre Anzahl über eine halbe Million; die meisten wohnen im Paschalik Damaskus. —

**) Siehe das neunte Kapitel.

degeschlechter, welche die Araber in Syrien besitzen, sind in der Gegend von Haleb (Aleppo) Dsjülfa (oder Dscholfe), Mánaki, Toreifi und Seklaui; bei Hama, Chullaui; bei Damask, Nedsjedi u. s. w. [1])

Burkhardt sagt: «Nach Allem, was zu meiner Kenntniß gelangt ist, stehe ich nicht an, zu behaupten, daß die schönste Race arabischer Vollblutpferde (Koheylans oder Nedschedis) in Syrien zu finden, und daß von allen syrischen Distrikten der beste in dieser Hinsicht die Landschaft Hauran sey, wo man die Pferde aus der ersten Hand kaufen und in den Lagern der Beduinen, welche man im Frühling in dieser Ebene findet, sich selbst auswählen kann» [2]). Was Burkhardt hier sagt, bezieht sich offenbar nur auf die Pferde jener Beduinen, welche alle Frühjahre aus dem wüsten Arabien mit ihren Heerden nach Syrien kommen und sich daselbst bis Ende September aufhalten. Denn obgleich auch die, das ganze Jahr hindurch in Syrien hausenden Beduinen (wie bereits oben bemerkt wurde) mitunter sehr schöne Pferde von den edelsten Geschlechtern der Race Nedsched besitzen: so verdienen diese doch nicht die vorzüglichsten aller arabischen Pferde genannt zu werden; auch ist zuverlässig, daß manche derselben von nicht ganz reinem edlen Blute sind. Burkhardt gesteht dieß selbst ein, indem er sagt: »Die Beduinen Ahl-el-Schemal (d. h. die nördlichen, zwischen Aleppo und Palmyra hausenden Beduinen) haben zwar mehr Pferde, als die vom Stamme Aenese; allein ihre Race ist manchmal nicht rein» [3]) — Zu diesen Beduinen gehören: der Stamm Mawaly oder Mowalla, der sich gewöhnlich in der Gegend von Aleppo und Hama aufhält; der Stamm Hadedyein, in derselben Gegend sich aufhaltend; der Stamm El-Arab-Taht-Hamal, welcher in der Gegend von Hama umherzieht; der Stamm El-Turkman *) in der Gegend von Homs; die Beduinen in dem Distrikte von Balbek; die Beduinen in dem Thale von Bekaa oder Cölesyrien u. s. w. [4]) Alle diese Beduinen-Stämme und noch mehrere andere in Syrien haben, wie gesagt, zwar edle Pferde, aber viele derselben sind von nicht ganz reinem edlem Blute **).

Die folgenden, von dem Professor Langles in Paris herrührenden Nachrichten von den Pferden der Araber in Syrien ***), können, obgleich sie nicht mehr neu und auch nicht ganz frei von einigen Irrthümern sind, doch zur weitern Aufklärung des Vorgesagten dienen. « Die Araber in Syrien — sagt Langles — haben dreierlei Racen edler Pferde. Die erste Race heißt Djelfe, die zweite Manekyeh und die dritte Saklawyeh †). Weit weniger geschätzt sind die andern Racen: Sakhers, Turkmaniehs und Robeichäns. — Die Race Djelfe halten die Araber von Syrien für die beste; einige ziehen die Manekyehs vor, als welche eben so fein und leicht, und noch überdieß tauglicher für die Strapatzen seyn sollen. Man findet beiderlei Racen sehr leicht bei den Arabern, die in der Gegend von Akra, Nazareth, Naplusa, Jaffa, Rama, Jerusalem und

*) Dieser Stamn ist turkomannischer Abkunft.

**) Sie gehören daher zu den veredelten Pferden oder Hatiks. Siehe das Nähere hierüber in dem achten Kapitel.

***) Hr. Langles hat diese Nachrichten aus den hinterlassenen Papieren des verstorbenen Professors der türkischen Sprache Hrn. Ventura entnommen.

†) Dieß sind die nämlichen Geschlechter, welche Niebuhr Dsjülfa, Mânaki und Seklaui nennt.

Gaza umherstreichen; doch findet man auch einige gute bei einigen Bewohnern von Städten und Dörfern. Ein schönes Fohlen von diesen beiden Racen, ein oder anderthalbjährig, kostet ungefähr 100 Piaster *), zwei oder dritthalbjährig 150 bis 200 Piaster. Ein schönes drei und vierjähriges Pferd von diesen beiden Racen wird gewöhnlich mit 300 Piastern bezahlt; doch kommt es dabei viel darauf an, ob der Käufer eifrig, der Verkäufer sehr habsüchtig ist. Will man zwei Pferde von gleicher Race, Schönheit und Güte haben, und man findet sie bei ebendemselben Eigenthümer, so bezahlt man oft das erste mit 200, das zweite mit 500 Piastern. — Die Race Saklawyeh rührt von Vermischung eines Djelfe-Hengstes mit einer Saklawyeh-, Sakher- oder Turkmanyeh-Stute her **); man findet diese Race in eben diesen Gegenden, sowohl bei den herumwandernden Beduinen, als den Einwohnern der Städte und Dörfer. Sie sind eben um ein Drittheil wohlfeiler, als jene der beiden ersten Racen. — Die Race Sakher ist aber gut unter jenen dreien; sie hat ihren Namen von den Arabern, die um Akra und Galiläa herstreifen. Die schönen einjährigen Fohlen kosten 80, die zwei bisdreijährigen 130 bis 150 Piaster, — Die Race Turkmanyeh, von den turkomanischen Arabern gezogen ***), findet man

*) Ein Piaster war damals (1800) gleich ein Gulden acht Kreuzer.

**) Hier ist ein Irrthum. Das Fohlen kann nur zum Geschlechte Saklawy gehören, wenn seine Mutter ebenfalls zu diesem Geschlechte gehört. Mit dem Vater ist dieß nicht schlechterdings nothwendig, da die Araber den Adel des Geschlechtes allemal nur von der Mutter ableiten. Siehe das vierzehnte Kapitel.

***) Die syrischen Turkomanen sind keine Araber, sondern sie stammen ursprünglich aus dem Lande Turkomanien am kaspischen Meere her. —

bei Aleppo; bisweilen bringt man sie nach Damaskus, Tripolis, Akra, Rama, Naplusa und Gaza. Sie sind gut und schön, aber doch weniger geschätzt, als die Sakhers; ihr Preis ist beinahe wie dieser. — Noch hat man in Syrien die Racen Madeloumi und Musmar von einem Hengste edler Race und einer gewöhnlichen (gemeinen) Stute; ihr Preis ist wieder ein Drittheil weniger. Sie sind bisweilen ziemlich gut» [5].

Weniger bedeutend, als die Pferdezucht der Beduinen ist die der in Städten wohnenden Einwohner, obwohl auch manche von diesen edle Pferde züchten. Hr. v. Rosetti schreibt: «Die Einwohner von Syrien ziehen die edlen arabischen Pferde (Nedschedis) auch in ihren Städten, und alle Pferde von Werth, welche dieses Land hat, sind von dieser Art, oder von der türkischen Race Koheyl aus Mesopotamien» [6].

Wie Burkhardt und andere berichten, giebt es in Syrien und Palästina außer den edlen arabischen Pferden auch noch drei andere (gemeine oder veredelte) Racen, nämlich: die turkomanische, kurdische und gemeine syrische Landrace. — Von den Pferden der erstern Race sagt Burkhardt: «Sie sind von geringerm Werthe, als die Pferde der Araber der Wüste, aber sehr passend für die Berge. Der Hals derselben ist dicker und länger, als bei den arabischen Pferden, der Kopf größer, die ganze Gestalt plumper. Ein gutes turkomanisches Pferd kostet in Aleppo 4 bis 500 Piaster, während für ein arabisches von guter Race zweimal soviel bezahlt wird» [7]. Die kurdische Race soll — wie Burkhardt behauptet — aus der Vermischnng arabischer und turkomanischer Pferde hervorgegangen seyn (?). Diese Pferde sind nicht größer, als 4 Fuß 5 bis 7 Zoll Pariser Maaß; aber sie sind stark und gut gegliedert. Ihr Kreuz ist gewöhnlich etwas breit, aber der Schweif gut angesetzt. — Von den syrischen gemeinen Landpferden läßt sich weniger Gutes sagen; sie sind weder groß, noch von sonderlich gutem Aussehen, auch bei weitem nicht so stark und zur Ausdauer von Strapatzen geschickt, als die arabischen, turkomanischen und kurdischen Pferde [8]).

Wenn es unter diesen drei Pferderacen, bisweilen Individuen giebt, die größer, stärker und von schönerm Körperbaue sind: so sind dieß gewöhnlich solche Pferde, die aus der Paarung gemeiner turkomanischer, kurdischer oder syrischer Stuten mit edlen arabischen Hengsten hervorgegangen sind. Dergleichen halbedle oder veredelte Pferde (Hatiks) sollen nach den übereinstimmenden Zeugnissen mehrerer Reisenden in Syrien häufiger, als sonst irgendwo im Morgenlande gezogen werden.

---

[1]) Niebuhr a. a. O. S. 162. [2]) Burkhardt's Bemerk. über die Beduinen. S. 347. [3]) Ebenda S. 57. [4]) Ebenda S. 8. [5]) Morgenblatt 1808 Nr. 84. [6]) Fundgruben des Orients, 5. Bd. S. 57. [7]) Burkhardt's Reisen in Syrien, 2. Bd. S. 1001. [8]) Samml. der Reisebeschreib. 11. Bd. S. 189.

Siebentes Kapitel.

Von der Pferdezucht der Araber in Mesopotamien und Irak-Arabi.

Die Mehrzahl der Einwohner in diesen beiden Ländern besteht aus Arabern *), von denen ein großer Theil wandernde Hirten (Beduinen) sind. Wie mehrere Reisende versichern, haben letztere eine bedeutende Pferdezucht, und ziehen verhältnißmäßig mehr Pferde, als ihre Brüder in dem benachbarten wüsten Arabien. Manche dieser Beduinen haben Pferde, die sehr geschätzt und überall für ächtarabische anerkannt werden, weil sie von den Racen (edlen Geschlechtern) der großen arabischen Wüste rein abstammen; andere dagegen haben wieder Pferde, die weniger geachtet werden, weil sie von nicht ganz reinem edlen Blute sind.

Von der Pferdezucht der Araber in

Mesopotamien

berichten die Reisenden Folgendes: Burkhardt schreibt: „In denen in der Nähe von Arabien gelegenen Theilen des Morgenlandes kenne ich kein Land, welches einen größ-

*) Man schätzt ihre Anzahl auf mindestens eine halbe Million. Sylvester de Sacy führt allein in Mesopotamien 29 Stämme Beduinen-Araber namentlich an.

sern Ueberfluß an Pferden besitzt, als Mesopotamien. Die Stämme der Beduinen (Araber) und Kurden in dieser Gegend besitzen wahrscheinlich eine größere Menge Pferde, als alle Beduinen Arabiens zusammengenommen; denn die fette Weide in Mesopotamien trägt wesentlich zur Ernährung dieser Thiere bei» *) [1]. Auch stehen die Pferde Mesopotamiens schon seit langer Zeit in gutem Rufe. Schon im zwölften Jahrhundert schrieb Abubeker-ben-al-Bedr (Stallmeister des Sultans Malek-el-Nasser): «Die Pferde von Mesopotamien haben den schönsten Wuchs und die gefälligsten Formen» [2]. — Gegenwärtig sollen vorzüglich die in der Wüste zwischen Mosul, Mardin, Orfa und dem Euphrat herumziehenden Beduinen, und besonders die Stämme: Tai, Málan, Borak, Abu-Salem, El-Muhamed, Sahid, El-Wollede, Abu-Schaban, Salicha u. s. w. sehr treffliche Pferde besitzen. Wie Niebuhr berichtet, findet man bei diesen mehrere edle Pferdegeschlechter, als z. B. bei denen in der Gegend von Mosul: die Djülfa (oder Dscholfe), Mánaki, Seklaui, Dehälamie, Sáade, Hamdáni und Frädsje; bei Orfa: Daádsjani u. s. w. [3]) Auch soll es hier noch die edlen Pferdegeschlechter: Koheyl **),

*) Mesopotamien ist in seinen gebirgigten Gegenden und an den Ufern der Flüsse Euphrat und Tigris ein sehr fruchtbares Land. Nur seine sehr großen Ebenen sind des Anbaues unfähige Wüsten, welche jedoch grasreicher sind, als die Wüsten Arabiens. —

**) Hr. v. Rosetti sagt, daß es in Mesopotamien auch ein Pferdegeschlecht Koheyl oder Koheylan giebt, das von dem aus dem wüsten Arabien abstammenden edlen Geschlechte Koheyl verschieden ist, und von den Arabern nicht zur Race Nedsched gezählt wird. Die Türken sollen es in der Umgegend von Mosul und Orfa ziehen, und es soll selbst bis unter die nomadischen Kurden verbreitet seyn. (Fundgruben des Orients, 5r Bd.)

Abu-Arkoub, Hadud, Hadaba, Kureisch, Obeyan und andere mehr geben.

Weniger geschätzt werden die Pferde der, in der Landschaft

Irak-Arabi *)

wohnenden Araber, weil viele derselben von nicht ganz reinem Blute sind. Die Reisenden berichten von diesen Folgendes: Heude schreibt: «Die Beduinen-Araber, welche in der Nachbarschaft von Bagdad und Bassora **) wohnen, haben bei weitem die schönsten Pferde, die ich auf meiner Reise gesehen habe, sie sind in trefflichem Stande und voll Feuer und Muth [4]). Elmore sagt: «Die Pferde aus der Umgegend von Bagdad und Bassora sind ausserordentlich schön und nebst denen der großen arabischen Wüste die vorzüglichsten in der Welt. Sie laufen mit ausserordentlicher Schnelligkeit und können unglaubliche Strapatzen ertragen» [5]). Auch Macdonald Kinneir bemerkt: «Die Pferde der Araber in der Umgegend von Bagdad und Bassora sind seit undenklichen Zeiten berühmt. Sie sind alle von mittelmäßiger Größe, selten über 14 Fäuste 3 Zoll (4 Fuß 11 Zoll) hoch, nie tückisch, sehr gelehrig und eher träge, als hitzig, bis sie einmal in Hitze

---

*) Diese große Landschaft hat zwar auch viele wüste Distrikte, aber auch wieder anderwärts einen sehr fruchtbaren Boden. Allenthalben, wo es nicht an Bewässerung fehlt. bringt die Erde Getreide und Gräserei in Menge hervor; daher hier auch die Pferde und Viehzucht bedeutend ist. –

**) Bagdad und Bassora (oder Basra) sind die beiden Hauptstädte der Landschaft Irak-Arabi. –

gerathen, aber alsdann kann man auch erst ihre ganze Schönheit erkennen» [6]).

Unter den, in der Landschaft Irak-Arabi herumwandernden Beduinen zeichnen sich besonders die Stämme: Jerbah, (Dscherba), Montefick, Beni-Lamen, Beni-Sayd, Beni-Schamar Beni-Agale, Asa u. s. w. durch ihre starke und gute Pferdezucht aus. Von dem Stamme Jerbah sagt Rousseau: «Ich habe bei diesen Beduinen sehr schöne Pferde angetroffen; die regelmäßigen Verhältnisse und die Geschwindigkeit und Gelehrigkeit dieser Pferde sind bewunderungswürdig» [7]). Sie sollen meistens von den edlen Geschlechtern Wednan, Sebahy, Kureisch, Igitimeh u. s. w. seyn. Von den Pferden des Stammes Montefick sagt Javelin: «Die Pferde dieser Araber sind ohne Ausnahme: Füchse, mit großen hervortretenden, wie eine Kohle glühenden Augen, voll Feuer und stark von Knochen, und höchst auffallend durchweg mit den ihrer Race eigenthümlichen Kennzeichen: breiter Bläße, und bis über das Knie weißen Füßen (in der Regel drei)» [8]). Auch Macdonald Kinneir sagt: «Eine treffliche Art arabischer Pferde sind die Monteficks, die von einem gleichnamigen grossen Beduinen-Stamme gezogen werden, der die Ufer des Euphrats zwischen Korna und Samara bewohnt. Die Chobs (von einem andern gleichnamigen Stamme gezogen) *), zeichnen sich durch ihre Stärke aus, aber ihr Blut ist nicht so rein, als das der Racen der großen arabischen Wüste» [9]). Scott Waring setzt noch hinzu:

---

*) Der Stamm Chob oder Chaub bewohnt das Land unter Bassora oder Basra.

„Die besten Pferdegeschlechter der Montefick's heißen: Julfa, (oder Dscholfe) und Furuju; die der Chobs: Wuznan und Nuswan" [10]).

Daß es in dieser Landschaft viele arabische Pferde giebt, die nicht von ganz reinem edlen Blute sind, bezeugen mehrere Reisende. So z. B. schreibt Macdonald Kinneir: „Manche Racen (edlen Pferdegeschlechter) der Beduinen der Landschaft Irak-Arabi sind von sehr reinem Blute; indeß hält es selbst zu Bagdad und Bassora schwer, sich ein Pferd von ganz reinem arabischen Blute zu verschaffen" [11]). Dasselbe sagen auch Scott Waring, Buckingham, Fouche d'Obsonville u. s. w. Ersterer bemerkt: „Die vielen Pferde, welche unter dem Namen von arabischen aus der Gegend des persischen Meerbusens (aus Irak-Arabi) hergebracht werden, stammen von arabischen Pferden ab, die mit Bagdad'schen oder andern unberühmten Racen gekreuzt worden sind. Nur mit vieler Mühe und großen Kosten kann man sich daher hier (in Bagdad) arabische Pferde von ganz reinem Blute verschaffen" [12]).

Die Pferde, von denen Scott Waring hier spricht, sind solche, die aus der Paarung gemeiner Landstuten oder persischer, kurdischer und turkomanischer Stuten mit arabischen Vollbluthengsten hervorgehen. Dergleichen Pferde werden viele in dieser Landschaft erzeugt, weil sie wegen ihrer mehrern Größe und Knochenstärke vom türkischen und persischen Militär den arabischen Wüstenpferden vorgezogen und auch von den Händlern zur Ausfuhr in das Ausland (Ostindien, asiatische Türkei, Persien u. s. w.) stark gesucht werden.

Auch die gemeinen Pferde von Irak-Arabi sollen ein Gemisch von kurdischen, persischen und arabischen Pferden seyn. Sie sollen gewöhnlich nicht über 4 Fuß 5 bis 8 Zoll messen, und in ihrem Aeußern wenig Empfehlendes haben, aber dabei stark und sehr dauerhaft zur Arbeit seyn [13].

---

[1]) Burkhardt a. a. O. S. 345. [2]) Herbelot's orientalische Bibliothek 2. Bd. S. 21. [3]) Niebuhr a. a. O. S. 163. [4]) Heude Voyage up the persian gulf p. 210. [5]) Elmore's Nachrichten von verschiedenen Gegenden Asiens, S. 138. [6]) Rüh's und Spiker's Zeitschrift für Völkerkunde, 1814. 4s Heft. S. 305. [7]) Neueste Beiträge zur Kunde der asiatischen Türkei, S. 121. [8]) Sporting mag. Jul. 1833. [9]) Bertuch's neue Bibliothek der neuesten Reisebeschreib., 27. Bd. S. 458. — [10]) Scott Waring a. a. O., 1. Bd. S. 183. [11]) Kinneir a. a. O., S. 457. [12]) Scott Waring a. a. O., 1. Bd. S. 183. [13]) Samml. der Reisebeschreib., 19. Bd. S. 187. —

Achtes Kapitel.

Von der Verschiedenheit der arabischen Pferde.

Aus dem bisher Gesagten geht hervor, daß diejenigen Pferde, welche man arabische nennt, nicht bloß in Arabien, sondern auch in den an Arabien gränzenden Ländern Syrien, Palästina, Mesopotamien und Irak-Arabi von den daselbst vorhandenen Arabern gezüchtet werden *). Bei diesem Verhältnisse ist begreiflich, daß unter diesen Pferden eine Verschiedenheit Statt finden müsse, und daß sie nicht alle von gleicher Schönheit und gleichem Werthe seyn können.

Die meisten Reisenden, welche in Arabien waren, theilen sie daher in drei Klassen ein; nämlich:

1) in edle,

2) in halbedle oder veredelte, und

3) in gemeine Pferde **).

Was zuvörderst die

edlen Pferde

betrifft, so sind diese ein uraltes Pferdegeschlecht, das die

*) Es ist höchst wahrscheinlich, daß nicht viel über ein Drittheil aller arabischen Pferde in Arabien, die übrigen aber in den obengedachten Ländern gezogen werden.

**) Manche Reisende, z. B. Niebuhr, Gollard u. s. w. nehmen nur zwei Klassen oder Arten arabischer Pferde an, nämlich edle

überlegte Sorgfalt der Araber, sowohl von väterlicher, als mütterlicher Seite immer rein und unvermischt erhalten hat *). Da diese Reinhaltung während eines Zeitraumes von mehr, als tausend Jahren ununterbrochen Statt gefunden hat, so haben diese Pferde dadurch gewisse charakteristische Eigenheiten in der Gestalt und Bildung erhalten, die eben so unverkennbar, als unauslöschlich sind, und die sie nun merklich von den übrigen Pferden Arabiens und des ganzen Morgenlandes unterscheiden. Man hat ihnen daher auch das Prädikat: edel, und zwar nicht mit Unrecht beigelegt. — In Arabien und im ganzen Morgenlande nennt man diese Pferde Koheylans **) oder Nedschedis ***).

---

und gemeine. Andere, wie z. B. Arvieux, Mariti, Fouche u. s. w. fügen diesen beiden Klassen noch eine dritte bei, welche von halbedler Art seyn soll. Wer hat nun Recht? Ohne Zweifel die letztern; denn da, wo es edle und gemeine Pferde giebt, hat man auch allemal eine gemischte oder halbedle Art.

*) Daher heißt man auch diese Pferde in Arabien und Persien häufig nur Reschi Pak, welches soviel, als reine Adern bedeutet.

**) Die Araber selbst schreiben Koheylan oder Koiheilan (Siehe die fünfte und sechste Abstammungsurkunde im achtzehnten Kapitel). Die Reisenden aber schreiben dieses Wort sehr verschieden, als z. B. Graf Rzewusky, Kohlan; Niebuhr, Köchlani; Fouche, Kaihlan; Mariti, Kahilan; Graf Ferrieres, Queiland; Arvieux, Kahhilan, wobei letzterer zugleich bemerkt, daß dieses Wort soviel, als edel bedeute.

***) Wie neuere Reisende (z. B. v. Rosetti, Jourdain, Kinneir, Fraser u. s. w.) berichten, nennt man in Arabien und den daran gränzenden Ländern die edlen Pferde auch Nedschedis oder Nedschdis, weil sie ursprünglich aus der Landschaft Nedsched herstammen sollen. Indessen glaube ich doch, daß im strengsten Verstande genommen, nur die Pferde dieser Landschaft, oder höchstens alle edle Pferde des wüsten Arabiens darunter zu verstehen seyen.

Wie alle Reisende übereinstimmend versichern, werden diese Pferde von den Arabern ungemein geachtet und in hohem Werthe gehalten. Auch stehen sie bei uns Europäern in größtem Ansehen, und gelten bei Vielen für die ersten und besten Pferde in der Welt. Indessen sind die Meinungen der Reisenden, welche in Arabien oder Syrien waren, über die Schönheit und den Werth dieser Pferde getheilt. Der Vollständigkeit wegen muß ich hier die wichtigsten dieser Meinungen anführen *). Joliffe schreibt: «Der beste (edle) Schlag der arabischen Pferde ist von einer Schönheit, die allen Ausdruck übersteigt» [1]. Hankey Smith (der als Pferdekenner bekannt ist) bemerkt: «Niemand wird zweifeln, daß das arabische Pferd in seiner Taille das vollkommenste in der Welt ist, in Hinsicht auf die Richtigkeit der Proportionen» [2]. Hasselquist sagt: «Die Araber haben auch Ursache ihre Pferde hoch zu schätzen, da sie die schönsten und besten in der Welt sind» [3]. Elmore berichtet: «Die Pferde Arabiens sind sowohl in Rücksicht ihrer Schönheit, des symmetrischen Baues ihres Körpers, als auch ihrer ausserordentlichen Schnelligkeit und Tugenden wegen die vorzüglichsten in der Welt» [4]. Ferner schreibt Rousseau (der achtzehn Jahre

*) Auf die Meinung unserer Pferdekenner kann ich hier keine Rücksicht nehmen, da diese nur von wenigen (10, 20, höchstens 40 bis 50) arabischen Pferden, welche sie in Gestüten und Marställen gesehen haben, urtheilen, und weil es übrigens auch noch ungewiß ist, ob alle von ihnen gesehenen Pferde auch von ächt edler arabischer Race waren. Auch kann man die Pferderace eines ganzen Landes niemals mit Sicherheit aus einzelnen ausgewählten Stücken, die zum Verkauf ins Ausland kommen, richtig beurtheilen, da gewöhnlich nur die bessern ausgeführt werden, und die schlechtern zurückbleiben.

in Syrien und Irak-Arabi an der Gränze von Arabien gelebt hat, und auch in Arabien selbst war): «Die Araber sind es, welche unter allen Nationen der Welt die schönsten Pferde besitzen. In der That, man muß in die Wüste selber kommen, um die Vortrefflichkeit dieser Pferde zu beurtheilen, sie kennen zu lernen und nach ihrem wahren Werthe schätzen zu können» [5]). — So urtheilen auch noch viele andere Reisende, die im Oriente waren, wie z. B. Arvieux, Fouche, Degrandpré, Roocke, Kinneir, Jourdain, Gollard, v. Rosetti u. s. w., die ich nicht wörtlich anführe, weil dieß nur Wiederholung des Ausspruches der Vorigen wäre.

Nur zwei Reisende sind anderer Meinung; nämlich Niebuhr und Seetzen. Ersterer schreibt: «Die edlen Pferde der Araber sind weder schön noch groß, aber behende zum Laufen, und werden bloß ihrer Tugenden und ihres Geschlechtes, aber nicht ihres äusserlichen Ansehens wegen so hoch geschätzt» [6]). Seetzen sagt: «Ein recht schönes Pferd bei den arabischen und syrischen Beduinen zu finden, ist eine wahre Seltenheit. Die berühmten Pferde von Nedsched, deren ich zur Zeit der Hadsch *) in Mekka vielleicht einhundert zu sehen Gelegenheit hatte, sind ein Mittelschlag von leichtem Gang: aber eine ausgezeichnete Schönheit konnte ich selbst an Sauds (des Oberhaupts der Wahabiten-Araber) Reitpferden nicht gewahr werden. Die Pferde der Provinz Yemen scheinen mir etwas stärker gebaut zu seyn, und ich sah in Szana wirklich einige, die mir ungemein schön vorkamen. Allein würde man mit ih-

*) Hadsch ist die Zeit, wo die Araber und andere Muhamedaner als Pilger oder Wallfahrter nach Mekka kommen.

nen die europäischen Pferde mancher Länder (die spanischen, holsteinischen, ostfriesischen und oldenburgischen z. B.) vergleichen, man würde eine erstaunliche Anzahl eben so schöner und noch schönerer darunter antreffen» [7]).

Man ersiehet aus diesen Urtheilen, daß weder Niebuhr noch Seetzen Pferdekenner waren. Beide waren aus Ländern gebürtig, wo man große, breite, schwere Pferde hat *); ihre Augen waren daher von Jugend auf an dergleichen Pferde gewöhnt, und deßhalb konnten sie die kaum mittelmäßig großen, leichten edlen arabischen Pferde nicht schön finden. Sie vergaßen, daß die Schönheit unabhängig von colossaler Bildung ist, und daß sie allein auf dem symmetrischen Baue des Körpers beruht.

Näher der Wahrheit scheint Burkhardt zu kommen, wenn er schreibt: «Man würde sich sehr irren, wenn man annehmen wollte, daß die Pferde von der edlen (Koheylan-) Race alle von vollkommenster oder ausgezeichneter Schönheit und Qualität sind. Ich habe viele Pferde von dieser Race gesehen, die außer ihren Namen nicht viel Empfehlenswerthes hatten, obschon die Fähigkeit, große Strapatzen zu ertragen, der ganzen Pferderace der Wüste (also allen edlen Pferden) gemein zu seyn scheint. Nur in den fünf Racen El-Khoms **) sind die schönen Pferde weit zahlreicher, als die von gewöhnlichem Aussehen. Aber auch unter diesen schönen Pferden finden sich doch nur einige (??), welche hinsichtlich ihrer Größe, ihres Knochenbaues, ihrer Schönheit und ihrer Action auf den ersten

*) Niebuhr war aus Dänemark, Seetzen aus Ostfriesland gebürtig.

**) Siehe das folgende Kapitel.

Rang Anspruch machen können. Bei einem ganzen Beduinenstamme können vielleicht fünf oder sechs solcher Pferde angetroffen werden, und in der ganzen Wüste an der Gränze von Syrien nicht mehr, als zweihundert» *) [8]).

Es fragt sich nun: Was ist das Resultat von dem Allen? — Ich glaube dieses: daß, obschon alle edlen Pferde in ihrer Form und Bildung etwas Gemeinsames (Charakteristisches) haben, sie doch nicht alle mit gleichem Rechte auf Schönheit Anspruch machen können. Wir werden in der Folge sehen, daß sie sich in zahlreiche Geschlechter und Familien abtheilen, und daß die Individuen einiger dieser Geschlechter und Familien (wie z. B. die El-Khoms, Abu-Arkoub, Obeyan, Sebahy u. s. w.) großentheils von ausgezeichneter Schönheit sind, während die von andern (wie z. B. Mezamma, El-Nezahhy, Oel-Treide u. s. w.) häufig dem strengen Begriffe von Schönheit nicht entsprechen **). Was ihnen indessen allen gemeinschaftlich ist, und worauf auch eigentlich ihr Werth und ihr Adel beruhet, das ist ihre Vollkommenheit in den Eigenschaften (d. h. ihre außerordentliche Kraft,

---

*) Burkhardt geht hier offenbar zu weit. Denn wenn schon glaubwürdig ist, daß schöne, gänzlich tadellose Pferde in Arabien, wie überall, selten sind: so ist doch gewiß, daß sie nicht so selten sind, wie Burkhardt behauptet, da andere Reisende in diesem Stücke nicht mit ihm übereinstimmen.

**) Wenn gleich manche edle Pferde dem strengen Begriffe von Schönheit nicht entsprechen (oder mit andern Worten nicht schön genannt werden können), so haben sie doch alle Etwas in der Bildung ihrer einzelnen Theile, selbst im Haar und im Blick, im Gang und im ganzen Wesen, daß sie der Kenner sogleich von den gemeinen Pferden unterscheiden kann.

Geschwindigkeit, Ausdauer u. s. w.) die man an keinen andern Pferden in der Welt so findet.

Die schönste und reinste Zucht von diesen (ächtesten Vollblut-) Pferden besitzen die Beduinen im wüsten Arabien mit Einschluß der Landschaften Nedsched und Hadschar oder El-Hassa; dann die Beduinen in den Landschaften Hedschas und Yemen *). Sehr geachtet sind auch die Pferde der Beduinen in Mesopotamien, Syrien und Irak-Arabi, weil sie von den vorgedachten abstammen; nur sollen manche derselben von nicht ganz reinem Blute seyn **). — Ueberall aber sollen die Oberhäupter (Emirs und Scheikhs) der Beduinen die schönste und edelste Zucht von diesen Pferden besitzen, weil dieser arabische Adel eine Ehre und seinen Stolz darein setzt, schöne und gute Pferde zu haben, und vielleicht auch, weil er mehr Fleiß und Sorgfalt auf deren Zucht und Auferziehung verwendet ***).

Wie, oder woher die Araber diese Pferde erhalten haben, ist nicht bekannt. Was sie davon erzählen, sind Mährchen, die keinen Glauben verdienen. Wahrscheinlich sind sie ein Produkt der Kultur; d. h. sie haben ihre

*) Siehe das fünfte Kapitel.

**) Siehe das sechste und siebente Kapitel.

***) Im wüsten Arabien halten die Scheiks der Beduinen-Stämme gewöhnlich einen Beschälhengst, ein Paar Stuten und einige Fohlen, selten haben sie mehr Pferde. Von Saud, dem Emir (Oberhaupte) der Wahabiten, sagt Burkhardt: «Man sagt, er habe nicht weniger, als 2000 Hengste und Stuten als Eigenthümer besessen. Er besaß die schönsten Stuten Arabiens. Viele derselben hatte er zu sehr hohen Preisen gekauft. Es ist bekannt, daß er für eine einzige Stute 600 Pfund Sterling (6600 Gulden) bezahlt hat.» (Siehe Burkhardt's Bemerk. über die Beduinen, S. 406).

Entstehung und Vollkommenheit vornämlich der menschlichen Sorgfalt und Pflege zu verdanken *). Ich bin übrigens ganz mit dem Hrn. Professor Schmalz einverstanden, welcher schreibt: «Waltete auch vielleicht bei den Arabern anfänglich der Zufall bei der ersten Bildung ihrer (edlen) Pferderace, so können wir doch mit Gewißheit annehmen, daß dieses Volk bald die vielleicht durch zufällige Umstände herbeigeführten Abweichungen vom Gewöhnlichen für seine Zwecke zu benützen und in der Nachzucht festzustellen suchte. Wenn z. B. ein Hengst, welcher von Aeltern abstammte, die sich durch Schnelllaufen, durch Ausdauer, sowohl im Laufe, als auch bei allen Strapatzen, welche bei ihren Streifzügen in den Sandwüsten Statt finden mußten, auszeichneten, sich selbst durch dergleichen Eigenschaften hervorthat, so war es natürlich, daß man ihn vorzüglich mit Stuten paarte, die sich auf dieselbe Weise auszeichneten, und von Aeltern abstammten, von welchen Aehnliches bekannt war. Zu einem solchen Verfahren gehörte oben ein nicht gar zu großer Scharfsinn. — Hiezu kam nun noch die bei den Arabern übliche Erziehungsweise, die Fütterung und der Gebrauch der Pferde,

---

*) Wie bekannt, bringt die Natur für sich allein keine edlen Pferde hervor. Sie giebt jedem Lande mit geringen Abweichungen nur eine Art Pferde, deren Beschaffenheit größtentheils von den klimatischen Einflüssen (Atmosphäre, Wärme, Licht, Nahrungsmittel u. s. w.) bestimmt wird. Wo ein Land edle und gemeine Pferde hat, da sind erstere durch die Kunst der Menschen hervorgegangen, durch sorgfältige Auswahl bei der Paarung und durch zweckmäßige Wartung und Pflege unter Begünstigung vortheilhafter klimatischer Einflüsse.

und so entstand die längst so berühmt gewordene (edle) arabische Pferderace» [9]).

Zur zweiten Klasse zählen die Araber alle

halbedeln oder veredelten Pferde

d. h. alle diejenigen, welche aus einer Vermischung von edlen und gemeinen Pferden entsprungen sind. De la Rocque schreibt: «Die Araber bringen in die zweite Klasse alle jene Pferde, welche zwar gute Vorahnen zählen, aber ihr altes Geschlecht durch eine Vermischung mit gemeinen Pferden entehrt haben» [10]). Arvieux meint: «Ihr Geschlecht ist zwar alt, aber es sind unächte Belegungen (Vermischung mit gemeinen Pferden) untergelaufen» [11]). Ferner bemerkt Fouche d'Obsonville: «Eine Race ist in diesem Lande (Syrien) sehr gemein; sie ist von ächtedlen arabischen Hengsten und von solchen Stuten gefallen, die zu Packthieren gebraucht werden und Kadischi heißen» (also von gemeiner Art sind) [12]). Niebuhr sagt: daß auch die Fohlen von edlen Stuten, die zufällig von einem gemeinen Hengste trächtig geworden, zu dieser Klasse gezählt werden [13]). — Es gehören demnach hieher alle Pferde von nicht ganz reinem edlen Blute, sie mögen viel oder wenig edles Blut in sich haben. Von den Arabern werden diese Pferde: Hatiki oder Attiki genannt *), welches soviel, als halbedel bedeuten soll. —

*) Fouche d'Obsonville schreibt Hatiki; Mariti, Attiki; Arvieux und Rocque, Aatiq u. s. w., welches ein wenig bedeutender Unterschied ist. Wenn Huzard der Aeltere die gemeinen arabischen Pferde Hatiks nennt, so ist das ein Irrthum.

Die eigentliche Heimat dieser Pferde sind die an Arabien gränzenden Länder: Syrien, Palästina, Mesopotamien und Irak-Arabi, wo sie von den daselbst wohnenden Arabern (welche neben den edlen auch gemeine Pferde haben) gezüchtet werden. In Arabien selbst sind sie nicht zu finden (die Landschaften Yemen und Oman vielleicht ausgenommen), wenigstens nicht bei den dortigen Beduinen; denn von diesen sagen v. Rosetti, Kinneir und andere Reisende ausdrücklich, daß sie keine andern, als edle Pferde haben.

Da diese Pferde aus einer gemischten Paarung abstammen, so werden sie von den Arabern bei weitem nicht so geachtet, als die von der ersten (edlen) Klasse; jedoch denen von der gemeinen Art stets vorgezogen. Indessen soll doch auch unter ihnen einige Verschiedenheit Statt finden. Es sollen nämlich manche an schönem Wuchse und guten Eigenschaften den edlen Pferden wenig oder gar nicht nachstehen, während andere wieder in ihrem Aeußern mehr den gemeinen Pferden ähnlich sehen. Wahrscheinlich hat dieß seinen Grund in dem größern oder geringern Antheil von edlem Blute, das in ihnen ist; denn begreiflich ist, daß diejenigen, welche aus einer mehrmaligen Paarung mit edlen Pferden hervorgegangen sind, ungleich schöner und besser seyn müssen, als diejenigen, welche aus einer einmaligen Paarung entsprungen sind.

Daß es unter den erstern wirklich bisweilen vorzügliche Pferde giebt, bezeugen mehrere Reisende. So z. B. schreibt Arvieux: „Wer sich gut auf den Pferdehandel versteht, bekommt aus dieser Klasse (der halbedlen oder veredelten Pferde) oft Pferde, die eben so gut sind, und eben so hoch geschätzt werden (??), als die der ersten (edlen) Klasse. Man verkauft sie, ohne ihre Abkunft zu beweisen; sie sind aber stets theuerer, als die von der gemeinen Art» *) [14]. Auch Fouche sagt: »Es giebt einige Geschlechter unter den Hatiks, die sich durch eine Folge von guten Vermischungen (Paarung mit edlen Pferden) gewißermassen geadelt haben. Wenn man unter diesen eine sorgfältige Auswahl träfe, würde man sehr gute und schöne Pferde erhalten» [15]. Nach der Versicherung von Russel, Seetzen u. s. w. sollen die Pferdehändler in Syrien und andern an Arabien gränzenden Ländern dergleichen schöne veredelte Pferde (Hatiks) häufig für edle Pferde (Koheylans oder Nedschedis) ausgeben, und sie als solche in das Ausland verkaufen **).

Was die obenerwähnte geringere Art der halbedlen Pferde (Hatiks), die nur wenig edles Blut in sich haben, betrifft, so werden diese ungleich weniger geachtet, und stehen daher auch in einem geringern Preise (70 bis 150 Gulden das Stück), wiewohl auch unter diesen viele starke und dauerhafte Thiere gefunden werden. Fouche erzählt von der Stärke und Ausdauer eines solchen Pferdes ein merkwürdiges Beispiel, das in der Folge (im dreizehnten Kapitel) angeführt werden wird.

Die dritte Klasse endlich begreift:

---

*) Fouche sagt, daß ein gutes halbedles oder veredeltes Pferd in Syrien oft hundert Pistolen (900 Gulden rhein.) kostet. (Siehe das neunzehnte Kapitel).

**) Mehr hierüber findet man im achtzehnten und neunzehnten Kapitel.

Die gemeinen Pferde *).

Man nennt sie in Arabien und Syrien gewöhnlich Kadischi **) d. i. (wie Niebuhr sagt) Pferde von unbekannter Abkunft. Sie werden von den Arabern nicht mehr, als bei uns die gemeinen Pferde der Landleute geachtet, und gewöhnlich zu geringen Preisen (50 bis 130 Gulden das Stück) verkauft, gesetzt auch, daß sie keinen Fehler an sich haben, der bei uns die Pferde wohlfeil macht. Man gebraucht sie zu allen gemeinen Arbeiten, und vornämlich zum Lasttragen und bei den Karawanen [16].

Man findet diese Pferde wahrscheinlich in dem eigentlichen Arabien nicht (die Landschaften Oman und Hadramut vielleicht ausgenommen) sondern nur in den daran gränzenden Ländern Syrien, Palästina, Mesopotamien und Irak-Arabi, wo es überhaupt mehrere Arten von Pferden giebt. Wenn einige behaupten, daß sie und die halbedlen oder veredelten Pferde die Mehrzahl der Pferde in Arabien ausmachen, so ist das ein großer Irrthum; denn da die Beduinen in Arabien keine andern, als edle Pferde, (Koheylans oder Nedschedis) haben, so müssen auch diese bei weitem die Mehrzahl ausmachen.

Uebrigens wird auf die Zucht dieser Pferde sehr wenig Sorgfalt verwendet; sie werden meistens ohne Unter-

*) Ob diese Pferde wirklich ächtarabische Pferde sind, ist mir noch immer zweifelhaft. Man findet sie nur bei dem in Syrien, Mesopotamien und Irak-Arabi wohnenden ärmern Theile des arabischen Volkes; es ist daher wohl möglich, daß sie zu den gemeinen Racen dieser Länder gehören.

**) Arvieux und Dela Rocque schreiben Guidich; Mariti, Guidisch; ich folge Niebuhr und Fouche, welche Kadischi schreiben.

schied und Auswahl vermischt. Es soll aber doch auch unter ihnen eine Verschiedenheit Statt finden, und sie sollen in manchen Gegenden schöner und besser seyn, als in andern; weßhalb auch Niebuhr meint, daß manche zum Dienstgebrauche eben so gut sind, als die edlen Pferde, wenn gleich sie von den Arabern wenig geachtet werden [17].

---

[1]) Joliffe's Reisen in Syrien und Palästina, S. 372. [2]) v. Hochstetter's Monatschrift für Gestüte und Reitbahnen, 1829 3s Heft, S. 33. [3]) Hasselquist's Reise nach Palästina, 1. Bd. S. 87. [4]) Bertuch's Bibliothek der Reisebeschreib., 12. Bd. S. 78. [5]) Fundgruben des Orients, 3. Bd. S. 66. [6]) Niebuhr a. a. O., S. 163. [7]) Fundgruben 2. Bd. S. 275. [8]) Burkhardt's Bemerk. über die Beduinen, S. 349. [9]) Schmalz, Thierveredlungskunde, S. 67. [10]) Voyage de Mr. de la Roque p. 65. [11]) Arvieux Sitten der Beduinen, S. 68. [12]) Tagebuch eines neuern Reisenden in Asien, S. 198. [13]) Niebuhr a. a. O., S. 164. [14]) Arvieux a. a. O., S. 68. [15]) Fouche a. a. O., S. 196. [16]) Niebuhr a. a. O., S. 162. u. Mariti a. a. O., 2. Bd. S. 221. [17]) Ebenda.

Neuntes Kapitel.

Von den Geschlechtern und Familien der edlen Pferde.

Daß die edlen Pferde (Koheylans oder Nedschedis) sich in verschiedene Stämme oder Geschlechter abtheilen, wurde schon im vorigen Kapitel bemerkt. Es befinden sich diese Geschlechter, schon seit mehr, als tausend Jahren in Arabien, und haben sich seitdem stets vermehrt. Aus mehrern derselben sind wieder Nebenzweige entsprossen, die man füglich Familien nennen kann, weil sie von den Geschlechtern, aus welchen sie abstammen, durch besondere Namen unterschieden werden.

Wie groß die Anzahl dieser Geschlechter und Familien sey, ist nicht genau bekannt. Von siebenzig und einigen kennt man bis jetzt die Namen; allein dieß sind sie bei weitem noch nicht alle. Hr. v. Rosetti schreibt: «Die Racen, (Geschlechter oder Familien) *) der edlen Pferde

*) Unter Racen versteht man Thiere von einer und derselben Gattung (Genus), die sich aber im Einzelnen wesentlich durch Zeichen (d. h. gewisse Eigenthümlichkeiten oder Eigenheiten in der Gestalt und Bildung) von einander unterscheiden, und welche Zeichen sich durch die Fortpflanzung forterben. — Sonach machen alle edlen Pferde Arabiens zusammen-

sind sehr zahlreich **); ihre Zahl scheint jedoch in so weit bestimmt zu seyn, daß auch die vorzüglichsten Eigenschaften einer Stute keine neue Race (Geschlecht) begründen könnten. Sollten je deren unmittelbare Abkömmlinge nach ihr genannt werden, so würde doch dieser Name nach drei bis vier Generationen unter der Benennung derjenigen Race (Geschlecht) wieder verschwinden, von welcher die Stute abstammte» [1].

Eben so wenig Gewißheit hat man über den Ursprung der verschiedenen Geschlechter und Familienbenennungen. Macdonald Kinneir schreibt: «Diese Namen haben einen verschiedenen Ursprung. Einige kommen her von den ersten Besitzern des Hauptstammes (Geschlechtes), andere von dem Orte ihrer Herkunft, einige von verschiedenen Eigenschaften der Pferde selbst u. s. w.» [2]) Hr. v. Rosetti sagt: «Die Benennung dieser Racen (Geschlechter) ist eben so zufällig, als die der Beduinen selbst, welche selten muselmännische Namen führen. Die Stute, welche Stammmutter eines Geschlechtes ward, konnte z. B. einer alten Wittwe gehören, und nach dieser nannte man die Race (das Geschlecht) Adschuse (alte Frau) oder sie gebar auf dem Gipfel eines Berges, und dieser Zufall verschaffte den Fohlen, so wie der ganzen Race (Geschlecht) den Namen Hadaba. In diesen und ähnli-

---

genommen nur eine Race aus. Die Abarten (Varietäten), welche sich in ihr finden, können nicht ebenfalls Racen genannt werden; dieß wäre unzweckmäßig und würde die Sache verwirren. Deßhalb habe ich solche Geschlechter und die Zweige dieser Familien genannt.

**) Burkhardt sagt, wie wir weiter unten sehen werden, sie sind unzählig.

chen Umständen ist die Entstehung der Namen der Racen (Geschlechter) zu suchen *) [3]).

Interessant wäre es, zu wissen, wie und wann diese Geschlechter und Familien entstanden sind; ob ihre Stammältern inländischer oder ausländischer Herkunft waren; wie der Zustand der arabischen Pferde vor ihrer Begründung in dem Zeitalter gewesen ist, welches gemeiniglich El-Djaheliye (die Zeit des Heidenthums — vor Mohammed) genannt wird u. s. w. Alles dieses würde über die Pferdezucht der Araber ein großes Licht verbreiten. Allein leider fehlt es hierüber an zuverlässigen Nachrichten. Die Traditionen der Beduinen sind in diesen Punkten sehr widersprechend, und auch die alten arabischen Manuscripte enthalten (insoweit man sie bis jetzt kennt) nichts, als fabelhafte Erzählungen *). Nach dem Vorgeben der Araber soll jedes Geschlecht und jede Familie eine in früherer Zeit berühmte Stute zur Stammmutter gehabt haben, auf die es sich durch eine Reihe von Ahnen zurückführen läßt, was sehr glaublich ist. Ueber die Zeit ihres Ursprungs bemerkt Hr. v. Rosetti: «Einige stammen aus der Zeit des Propheten Mohammed ab, andere sind später entstanden.» — Indessen ist es wahrscheinlich, daß mehrere die-

---

*) So unwahrscheinlich dieses scheint, so hat es doch Grund. Seetzen behauptet, daß die Beduinen ihren Kindern ebenfalls von ganz zufälligen Umständen, von Gegenständen der Natur u. s. w. die Namen geben. Eine Araberin gebiert z. B. vor dem Thore Bâb el Dumar zu Damaskus, so nennt sie das Kind, ist es ein Knabe, Duman, ist es aber ein Mädchen, Dumeh; ein Knabe am Flusse Serka geboren, erhält den Namen Sruk, ein Mädchen aber Serka u. s. w. (Siehe monatl. Correspondenz zur Beförderung der Erd- und Himmelskunde, 1809 S. 120).

*) Siehe das dritte Kapitel.

ser Geschlechter auch schon früher vorhanden waren, da es bekanntlich auch schon vor Mohammed in Arabien edle Pferde gab *). Bemerkenswerth ist noch, daß die Araber diese Geschlechter, je älter und unvermischter sie sind, um so viel höher achten. —

Sehr nützlich und angenehm wäre es, wenn ich nun eine genaue Beschreibung aller bekannten Pferdegeschlechter der Araber nach ihren Namen und ihren charakteristischen Eigenheiten mittheilen könnte; allein leider fehlen hiezu die nöthigen Nachrichten. Alles, was die Reisenden, welche in Arabien, Syrien und andern Morgenländern waren, davon bisher berichtet haben, ist Stückwerk, und nicht wohl zu einem nutzbaren Ganzen zu vereinigen. Deßhalb theile ich diese Berichte hier mit, wie ich sie vorfinde, ohne etwas beizusetzen, als bloß einige Anmerkungen zu ihrem bessern Verständniß. Zuvor muß ich jedoch noch bemerken, daß diejenige Mittheilung, welche wir dem Hrn. v. Rosetti (vormals österreichischer General-Consul in Aegypten) **) verdanken, nicht nur am vollständigsten ist, sondern auch der Wahrheit am nächsten zu kommen scheint. Er schreibt, wie folgt:

«Alle Pferdegeschlechter ***) der Araber der Wüste stammen ursprünglich aus der Landschaft Nedsched oder

*) Siehe das dritte Kapitel.

**) Hr. v. Rosetti hat länger, als vierzig Jahre in Syrien und Aegypten unfern der Gränze Arabiens gelebt, und ist während dieser Zeit immer mit den Arabern in Verkehr gestanden; auch war er der arabischen Sprache völlig mächtig und ein Liebhaber der Pferde. Daher sind die von ihm mitgetheilten Nachrichten auch die zuverlässigsten.

***) Hr. v. Rosetti nennt jedes Geschlecht und jede Familie Race

Nedschd, welche zugleich der Sitz aller großen Beduinen-Stämme ist. Sämmtliche Geschlechter sind unter der allgemeinen Benennung Race Nedsched oder Nedschd *) begriffen; die Beduinen kennen keine andere. Kein Pferd, das nicht von dieser Art ist, wird in ihre Zelte aufgenommen, und so gelang es den Beduinen, das Blut ihrer Pferde seit mehreren Jahrtausenden rein zu erhalten.»

«Die Beduinen unterscheiden fünf Geschlechter als die vorzüglichsten unter der Race Nedsched, und nennen solche deßwegen El-Khoms, oder die Fünfe. Sie sind jedoch weder über den Ursprung der Khoms, noch über die Geschlechter selbst, aus welchen sie bestehen, einig. Manche sind der Meinung (und dieß sind die meisten), die fünf Stammmütter der El-Khoms seyen die fünf Lieblingsstuten des Propheten Mohammed gewesen; andere behaupten, sie stammen sämmtlich von dem berühmten Pferde Machhour ab, welches dem Ocrar, aus dem — zur Zeit der Beni-Helal blühenden **) — Stamme Beni-Obeyda gehörte.»

«Was aber die fünf Geschlechter (El-Khoms) selbst anbetrifft, so zählt man hiezu gewöhnlich: die Saclawy ***),

---

da dieß unpassend ist, und die Sache nur verwirrt, so habe ich diesen Fehler oben verbessert.

*) Daher nennt man die edlen Pferde auch Nedschedis oder Nedschdis (Siehe das vorige Kapitel).

**) Beni-Helal war ein großer arabischer Beduinenstamm, welcher, nachdem Mohammed Arabien erobert hatte, nach Nor-Afrika auswanderte.

***) Niebuhr schreibt: "Seklaui; Rousseau, Seglavie; Seetzen, Szaklauwih u. s. w. Dieser Unterschied in der Orthographie thut nichts zur Sache, und findet auch bei den andern Geschlechtern Statt. Er rührt wahrscheinlich daher, daß die

Koheyl, Maneky *), Dschulfe **) und Tusye. Andere setzen jedoch an die Stelle der Geschlechter Koheyl und Tusye, die Dahanye und Kaschenye; und nach einer dritten Behauptung soll das Geschlecht Kobeysche die Stelle des Dschulfe einnehmen. Wie dem aber auch sey: so gehören stets die schönsten Pferde Arabiens den El-Khoms an, welchen Namen die Beduinen fast eben so heilig halten, als den des Koran.»

«Die fünf Geschlechter El-Khoms theilen sich wieder in mehrere Nebenzweige oder Familien ab. Das Geschlecht Saclawy begreift die Familien: Dschedran, als die geschätzteste unter ihren Nebenzweigen; die Oberye, Nedschem-el-Sobh-Shommerye, und mehrere andere. Die Saclawy behaupten den ersten Rang unter den El-Khoms, und es ist somit das edelste Geschlecht der Race Nedsched» ***).

«Das Geschlecht Koheyl theilt sich ab in die Familien: Adschu, die vorzüglichste unter den Nebenzweigen der Koheyl; Karda, Schiekha, Dhobba, Ibn-Ghweihy, Khamysa, Abu-Moarref. Dieses Geschlecht Koheyl der Wüste darf man jedoch nicht mit der türkischen Race Koheyl

---

verschiedenen Reisenden die, bei der arabischen Sprache hörbaren Laute mit Buchstaben ihrer Landessprache auszudrücken suchten.

*) Burkhardt sagt, daß die Maneky und Dschulfe in der Landschaft Nedsched nicht zu den El-Khoms gezählt werden. Wer hat Recht?

**) Auch der Name dieses Geschlechtes wird sehr verschieden geschrieben; Guelfe, Julfa, Dschelfi, Dsjülfa, Dshulfi u. s. w.

***) Nach Pedro Nunnes Behauptung, wird das Geschlecht Dschulfe dem Geschlechte Saclawy vorgezogen. Vielleicht nur in manchen Gegenden.

verwechseln, welche aus den Ebenen Mesopotamiens zwischen Mosul und Orfa herstammt, und mit großer Sorgfalt in den Lagern der nomadischen Kurden fortgepflanzt wird. Man findet letztere auch in dem nördlichen Syrien, aber die Beduinen rechnen sie nicht zur Race Nedsched.»

«In dem Geschlechte Maneky zeichnen sich die Familien Shameyta und Ascheye besonders aus. — In dem Geschlechte Dschulfe behauptet die Familie Estambulad den ersten Rang. — Das Geschlecht Tusye ist in der Wüste von Syrien wenig verbreitet, dagegen aber in der Landschaft Hedschas sehr einheimisch.»

«Außer den El-Khoms haben die Beduinen noch viele andere edle Pferdegeschlechter, wovon mehrere sehr hoch geschätzt werden, und wovon wir folgende anführen: Abu-Arkoub, besonders aber die Familie Schua, welch' letztere von manchen Beduinen-Stämmen sogar den Khoms, jedoch immer mit Ausnahme der Saklawy, vorgezogen wird. Man behauptet, daß in dem Geschlechte Abu-Arkoub die Hengste die Stuten an Kraft, Ausdauer und Geschwindigkeit übertreffen, wogegen sonst bekanntlich die Beduinen den Stuten dießfalls immer den Vorzug einräumen. — Das Geschlecht Obeyan theilt sich in die Familien Obeyan-el-Kodher, Cheraky und Hennedy. — Das Geschlecht Choeyman, worunter sich die Familie Sebahy auszeichnet, wird besonders von den Wahabiten und den Arabern in der Gegend von Bassora sehr geschätzt. — Endlich werden auch die Geschlechter Hadaba *), Heryda, Wozna,

---

*) Burkhardt schreibt: "Die Geschlechter Hadaba und Dahma werden in Nedsched sehr geschätzt. El-Nezahhy ist eine zum Ge-

Mezamma *), Kabytha, Sada=Tokan, Aamerye **) mehr oder weniger geachtet, da sie gleichfalls zu der Race Nedsched gehören» [4]).

So weit Hr. v. Rosetti. Was er von den fünf am meisten geachteten Geschlechtern der Race Nedsched (oder der edlen Pferde) sagt, wird auch von andern Reisenden bestätigt, nur daß diese einigen Geschlechtern andere Namen beilegen. S. z. B. kennen Seetzen und Burkhardt die El=Khoms ebenfalls, aber ersterer nennt zwei und letzterer ein Geschlecht davon anders, als Hr. v. Rosetti. Macdonald Kinneir zählt gar drei andere Geschlechter zu den El=Khoms, als Rosetti, Seetzen und Burkhardt. Doch dieß wird sich Alles aus dem nun Folgenden von selbst ergeben. Zuerst wollen wir hören, was Seetzen sagt. Dieser schreibt:

«Jedermann in Europa kennt aus Reisebeschreibungen die edle arabische Pferde=Race, deren Genealogie und Stammtafeln auf das sorgfältigste aufbewahrt werden (?). Die meisten oder fast alle edlen Pferde kommen jetzt aus der Landschaft Nedsched. Unter diesen giebt es zwei Klassen. Die eine soll nach der Versicherung der Araber von fünf Stuten herstammen, welche von Mohammed, dem Stifter der mohammedanischen Religion, geritten wurden; die andere erhält ihren Werth dadurch, daß ihre Race

---

schlechte Hadaba gehörige Familie. Einige Beduinen=Stämme rechnen sie zu den Vollblutpferden.» —

*) Burkhardt sagt: "Die Hengste von dem Geschlechte Mesamma (zu der Race Koheyl gehörig) werden in Nedsched niemals zu Beschälern genommen.» (A. a. O., S. 353).

**) Burkhardt schreibt: El=Thámerye und bemerkt, daß dieses eine Familie vom Geschlechte Koheyl sey.

viele Jahrhunderte lang ohne Vermischung mit andern fortgepflanzt wurde.»

«Erstere Klasse steht nicht allein bei den Arabern, sondern bei allen Mohammedanern in der größten Achtung, und die dazu gehörigen Pferde werden ihres religiösen Werthes wegen außerordentlich theuer bezahlt, wenn gleich manche Individuen durch körperliche Vorzüge (d. h. durch Schönheit) sich im geringsten nicht auszeichnen.»

«Die Nachkommenschaft dieser fünf Stuten führt jede besonders ihren Namen, als:

«1) Szakláuwih Dschedrany, wenn es ein Hengst, und Szakláuwih Dschedranihje, wenn es eine Stute ist;»
«2) Máanáky, der Hengst, und Máanákihje, die Stute;»
«3) Khhelân, der Hengst, und Kehhêle, die Stute;»
«4) Abejân, der Hengst, und Abéje, die Stute;» und
«5) Dschelf, der Hengst, und Dschilphe, die Stute.»

«Diese fünf edlen Geschlechter haben ihre geschriebene Stammtafel, die von Generation zu Generation sorgfältig fortgepflanzt und El-Hödsche genannt wird. Man trifft im osmanischen Reiche nur einige wenige von dieser Race an.»

«Die zweite Klasse von edlen Pferden, die gleichfalls ihre Stammtafel haben, soll weit zahlreicher seyn, als die vorhergehende, aber nicht in so großer Achtung stehen.» *) [5]).

Was Burkhardt berichtet, ist zwar wenig, aber doch beachtenswerth. Er schreibt, wie folgt: «Die Be-

*) Diese letztere Klasse begreift die edlen Pferdegeschlechter, welche Hr. v. Rosetti nicht zu den El-Khoms oder den fünfen zählt. Mithin stimmen beide in der Hauptsache überein. Seetzen sagt, daß er obige Nachrichten den arabischen Christen in Es-Salt auf der Ostseite des Jordans, und einem Damascener, Namens Juszef Milky zu verdanken habe.

duinen zählen fünf edle Pferderacen (Pferdegeschlechter), abstammend, wie sie sagen, von den fünf Lieblingsstuten des Propheten (Mohammed). Sie heißen: Saklâwye, Koheyl, Manekye, Dschilfe und Tauesse *). Diese fünf Hauptracen (oder Geschlechter) divergiren in unendliche Verästelungen (Familien). Jede besonders flüchtige und schöne Stute, welche einer dieser fünf Hauptracen (Geschlechter) angehört, kann die Stammmutter einer neuen Race (richtiger gesagt: Familie) werden **), deren Abkömmlinge man nach ihr benennt, so daß die Namen der verschiedenen edlen arabischen Racen (Geschlechter und Familien) in der Wüste ganz unzählig sind» [6]).

Eine andere interessante Nachricht verdanken wir dem Engländer Macdonald Kinneir, welcher in den Jahren 1812 bis 1814 einen großen Theil Asiens durchreisete. Derselbe schreibt:

«Nach Dr. Colquhoun, der bei genauen Kennern Nachrichten eingezogen hat, haben sich die verschiedenen Racen (Geschlechter und Familien) arabischer Pferde auf eine erstaunliche Weise vermehrt. Alle Arten stammen von fünf Hauptracen, (Hauptgeschlechtern) welche heißen: Koheilu-el-ajnez, Suglavwie-ben-gedran, Showeiman-el-Subah, Uzithin-el-Khursa, und Dehma-el-Namir. Von einer oder der andern dieser Racen kommen die berühmtesten arabischen Pferde her, und es ist merkwürdig, daß nicht nach dem Beschäler, sondern nach der Stute die Genealo-

*) Hr. v. Rosetti nennt dieses Geschlecht Tusye.

**) Wie wir oben gesehen haben, ist Hr. v. Rosetti in diesem Punkte anderer Meinung, und ich glaube, er hat das Recht auf seiner Seite.

gie fortgeführt wird *). Berühmte Geschlechter sind ferner: Koheilu-el-Sameneh, ul Muanigieh, Abogel-el-Nejedis, Aboyan-Kineidieh, Aboyan-el-Shirak, Tereifieh, Mutabuh, Hadaba, Gerade, Zubie, Julfa, Bereisa, Richa, Jouheira, el-Naumeh, Kurusch, el-Kerry oder el-Kurry, Saadeh, Ghureh, Ghuzaleh, Humdanieh, Igithemieh" **).

Nach dem bisher Gesagten ist außer Zweifel, daß es in Arabien fünf Hauptgeschlechter (El-Khoms) der edlen Pferde giebt ***), und daß außer diesen noch viele andere edle Pferdegeschlechter vorhanden sind. Indessen giebt es doch auch Reisende, die nichts von fünf Hauptgeschlechtern und deren Vorzug vor den andern Geschlechtern wissen, als z. B. Rousseau, Niebuhr, Pedro Nunnes, Arvieux, Fouche u. s. w. Was die erstern drei berich-

---

*) Siehe das vierzehnte Kapitel.

**) Beim Lesen dieser Namen darf man nicht vergessen, daß sie ein Engländer nach seiner Landes-Orthographie geschrieben hat; daher ist nicht zu wundern, wenn sie von den vorhin aufgeführten abweichen. Auch ist es glaubwürdig, daß, da Colquhoun seine Nachrichten in Bassora und Bagdad (wo er englischer General-Consul war) eingezogen hat, die meisten der von ihm genannten edlen Pferdegeschlechter auf jener Seite von Arabien eigentlich zu Hause sind, während dagegen die von Rosetti Seetzen und Burkhardt erwähnten, auf der Seite von Syrien die gewöhnlichsten zu seyn scheinen.

**) Auch das alte arabische Manuscript, welches sich auf der Herzogl. Bibliothek zu Gotha befindet, spricht von fünf Hauptgeschlechtern, welche von den fünf Lieblingsstuten Mohammeds abstammen sollen, und sagt zugleich, daß aus diesen Fünfen wieder eine Menge Nebenzweige (Geschlechter und Familien) entsprossen sind, die es auch alle namentlich aufführt, wobei merkwürdig ist, daß keiner von den heutigen Tags gebräuchlichen Namen darunter zu finden ist. (Siehe den Anfang des dritten Kapitels).

ten, will ich nun noch der Vollständigkeit wegen hieher setzen.

Rousseau (welcher viele Jahre als französischer Consul in Bagdad und Aleppo gelebt hat) schreibt: «Unter den zahlreichen edlen Pferdegeschlechtern der Araber sind achtzehn die berühmtesten. Sie heißen Koheyl, Djelfi, Manaki, Seglawie, Scydi, Deydjan, Hamdani, Richan, Soueyti, Eubeyan, Behdan, Fezeidjan, Hedban, Toueyssan, Wednan, Choueyman, Elsebbah, Mucharref und Abu-Arkoub» [8]).

Niebuhr berichtet: «Die edlen Pferde Arabiens werden in verschiedene Familien abgetheilt. In der Gegend von Mosul findet man die Familien: Dsjulfa, Mânaki, Dehâlemie, Seklaui, Sáade, Hamdani und Frädsje. Die vornehmsten Familien der Gegend von Haleb (Aleppo) sind: Dsjulfa, Mânaki, Tereisi, Seklaui. In Hama findet man: Chullaui; zu Orfa: Daadsjani; zu Damask: Nedjedi u. s. w.» [9]).

Pedro Nunnes (ein Spanier) hat unter dem Namen Alibey-el-Abassy in den Jahren 1810 und 1811 den Orient bereiset. Während seines Aufenthalts in Damaskus sah er daselbst arabische Pferde von sechs verschiedenen edlen Geschlechtern, die er folgendergestalt beschreibt:

«Das erste Geschlecht wird Djelfe genannt, und stammt aus dem glücklichen Arabien oder dem Lande Yemen. Man trifft von diesen nur selten einige Pferde in Damaskus an; aber sie sind ziemlich häufig bei dem benachbarten arabischen Stamme Anazee (oder Aenese). Sie sind alle bewunderungswürdige Renner, äußerst behend, sehr feurig, fast nicht zu ermüden und ertragen geraume

Zeit Hunger und Durst. Dabei sind sie fromm, und zeigen keine Neigung weder zum Beissen noch zum Schlagen. Viele Bewegung und sparsames Futter bekommt ihnen wohl. Sie haben einen hohen Wuchs, schlanken Hals und etwas lange Ohren. Uebrigens sind sie zwar nicht die schönsten, aber unstreitig die besten unter den arabischen Pferden; auch sind sie sehr brauchbar im Kriege und ächte Bataillenpferde. Ein fehlerfreies Pferd von diesem Geschlechte, und dieß sind sie fast alle, kommt, wenn es zwei- oder dreijährig ist, wenigstens auf 2000 Piaster *) zu stehen.»

«Das zweite Geschlecht heißt Seklaoui, und ist in der östlichen Gegend der Wüste zu Hause. Was von dem vorigen gesagt worden ist, gilt auch von diesem; denn selbst die besten Kenner haben Mühe, beide von einander zu unterscheiden. Ihr Preis ist fast gleich; jedoch werden die Djelfe vorgezogen.»

«Das dritte Geschlecht, Döl-Mefki genannt, steht in der Geschwindigkeit zwar dem vorigen nach; allein es übertrifft dieselben durch die Schönheit der Formen, welche mit denen des andalusischen Pferdes viele Aehnlichkeit haben. Es ist das wahre Paradepferd und zu Damaskus sehr gewöhnlich. Es wird aus der benachbarten Wüste gebracht und sein Preis ist 1000 bis 1500 Piaster» **).

---

*) Die Piaster stehen nicht immer in gleichem Werthe. Zu der Zeit, als Pedro Nunnes in Syrien war, waren zehn Piaster im Werthe gleich einem Dukaten.

**) Graf Forbin sagt von diesem Geschlechte: "Es ist schön, aber weniger im Stande Beschwerden zu ertragen, als die Geschlechter Djelfi und Saclawy. Die reichen Türken in Damaskus schätzen es sehr hoch; man kauft es in den, dieser Stadt nahe gelegenen Wüsten. Sein Preis ist gewöhnlich 3000 Piaster.

«Das vierte Geschlecht, welches den Namen Döl-Sabi führt, verhält sich zu dem vorigen, wie das Geschlecht Saklaoui zu dem Geschlechte Djelfe; das heißt: beide sind in Ansehung der Schönheit fast gleich, so daß man ein großer Kenner seyn muß, um sie von einander unterscheiden zu können. Wenn ein solches Pferd drei- bis vierjährig und fehlerfrei ist, kostet es immer 1000 bis 1200 Piaster» *).

«Das fünfte Geschlecht, unter dem Namen Döl-Treide bekannt, ist sehr häufig zu Damaskus, wohin es aus den Umgegenden gebracht wird. Man findet darunter manches schöne Pferd; doch auch viele fehlerhafte, weßhalb sie sorgfältig untersucht werden müssen. Sie haben die Vorzüge der vorigen Geschlechter nicht; jedoch kosten die guten unter ihnen, wenn sie drei bis vier Jahre alt sind, gewöhnlich 600 bis 800 Piaster» **).

«Das sechste Geschlecht endlich kommt aus der Gegend von Bassora, und heißt Döl-Nagdi. Es wird für sehr vorzüglich gehalten, und kommt den beiden Geschlechtern Djelfe und Seklaoui gleich, wenn es beide nicht noch übertrifft. Diese Pferde sieht man in der Gegend von Damaskus selten; aber die Liebhaber und Kenner versichern, daß sie unvergleichlich schön und gut sind. Ihr

---

(Siehe dessen Reise in das Morgenland, Prag 1825 4te Liefer. S. 104).

*) Graf Forbin sagt 1200 bis 2000 Piaster.

**) Graf Forbin sagt von diesem Geschlechte: «Diese Pferde sind schön, aber oft widerspenstig, weniger unerschrocken, als jene der andern Geschlechter (Djelfe und Saklaoui), und sie werden gewöhnlich um 900 bis 1000 Piaster verkauft.

Preis soll sehr von der Willkühr der Verkäufer abhängen und immer über 2000 Piaster seyn» **) [9].

Es fragt sich nun schlüßlich noch: Kann man diese verschiedenen Geschlechter und Familien von einander unterscheiden, und an gewissen charakteristischen Merkmalen erkennen? — Auch hierüber sind die Meinungen getheilt. Hr. v. Rosetti sagt: «Die Pferde dieser verschiedenen Racen (Geschlechter) haben keine charakteristischen Merkmale, wodurch sie sich von einander unterscheiden. Man trifft zwar unter den Beduinen Kenner an, welche behaupten, auf den ersten Blick die Race (das Geschlecht) eines Pferdes angeben zu können. Allein dieß sind Charletans, welche die Leichtgläubigen, die sie um Rath fragen, täuschen. Nur die Individuen des Geschlechtes Saklawy kann man an ihrem langen Halse und ihren schönen Augen erkennen» [11]. — Obwohl Hr. v. Rosetti sonst allen Glauben verdient, so hat er hier doch gewiß zu viel behauptet. Daß sämmtliche edle Pferdegeschlechter, im Ganzen betrachtet, etwas Gemeinsames (Charakteristisches) haben, oder mit einem andern Worte, daß unter ihnen ein Typus herrscht, ist glaubwürdig, weil sie zu einer Race gehören; allein bei alledem müssen sie doch bei einer nähern sorgfältigen Untersuchung (d. h. bei einer genauen Prüfung und Vergleichung ihres äußern Baues) unter sich eine — wenigstens für den Kenner — merkliche Verschie-

**) Graf Forbin sagt von den Pferden dieses Geschlechtes: "Man läßt sie aus der Gegend von Bassora kommen; sie sind die theuersten und seltensten von allen arabischen Pferden. Sie sind dunkelbraun und noch öfter Apfelschimmel, sehr schön, sehr schnell und dabei fromm und sanft. Ihr Preis ist gewöhnlich über 8000 Piaster. (Reise in das Morgenland, 4te Liefer. S. 104).

denheit zeigen. Denn wäre dieß nicht der Fall, so würde ja die Abtheilung in Geschlechter, und die Unterscheidung derselben durch besondere Namen völlig überflüssig seyn. Wie mehrere Reisende versichern, sind die Individuen einiger Geschlechter von ungleich schönerer Form und Bildung, als die von andern, und sie werden daher auch nicht alle gleich hoch geschätzt. Schon dieß giebt zu erkennen, daß sie, wenn auch nicht alle, so doch viele durch gewisse Eigenheiten des Körperbaues, oder durch gewisse charakteristische Merkmale kennbar seyn müssen — wenigstens für den feinen und geübten Kenner. Letzteres bestätiget auch ein ungenannter Reisender von einigen Geschlechtern, die man in der Gegend von Bagdad antrifft, mit folgenden Worten: «Bei den Arabern in der Gegend von Bagdad giebt es vier Geschlechter von edlen Pferden, deren Namen ich vergessen habe. In Hinsicht der Form sind sie etwas verschieden, und die Pferdehändler verstehen sich so gut darauf, daß sie kein Attest brauchen, um zu wissen, von welchem Geschlechte das eine oder andere ist» [12]). —

---

[1]) Fundgruben des Orients, 5. Bd. S. 57. [2]) Bertuch's Bibliothek der Reisebeschreib. 27. Bd. S. 457. [3]) Fundgruben, 5. Bd. S. 58. [4]) Ebenda. [5]) Monatliche Correspondenz zur Beförderung der Erd- und Himmelskunde, 1809. S. 120. [6]) Burkhardt's Bemerk. über die Beduinen, S. 165. [7]) Bertuch's Bibliothek, 27. Bd. S. 457. [8]) Fundgruben, 3. Bd. S. 66. [9]) Niebuhr's Beschreib. von Arabien, S. 162. [10]) Alibey's Reisen in Afrika und Asien, S. 471. [11]) Fundgruben, 5. Bd. S. 58. [12]) Abhandlung von Aegypten, S. 76.

Zehntes Kapitel.

Von der Größe und Gestalt der arabischen Pferde.

Die arabischen Pferde sind, im Ganzen betrachtet, mehr klein als groß; jedoch haben viele eine mittelmäßige Größe. Wie mehrere Reisende versichern, sollen die edlen Pferde meistens größer seyn, als die gemeinen; auch sollen diejenigen, welche in Städten und Dörfern gezogen werden, jene aus der Wüste etwas an Größe übertreffen [1].

Von den edlen Pferden, die zu uns nach Europa gebracht werden, messen die meisten nur 4 Fuß 6 bis 10 Zoll, höchstens 5 Fuß (oder 15 Fäuste). Es soll aber, glaubwürdigen Nachrichten zu Folge, im innern Arabien grössere Pferde geben, die bisweilen 5 Fuß 4 Zoll und darüber Höhe haben *). Die Gegenden, wo es diese größern

*) Man hat in den Gestüten Deutschlands und anderer Länder bisweilen arabische Pferde gehabt, die 5 Fuß 2 bis 4 Zoll und darüber mit dem Bandmaaß gemessen haben. Zu diesen gehört zuvörderst der in dem Privatgestüte des Königs von Würtemberg noch befindliche arabische Hengst Mahmud, welcher 5 Fuß 7 Zoll mißt, und daher zu den großen Pferden gezählt werden kann. Früher befanden sich in diesem Gestüte drei arabische Hengste (Namens Emir, Hurschid und Dahman) und eine orientalische Stute (Hasfura), welche 5 Fuß 4 Zoll Höhe hatten; dann mehrere arabische Hengste (Gumusch-Burnu, Tajar, Mam-

Pferde giebt, sollen fruchtbarer seyn, als die Wüsten; wahrscheinlich bewirkt also daselbst das bessere und nahrhaftere Futter ein größeres Wachsthum.

Bekanntlich findet man in jedem größern Lande Pferde von verschiedener Gestalt und Güte, obwohl sie gewöhnlich in gewissen Eigenthümlichkeiten der Form und Bildung und in den Eigenschaften übereinkommen. So ist es auch

---

meluck u. s. w.) von 5 Fuß 2 Zoll Höhe. Der bekannte preussische Hauptbeschäler Turkmainatti maaß 5 Fuß 3 Zoll und der arabische Beschäler Chebescian im Gestüte des Grafen Palfy in Ungarn, 5 Fuß 2 Zoll. Einen wunderschönen arabischen Hengst (von weißer Farbe mit sehr kleinen dunkelgelben Flecken übersprengt) von 5 Fuß 4 Zoll Höhe, sah Hr. Kleeman in der Krimm, und der Graf v. Veltheim einen dergleichen goldbraunen Hengst, der 5 Fuß 2 Zoll maß, in Pisa. Es fragt sich hierbei: Waren diese Hengste wirklich von reinem arabischen Blute? Oder waren sie vielleicht aus der Paarung arabischer Hengste mit turkomanischen oder persischen Stuten hervorgegangen, durch welche Paarungen größere Pferde erzeugt werden sollen, als wenn man die arabischen unter sich paart? — Ich kann hierüber nicht entscheiden, da mir die hierzu nöthigen Kenntnisse und Erfahrungen abgehen, muß aber bemerken, daß die Engländer in Ostindien, wohin alljährlich viele arabische Pferde gebracht werden (Siehe das 19te Kapitel), die Reinheit des Blutes eines jeden dieser Pferde in Zweifel ziehen, sobald es mehr als 4 Fuß 10 bis 11 Zoll mißt. Indessen ist demungeachtet möglich, daß die vorgedachten und andere ungewöhnlich großen arabischen Pferde wirklich von reinem Blute waren; denn wer kennt das Innere von Arabien (das mehr, als 30,000 Quadratmeilen enthält) genau genug, um entscheiden zu können, daß dort wirklich keine größern Pferde zu finden sind, als die gewöhnlichen Wüstenpferde, welche nach Damaskus, Aleppo, Bagdad und Basra zum Verkauf gebracht werden? Burkhardt sagt, daß in den fruchtbaren Provinzen Kasym und El-Hassa oder Hadschar, welche im innern Arabien liegen, die jungen Pferde bei Klee- (Birsim-) Fütterung aufgezogen werden; vielleicht kommen die vorerwähnten größern arabischen Pferde aus diesen Gegenden.

in Arabien und den daran gränzenden Ländern, wo arabische Pferde gezogen werden. Die edlen, halbedlen und gemeinen Pferde sind zwar in Hinsicht auf Schönheit und Form verschieden; allein demungeachtet besitzen sie gewisse gemeinschaftliche Eigenheiten in ihrem Aeußern, wodurch sie sich von den Pferden anderer Länder unterscheiden. Eine genaue Beschreibung dieser drei Arten von Pferden zu geben, ist nicht möglich, da die Nachrichten der Reisenden, welche in Arabien waren, in dieser Hinsicht höchst mangelhaft sind. Ich gebe sie daher so gut ich es vermag, und soweit die vorhandenen Nachrichten und meine eigenen Erfahrungen ausreichen.

Was zuerst die

edlen Pferde (Koheylans oder Nedschedis)

betrifft, so gehören diese — wenn sie nicht die allerschönsten Pferde sind — doch wenigstens zu den schönsten, die es giebt. Daß sie nicht alle in gleichem Grade auf Schönheit Anspruch machen können, steht dieser Behauptung nicht entgegen, da dieß auch bei den Pferden anderer Länder nicht gefunden wird. Burkhardt schreibt: «Die (edlen) arabischen Pferde sind nicht groß, aber wenige von ihnen sind schlecht gebaut, und fast alle besitzen gewisse charakteristische Schönheiten, wodurch sich die arabische Pferderace von jeder andern unterscheidet» [2]). Indessen ist es mir dennoch nicht möglich eine Beschreibung der Gestalt und Bildung der edlen Pferde zu geben, die auf alle Fälle paßt; ich begnüge mich daher, sie nach denjenigen Pferden zu schildern, die zuweilen zu uns nach Europa gebracht werden, und daselbst in landesherrlichen Marställen und Gestüten zu sehen sind.

Zuvörderst zeichnet sich der Kopf dieser Pferde durch seine Form aus; er ist mehr klein, als groß, mager und voll Ausdruck. Gewöhnlich ist er kurz und gedrungen; seltener etwas lang; jedoch hat man es lieber, wenn er kurz ist. Die Ohren sind oft etwas lang, aber gut angesetzt und beweglich; die Spitzen an denselben sind gewöhnlich etwas einwärts gebogen. Die Stirne ist breit, flach und scheint manchmal wegen der etwas vorliegenden Augen vertieft. Die Gegend um die sogenannte Schläfe ist sehr trocken und von fleischigen Theilen entblößt, ober den Schläfen sind die Muskeln etwas hervorragend, und oft halbkugelförmig gerundet. Die Augen sind groß, lebhaft, hervorstehend und mit schwarzen, faltigen Augenliedern bedeckt. Der Graf Rzewusky will die Beobachtung gemacht haben, daß die meisten edlen Pferde schwarze Augen haben *). Gewöhnlich ist die Nase ganz gerade, zuweilen aber auch gegen die Mitte zu etwas eingedrückt. Die Nasenlöcher sind bei allen groß und weit geöffnet. Das Maul ist gehörig gespalten, doch mehr klein als groß; die Lippen sind nackt; die Zähne stark. Nach Verhältniß der Größe des Kopfes

*) Der Hr. Graf meint: "Der Name Kholan (richtiger Koheylan), womit man die edlen Pferde im Allgemeinen belegt, rühre von den schwarzen Augen und der nackten schwarzen Haut der Augenlieder, die man öfter an ihnen findet, her. Daß die Araber auf die schwarzen Augenlieder einen Werth legen, ersieht man aus der im 18ten Kapitel befindlichen zweiten Abstammungsurkunde. In dieser heißt es: "Ich Fakir Muhamed verkaufe mein Pferd; es ist ein Braunschecke mit schwarzen Augenliedern; sein Vater war ein Brauner mit schwarzen Augenliedern u. s. w."

sind die Ganaschen oft zu stark oder zu breit *); der Kehlgang ist weit und hohl. Ueberhaupt genommen ist der Kopf schön, und giebt mit seinen großen, lebhaften Augen den Pferden ein munteres freies Ansehen.

Der Hals hat gewöhnlich eine schöne Form; er ist proportionirt lang, hat einen scharfen und magern Kamm, und fügt sich frei und meistens etwas in einem Bogen an den Kopf. Mehrentheils hat er nahe am Wiederrüste einen mäßigen Ausschnitt und ist an der Luftröhre etwas herausgebogen; hiedurch erhält er die Bildung, die man verkehrt nennt, und die ihn dem Halse der Hirsche ähnlich macht (sogenannter Hirschhals). Diese Bildung wird gewöhnlich für einen Fehler angesehen, obgleich sie allen denjenigen Thieren natürlich ist, welche schnelle und anhaltende Läufer sind.

Der Leib ist schlank und zierlich rund, mit sanfter Wölbung des Bauches nach den Flanken hin und runden faßartigen Rippen. Der Wiederrüst ist nicht sehr hoch, etwas lang und verliert sich sanft. Der Rücken ist gerade und schön; die Lenden verlassen bisweilen in etwas die gerade Linie und bilden einen kleinen Bogen; aber beide sind vorzüglich stark. Die Kruppe (Kreuz) ist gleichfalls gerade, schön gerundet und der Schweif hoch und gut angesetzt **). Im Gange (besonders wenn der Reiter das

*) Wahrscheinlich ist dieß kein Fehler. Da in Arabien alle Nahrung der Pferde trocken und die Gerste nach ihrer Reife hart ist, so hat vielleicht die Natur sie deßwegen mit stärkern und größern Kauwerkzeugen ausgestattet. —

**) Der Graf Rzewusky schreibt: "Das Hinterkreuz ist etwas lang, und wie Hr. Rousseau sagt, ein Wolfskreuz. Man

Pferd etwas zusammennimmt) wird der Schweif gewöhnlich vom Leibe ab, in einem Bogen getragen, — ein Beweis vou Kraft und Lebhaftigkeit. Die Schönheit und Stärke der Kruppe und Hanken ist ein besonderer Vorzug der arabischen Pferde.

Geht man zur Untersuchung der Vorderfüße über, so findet man diese stark und gut gebaut. Die Schultern sind flach, an das Brustgewölbe sich anschließend, schräg vorwärts gerichtet und sehr muskulös. Der Vorarm ist breit, gewöhnlich etwas lang, auch mit starken und festen Muskeln geziert. Die Vorderknie sind breit, flach und stark. Die Schienbeine sind gewöhnlich etwas dünne, jedoch mit starken, kräftigen Sehnen versehen. Die Fessel sind etwas lang, aber doch gut gestellt. Der Graf Rzewusky schildert diese Theile folgendergestalt: «Der obere Theil der Vorderbeine ist gewöhnlich länger, als bei andern Pferden. Er ist vom Schulterblatte bis ans Knie sehr breit, die Muskeln sind von deutlichem Umrisse, die Sehnen freiliegend, das Knie rund und breit, die Schienbeine sind gerade und, von vorne angesehen, dünne, von der Seite aber breit» [3]. An dem hintern Theile der Köthe sind die Haare (der sogenannte Köthenzopf) sehr wenig, kurz und fein, und scheinen oft gänzlich zu fehlen. Auch die sogenannten Hornwarzen sind klein und fein. Die Hufe sind mehr länglich, als rund, und oft an den

---

darf hieraus nicht schließen, daß das Pferd mit den Hinterfüßen bockfüßig gehe; dieß wäre ein Fehler. Es heißt nur, daß, wenn man das Kreuz von hinten sieht, es die Rundung der Melone haben müsse, wie es auch beim Wolfe ist.» (Fundgruben des Orients, 5r Bd. S. 49).

Trachten etwas eingezogen; aber von einer guten festen Beschaffenheit, und glatt und fein.

An den Hinterfüßen ist der fleischvolle obere Theil, welcher das Backenbein zur Grundlage hat, gehörig ausgefüllt und schön gerundet. Die Sprunggelenke sind stark, mager und breit. Die Biegung in den Sprunggelenken ist mehr stark als schwach, und niemals sieht man arabische Pferde, die zu gerade und steil in den Sprunggelenken gebildet sind. Die Schienbeine findet man zuweilen etwas lang, auch oftmals etwas dünne. Köthen, Fessel und Hüfe sind von gleicher Beschaffenheit, wie an den Vorderfüßen.

Betrachtet man den Körper im Ganzen, so findet man ihn mehr mager, als fett *), aber doch gut gerundet und geschlossen, und die einzelnen Theile in einem guten Ebenmaaße. Die schlanke Gestalt, der schöne gerade Rükken, die schön gerundete Kruppe, der im Bogen getragene Schweif und der kräftige, anmuthige, lebhafte Gang, gereichen dem Pferde zur großen Zierde. Ein großer Vorzug ist auch sein kräftiges Hintertheil, das wir selten so bei unsern Pferden finden. Die Füße sind nicht gar stark, aber überaus kräftig und fest gebaut. Alle Gelenke sind

*) Die verschiedene Behandlung und Verpflegung der Pferde in Arabien bringt auch in ihrer Leibesgestalt eine Verschiedenheit hervor. Sonnini sagt: "Die Pferde der in Städten und Dörfern feßhaften Araber, haben mehr Körper und sind zugleich dicker und vollkommner im Leibe, als die der Beduinen. Die erstern sind Freunde, die man schont und mit vieler Sorgfalt verpflegt; die andern müssen große Beschwerlichkeiten ausstehen, und werden sehr kärglich gefüttert." (Sonnini's Reise nach Aegypten u. s. w. 2r Bd. S. 88).

breit und gewöhnlich rein von allen Fehlern, die man so häufig an gemeinen Pferden findet. Die Knochenfortsätze, welche den Muskeln zur Anheftung dienen, ragen stark hervor, und die Muskeln selbst liegen deutlich und stark ausgedrückt unter der Haut. Da die Haut fein und die Haare kurz und dünne sind, so bemerkt man die äußern Blutgefäße deutlich unter der Haut liegen.

Was dem Kenner zuweilen an den schönsten edlen Pferden mißfällt, ist die Stellung der Füße; denn diese ist nicht immer ganz regelmäßig. Manche stehen mit den Vorderfüßen etwas auswärts, und bei andern stehen die Hinterknie (Sprunggelenke) wieder etwas zu nahe beisammen, wodurch die Hinterfüße jene Stellung erhalten, die man kuhhessig nennt. Diese Stellung bringt indessen keinen Nachtheil; nur beleidigt sie das Auge ein wenig. Es scheint, als wenn dergleichen Sprunggelenke vorzüglich geeignet wären, die Last des Körpers auf sich zu nehmen. Die Araber sollen wenigstens ein Pferd, dessen Sprunggelenke ganz gerade stehen, für weniger vermögend halten (?). —

Einige wollen die Füße der edlen arabischen Pferde überhaupt etwas zu fein und zu dünne finden. Indessen ist auch dieß im Grunde kein Fehler; denn diese Feinheit ist den Pferden aus heißen Erdstrichen durchaus eigen. Da bei ihnen die Knochen viel härter und fester, als bei denen aus kältern Klimaten *), und weil auch ihre Mus-

*) Schon vor mehr als hundert Jahren schrieb der alte Stutenmeister Simon Winter: "Sinntemal ich mit meinen Augen gesehen, daß als ein solches (arabisches) Pferd umgefallen, und ich ihm die Röhren an den Schenkeln entzweischlagen lassen,

keln überaus kräftig und die Sehnen gleichfalls sehr stark sind: so haben sie in ihren Füßen, trotz jener Feinheit und Dünne, doch eine vorzügliche Stärke und Kraft, und sind gute Läufer und unermüdlich dauerhaft *). Den kräftigen Muskeln und Sehnen ist es auch zuzuschreiben, daß sie mit ihren langen Fesseln nicht durchtreten; und gerade diese langen Fessel sind es, welche ihren Tritten eine grössere Schnellkraft verleihen und den Gang leicht und angenehm machen.

Durch welche Eigenheiten in der Gestalt und Bildung sich die

---

solche Röhren, worinnen das Mark gelegen, eine solche kleine Höhle gehabt, daß kaum eine große Erbis in das Löchlein könnte geschoben werden, das andere ist ein ganz festes und hartes Bein, deßwegen sich desto weniger über ihre große Stärke zu wundern.» (Wohlbestellte Fohlenzucht S. 60).

*) Es giebt aber auch mitunter edle arabische Pferde, die einen verhältnißmäßig starken Fußbau haben, und in dieser Hinsicht völlig untadelhaft sind. So z. B. ist bekannt, daß die in England so berühmt gewordenen arabischen Hengste Godolphin und Darnley Araber starkgegliederte Füße hatten; so wie ferner die arabischen Hengste Turkmain-Atti in Preußen, Visir in Zweibrücken, Ali in Ansbach, Gumusch Burnu, Emir, Bairakter und Mahmud in Würtemberg, El-Bedavi in Ungarn u. s. w. Damoiseau sah in Syrien mehrere sehr stark fundamentirte arabische Pferde. Auch schreibt der Engländer Gwatkin's: "Die Pferde, welche in den letzten Jahren sich auf den Rennbahnen in Indien auszeichneten, stimmen wenig mit den vorgefaßten Ideen von der Gestalt der arabischen Pferde überein — sie sind alle stark von Knochen und Muskeln, auch in ihrer Gestalt den englischen Wettrennern am ähnlichsten.» (Wachenhusen's Zeit. für Pferdeliebhaber, 5r Jahrg. S. 42). Siehe hierüber auch des Hrn. Grafen v. Veltheim Abhandl. über Pferdezucht, S. 31. 32. u. folg.

halbedlen oder veredelten Pferde (Hatiki) *)

von den andern Pferden Arabiens unterscheiden, läßt sich aus den Nachrichten der Reisenden nicht genau ersehen. Nur so viel geht aus denselben hervor, daß diese Pferde in Hinsicht auf Form und Güte sehr verschieden sind. Diejenigen, welche aus einer einmaligen Paarung von edlen und gemeinen Pferden hervorgehen, sollen mehr den gemeinen Pferden ähnlich sehen, und diejenigen, welche aus öfterer (zwei- drei- und noch mehrmaliger-) Paarung mit edlen Pferden entspringen, mehr den edlen Pferden gleichen; ja, diesen bisweilen völlig ähnlich sehen. Daher schreibt auch Fouche: «Ich sah mehrere halbedle Pferde (Hatiks), die in Folge von guten Vermischungen (öfterer Paarung mit edlen Pferden) gleichsam geadelt waren. Sie waren größer, als die gemeinen Pferde, ja manche selbst größer, als die edlen; und dabei waren sie schön gewachsen und voller Lebhaftigkeit. Jedoch schienen sie mir weniger kraftvoll und dauerhaft, als die edlen Pferde zu seyn» [4]). Arvieux meint, daß ihre Form weniger gedrungen und nicht so bestimmt in allen Verhältnissen sey, als die der edlen Pferde.

Von den

gemeinen Pferden (Kadischi),

machen die Reisenden keine vortheilhafte Schilderung. Pedro Nunnes beschreibt sie folgendergestalt: «Sie sind klein und plump gebaut. Ihre Köpfe sind ziemlich gut geformt, die Augen lebhaft, die Ohren zart, der

*) Siehe das achte Kapitel.

Schweif dünne, und die Füße nicht gar stark. Uebrigens sind sie kräftig, stark und tüchtige Läufer; auch ertragen sie leicht Hunger und Durst» [5]. Wie andere Reisende berichten, haben sie meistens etwas große Ohren, breite Ganaschen, und gewöhnlich einen verkehrten Hals, (Hirschhals). Die Brust ist oft schmal und Rücken und Kruppe sind nicht so schön, als bei den edlen Pferden. Die Füße sind dünne und meistens langgefesselt, auch mit mehr oder weniger Behang versehen. Was dieses Aussehen noch um Vieles verschlimmert, ist, daß sie gewöhnlich sehr mager, obwohl dabei kräftig, stark und dauerhaft sind [6]. —

So ist im Allgemeinen die Form und Bildung der arabischen Pferde beschaffen. Indessen ist glaubwürdig, daß diese Schilderung nicht auf alle Fälle paßt; Ausnahmen giebt es gewiß öfter. Es sind daher auch nur die allgemeinen Umrisse gegeben worden, wie man sie an den bisweilen nach Europa kommenden arabischen Pferden findet. Ueberhaupt ist es eine schwere Aufgabe, das Charakteristische der verschiedenen Pferderacen, und noch mehr der Varietäten einer nnd derselben Race genau anzugeben; denn dasselbe liegt nicht in dem Baue einzelner Theile allein, nicht einmal in den Verhältnissen derselben, sondern im Ganzen, in einer gewissen Beweglichkeit und in einem Etwas, das sich besser fühlen und erkennen, als beschreiben läßt. —

---

[1]) Sonnini a. a. O. 2. Bd. S. 88. [2]) Burkhardt's Bemerk. über die Beduinen, S. 165. [3]) Fundgruben des Orients, 5. Bd. S. 53. [4]) Fouche a. a. O. S. 197. [5]) Alibey's Reisen in Afrika und Asien, S. 471. [6]) Samml. der neuesten Reisebeschreib. 11. Bd. S. 189.

Eilftes Kapitel.

Von dem Haar, den Farben und den Abzeichen der arabischen Pferde.

Wie alle Pferde heißer Länder haben auch die arabischen ein kurzes, feines, dünnes

Haar,

das der Seide ähnlich ist. Graf Rzewusky sagt: «Alle edlen arabischen Pferde, welche ich gesehen habe, hatten nicht allein eine sehr zarte sammetartige Haut, sondern sie war auch nichts weniger, als dicht mit Haaren besetzt; ja an manchen Theilen war das Haar so kurz und dünne, daß die dunkle Haut durchschimmerte, als: um die Ohren die Augen, dem Maule, den Weichen, zwischen den Hinterbacken u. s. w.» [1]. —

Von ähnlicher Beschaffenheit sind auch die Haare des Haarschopfs, der Mähne und des Schweifes. Der Haarschopf oder die Stirnhaare sind dünne und lang, oder kurz, immer jedoch schlicht, fein, weich und doch schwer. Die Mähnenhaare sind ebenfalls fein und zart, zuweilen lang, aber stets ungekräuselt, schwer und nicht dicht; alle Morgenländer sind gewöhnt, sie auf der rechten Seite zu halten. Von derselben Beschaffenheit sind auch die Schweifhaare. Oberhalb ist die Schweifrübe nur mit dünnen und wenigen Haaren besetzt und erst beinahe am Ende derselben fängt das lange Haar an und bildet einen Schweif von mittlerer Länge, der wenig buschig, aber gerade und schwer ist. — Da die Araber einen schönen Schweif für die größte Zierde des Pferdes halten: so sind ihnen Pferde mit abgestutzten Schweifen verächtlich, und sie sehen sie gleichsam für verunehrt an. Nie würde jemals ein Araber sich dazu verstehen, ein Pferd mit einem solchen Schweif zu reiten *).

Man findet in Arabien Pferde von allen

Farben.

Am häufigsten sind jedoch die Schimmel, welche Farbe auch hier, wie im ganzen Morgenlande, sehr beliebt ist. In der Gegend von Mekka (in der Landschaft Hedschas) sollen fast alle Pferde Apfelschimmel seyn [2]). Nach dem Berichte des alten arabischen Stallmeisters Abubeker, giebt es in Arabien mehrere Arten von Schimmel, als: glänzend weiß (Glanzschimmel), Papierweiß, weiße Falkenfarbe, wobei die Punkte ins Stahlfarbe fallen, Eisenschimmel, Rothschimmel u. s. w. Besonders aber soll man diejenigen Schimmel, welche mit kleinen röthlichen Punkten, wie be-

*) Dem französischen Stallmeister Geerts, welcher in den 1770er Jahren in Syrien Pferde kaufte, wurden einigemal trotz aller Wachsamkeit Pferde gestohlen. Er ließ deßwegen allen gekauften Pferden den Schweif abschlagen. Dieses Verfahren schreckte die Diebe ab; denn nun hielten sie es nicht mehr der Mühe werth, solche (in ihren Augen) entehrte Pferde zu stehlen. (Siehe Helmbrecht's und Naumann's Charakteristik der Hengste, S. 21).

säet sind, hochschätzen; und dergleichen Pferde sollen auch gewöhnlich von sehr edler Herkunft seyn *) [3].

Nach den Schimmeln sind die Braunen am zahlreichsten, und werden von allen Schattirungen angetroffen. Hasselquist sagt: «Viele arabische Pferde sind ziegelbraun» [4]; und Alibey schreibt: «Ein großer Theil ist kirschbraun» [5]. Abubeker nennt noch folgende: goldbraun, rothbraun, dunkelbraun, braun, wie glühendes Morgenroth u. s. w. [6].

Die Fuchsfarbe ist gleichfalls häufig, auch sehr geachtet und von mancherlei Mischungen. Abubeker nennt: rothfuchs, dunkelfuchs, rostfuchs, gelbfuchs u. s. w. als sehr gewöhnlich. — Ein Engländer, Namens Javelin (der längere Zeit in den zunächst an Arabien gränzenden Ländern gelebt hat), schreibt: «Meine Erfahrung — und ich darf sie eine vieljährige nennen — hat mich gelehrt, daß das arabische Pferd von Fuchsfarbe, mit weißen Schenkeln bis über das Knie, zu den ausdauerndsten, reinknochigsten, schnellsten und treuesten Pferden aller jener Racen gehört. Keines kann so viel und so anhaltendes Umherjagen auf dem unebensten und härtesten Boden vertragen, und das ist wahrlich keine leichte Prüfung» [7].

Auch sind Gelbe und Falbe nicht selten, und zwar wie Abubeker berichtet: glänzendgoldgelb, goldgelb mit schwarzen Mähnen, Schweif und Füßen, dunkelgelb, maus-

*) Der Engländer Brown bemerkt: «Merkwürdig ist der Umstand, daß die Haut aller hellhaarigen Araber entweder rein schwarz oder blaulichschwarz ist; daher die arabischen Schimmel jene schöne silbergraue Farbe haben, welche man an Vollblutschimmeln überhaupt bemerkt.» (Siehe dessen Skizzen und Anekdoten von Pferden, S. 151).

farben u. dgl. Derselbe nennt auch mehrere Arten von der grauen Farbe, die zuweilen an arabischen Pferden gefunden werden, als grau mit schwarzem Kopfe, grauscheckig, graugesprengelt u. s. w. Jedoch sollen diese letztern Farben ziemlich selten, am seltensten aber Tiger, Schecken und besonders Rappen seyn *). Sonderbar ist, daß die Araber die Pferde von schwarzer Farbe gar nicht lieben; sie sollen solche gleichsam für unglücklich halten **). Hasselquist erzählt: « Wenn sie ein schwarzes Fohlen bekommen, das gar kein weißes Zeichen hat, so halten sie dieß für ein sehr unglückliches Ereigniß, und tödten es sogleich nach der Geburt (?) [8]).

Wie Abubeker bezeuget, soll es in Arabien auch Pferde geben, deren Farbe ins Grünliche spielt. Ob dieß wirklich Grund habe, kann ich nicht entscheiden ***).

---

*) Daher wollen auch Einige, wie z. B. Gollard, Taylor u. s. w. behaupten, daß es gar keine Rappen in Arabien gäbe.

**) Nach einer andern Nachricht sollen die Araber die Rappen für schwache Pferde halten. Deßhalb sagt auch ihr alter Dichter Motanebi:

"Zum Guten sind oft weiße Pferde schwach,
Wie erst das Schwarze, das dazu Wallach."

(Nach Hrn. v. Hammer's Uebersetzung).

***) Der italienische Reisebeschreiber Balbi versichert gleichfalls, zwischen Bagdad und Bassora grünliche Pferde und zwar mit gelben Augen, gesehen zu haben. (Siehe Viaggi de G. Balbi 1591 pag. 31 und Sebald's Naturgeschichte des Pferdes herausgegeben von C. Ammon S. 478). — Mein Bruder, G. G. Ammon, Königl. preuß. Gestüts-Inspector in Vesra, sagt: "**Die gelbe oder falbe Farbe ist an den arabischen Pferden auch bisweilen zu finden, besonders die mit einer Schattirung in das Messinggelbe und mit einem besondern Glanze der Haare. Da nun die halbnackten Stellen, wo die Hautschwärze durchschimmert, einen grünlichen Ton erhalten, so ist dadurch wohl die Fabel von den grünen Pferden, welche man unter den**

Der bekannte Pferdekenner Graf Rzewusky meint: «Man darf sich nicht wundern, wenn unter den Farben der arabischen Pferde einige genannt werden, die unglaublich scheinen. Es ist gewiß, daß in diesem brennenden Himmelsstriche es der Natur gefallen hat, das Pferd mit mancherlei Farben so zu schmücken, wie sie auch den Einwohnern eine feurige und bilderreiche Einbildungskraft verliehen hat. Ich selbst habe mehr als achthundert orientalische Pferde gesehen, und an ihnen Farbenmischungen, die man an andern Pferden nirgends findet» [9]).

Dem seye, wie ihm wolle! Soviel ist gewiß, daß alle einfachen Farben der arabischen Pferde eine große Reinheit und Klarheit haben, wie man sie an europäischen Pferden selten findet. Dabei ist das Haar noch oftmals schimmernd, glänzend; so, daß die Weißschimmel den Silberglanz und die Braunen, Füchse und Falben, den Schimmer des Goldes von sich werfen, welches die Schönheit dieser Farben noch um Vieles erhöhet.

Was die sogenannten

Abzeichen

betrifft, so beobachtet man diese an den arabischen Pferden nicht sehr häufig; auch sind sie gewöhnlich nicht sehr groß. Die Araber achten sehr darauf, und glauben aus diesen zufälligen Zeichen des Pferdes und seines Reiters Schicksal erkennen zu können *). Burkhardt berichtet

---

arabischen Pferden finden soll, entstanden. (Siehe dessen Handbuch der Gestütskunde, S. 56).

*) Dieser Aberglaube war vormals, und zwar noch im sechszehnten Jahrhundert, auch in Deutschland sehr gewöhnlich. —

darüber Folgendes: «Die Araber glauben, daß manche Pferde im Voraus zum Unglücke bestimmt seyen, und daß ihren Eigenthümern früher oder später gewisse Unglücksfälle bevorständen, die durch bestimmte Zeichen an dem Leibe des Pferdes angedeutet werden. So z. B. bedeutet ein weißer Fleck auf der rechten Seite des Halses einer Stute, daß sie durch eine Lanze getödtet werden wird; ist der weiße Fleck auf einem der Schenkel, so fürchtet der Eigenthümer, daß sein Weib ihm ungetreu werden wird, und seine Orthodoxie neigt sich, wie bei allen Muselmännern, zum Argwohn. Und so giebt es mehr als zwanzig üble Zeichen dieser Art, die immer wenigstens die üble Wirkung haben, daß sie den Preis des Pferdes auf den dritten Theil des sonstigen Werthes herabsetzen» [10]. — Wie der General-Consul Rousseau versichert, sind auch ein doppelter Stern, krause Haare (Haarwirbel) an den Hanken, schwarze Flecken unter den Köthen u. s. w. unglückliche Zeichen, welche in den Augen der Araber den Werth der Pferde sehr vermindern [11].

---

[1]) Fundgruben des Orients, 5. Bd. S. 57. [2]) Alibey's Reisen in Afrika und Asien, S. 475. [3]) Fundgruben u. s. w., 5. Bd. S. 78. [4]) Hasselquist's Reise nach Palästina, S. 89. [5]) Alibey a. a. O., S. 476. [6]) Fundgruben u. s. w. 5. Bd. S. 78. [7]) Sporting mag. Juli 1833. [8]) Hasselquist a. a. O., S. 89. [9]) Fundgruben 5. Bd. S. 78. [10]) Burkhardt's Bemerk, über die Beduinen, S. 178. [11]) Fundgruben u. s. w. 3. Bd. S. 68.

Zwölftes Kapitel.

Von den Brandzeichen der arabischen Pferde.

Ob die Araber ihre Pferde mit Brandzeichen versehen, um die Race (oder das Geschlecht) aus welcher sie abstammen, kennbar zu machen, ist nicht mit Gewißheit bekannt. In den hinterlassenen Nachrichten des ehemaligen Königl. preußischen Stallmeisters Ehrenpfort von seiner zum Einkaufe arabischer Pferde nach Syrien unternommenen Reise heißt es: «Hr. v. Masseyk (damals holländischer General-Consul in Aleppo) unterrichtete den Stallmeister Ehrenpfort von den vorzüglichsten Pferderacen der Araber, rieth ihm aber dabei an, sich nicht an die Racen, dem Namen nach, zu binden, weil solches sehr trüglich sey; destomehr aber auf die Familienbrände Rücksicht zu nehmen, weil jede von diesen edlen Familien ihren eigenen Brand habe, der bald nach der Geburt in Beiseyn der glaubwürdigsten Männer, die schon bei Bedeckung der Stute zugegen gewesen, dem jungen Fohlen auf der Brust oder dem linken Schulterblatte eingebrannt werde; und man bei einem solchen Pferde alles Mißtrauen bei Seite setzen könne. Der Familienbrand der Dsjulfa, Manaki, und Toreisi sey eine kammähnliche Figur von vier Strichen und einem Querstrich: ┿┿┿┿

der von den Familien Dehälemi, Hamdani, Seklaui, ein Buchstabe, der mit einer römischen V. viel Aehnlichkeit habe. Die Familie Daádsjani, Challaui bezeichneten ihre Pferde mit einem schiefen Kreuz X. Auch würden die arabischen Pferde reiner Abkunft mit folgendem Brande von der Spitze des Brustbeins bis an die Nabelgegend bezeichnet, ┼┼┼┼┼┼┼┼┼┼┼┼┼┼┼┼┼┼┼┼┼ welcher Brand vorzüglich bei der Familie Nedsjedi zu finden» *) [1].

Diesem steht entgegen, was der berühmte Reisende Burkhardt (der Arabien und die Araber genauer kannte, als sonst irgend Jemand) mit folgenden Worten sagt: «Die Araber pflegen ihre Pferde nicht zu zeichnen, wie Manche geglaubt haben; aber das glühende Eisen, welches sie häufig zur Heilung der Krankheiten anwenden, läßt Spuren auf der Haut zurück, die einem absichtlichen Zeichen ähnlich sehen» **) [2]. Auch ist auffallend, daß alle andern Reisenden, welche im Oriente waren, und in ihren Reisebeschreibungen der arabischen Pferde erwähnen, von den Brandzeichen an denselben gänzlich schweigen.

Es fragt sich nun: Auf welcher Seite ist das Recht? Leider fühle ich mich außer Stande, diese Frage genügend

---

*) Daß diese Nachrichten höchst mangelhaft sind, ist augenscheinlich. Man ersieht dieß schon daraus, daß drei Familien (oder edle Geschlechter) nur ein Brandzeichen haben sollen.

**) Dagegen sagt Burkhardt, daß die Araber ihre Kameele mit Brandzeichen versehen. "Jeder Stamm und jede Familie — sind seine Worte — hat ihr eigenes besonderes Brandzeichen, womit sie ihre Kameele kenntlich macht. Dieses wird in der Regel auf der linken Schulter oder auf dem Halse des Kameeles angebracht.» Er führt dann mehrere Beispiele solcher Zeichen an.

zu lösen. — Daß wir in Europa schon öfter arabische Pferde gesehen haben, die Brandzeichen an sich trugen, ist außer Zweifel. In den Ehrenpfortischen Nachrichten heißt es, daß die Brände meistens unter der Brust und am linken Schulterblatte sich vorfinden; sind solche nicht daselbst vielleicht zur Heilung von Krankheiten, wie wir z. B. das Strichfeuer anwenden, angebracht worden? Wie wir weiter unten sehen werden, wenden die Araber ungleich häufiger, als wir, das glühende Eisen als Heilmittel gegen innerliche und äußerliche Krankheiten der Pferde an. Auch sollen sie bisweilen Brandzeichen als Amulette zum Schutz gegen Zauberei, böse Geister und selbst gegen Wunden und Gefangenschaft an den Pferden anbringen. Ferner ist auch möglich, daß die Brandzeichen, welche wir an den nach Europa kommenden arabischen Pferden wahrnehmen, diesen erst von den Roßhändlern in Syrien eingebrannt werden, indem diesen bekannt ist, daß man bei uns auf dergleichen Zeichen achtet. — Kurz, das Räthsel hinsichtlich der Brandzeichen der arabischen Pferde ist noch keineswegs gelöst, und nur erst die Folgezeit kann uns darüber genügenden Aufschluß ertheilen.

Nachtrag. Der Araber Abubekr-ben-al-Bedr-al-Beithar (Stallmeister des ägyptischen Sultan Malek-al-Nasser) schrieb in der letzten Hälfte des zwölften Jahrhunderts ein Werk über Reitkunst und Pferdekenntniß, und hinterließ darin eine Abbildung mehrerer zu seiner Zeit gewöhnlichen Brandzeichen an den Pferden *). Einige dieser Zeichen sind von griechischen, indischen, und

*) Diese Zeichen findet man abgebildet in den Fundgruben des Orients 5r Bd. S. 53.; dann in Klatte's Almanach für Rei-

fränkischen (oder europäischen) Racen; andere von den Pferden der Araber von Haleb (Aleppo) und in Syrien, dann der Araber in Aegypten u. s. w. Von den Zeichen an den Pferden der Araber der Wüste (welche schon damals, wie noch jetzt, die Hauptpferdezüchter in Arabien waren) sagt er jedoch nichts. Es ist daher wahrscheinlich, daß schon damals bei diesen Arabern nicht gebräuchlich war, die Pferde mit Brandzeichen zu versehen, wohl aber bei denen in Syrien und Aegypten. Und so mag sich die Sache vielleicht auch noch heutigen Tages verhalten, und die mit Brandzeichen versehenen arabischen Pferde mögen von den Arabern in Syrien oder Aegypten und nicht von denen der Wüste gezogen werden.

ter &c. &c. Berlin 1828. Es haben aber diese Zeichen für unsere Zeit nicht den mindesten Werth; deßhalb habe ich sie auch hier nicht aufgenommen.

[1]) Naumann's und Helmbrecht's Charakteristik und Geschichte der vorzüglichsten Hengste und Zuchtstuten der Königl. preußischen Hauptgestüte, 3tes Heft. [2]) Burkhardt a. a. O. S. 713.

Dreizehntes Kapitel.

Von den Eigenschaften der arabischen Pferde.

Die Araber wissen von den Eigenschaften und Tugenden ihrer edlen Pferde ungemein viel zu rühmen. Fouche d'Obsonville sagt: «Sie sind unerschöpflich über die Vortrefflichkeit ihrer Pferde von edlem Stamme» [1]. Nach ihrer Versicherung sollen sie eine ungemeine Schnelligkeit besitzen, die größten Anstrengungen und Beschwerden mit Geduld ertragen, in der Schlacht muthig auf den Feind losgehen, eine besondere Anhänglichkeit und Treue gegen ihre Herren äußern, und im Nothfalle ganze Tage ohne Nahrung und Getränke zubringen können. Auch behaupten sie, daß einige ihrer edlen Pferdegeschlechter so viel Verstand besitzen, daß, wenn sie in einer Schlacht verwundet und dadurch untüchtig werden, ihre Reiter länger zu tragen, sie sich sogleich zurück aus dem Gewühle begeben, um ihre Herren in Sicherheit zu bringen. Fällt der Reiter zur Erde, so bleiben sie bei ihm stehen *), bis er

*) Daher sagt auch der alte arabische Dichter Amru: "Wir haben unsern Feind hingestreckt auf dem Gefilde des Todes gelassen, während sein Pferd schön geschirrt und reich geschmückt, ihm zur Seite stand." (Siehe Moallakat, oder die sieben im Tempel zu Mekka aufgehangenen arabischen Gedichte).

wieder aufgestanden ist, oder wiehern bis Hülfe kommt. Schläft er im freien Felde, so wiehern sie, wenn sich Räuber in der Nähe zeigen u. s. w. [2]). —

So gewiß mehrere dieser Lobeserhebungen sehr übertrieben oder vielleicht gar nur Mährchen sind: so zuverlässig ist es jedoch, daß die arabischen Pferde höchst schätzbare Eigenschaften besitzen. Alle Reisenden, welche in den Morgenländern waren, bezeugen dieß, und auch unsere bewährtesten Pferdekenner sind darüber einverstanden. —

Betrachtet man ein ächtedles arabisches Pferd mit einiger Aufmerksamkeit, so verräth schon sein großes lebhaftes Auge, seine Lebendigkeit und Thätigkeit, und seine schöne Haltung, die innere Kraft und Stärke. In allen seinen Bewegungen herrscht Leichtigkeit, Ungezwungenheit, Gelenksamkeit und eine gewisse Gleichmäßigkeit und Zierde, wodurch es sich sehr auszeichnet. Huzard, der Aeltere, sagt sehr wahr: «Man muß das arabische Pferd unter dem Reiter laufen sehen, wie es Kopf und Hals erhebt und den Schweif in die Luft trägt, mit einer kraftvollen Grazie; — alles an ihm kündigt Kraft, Dauer, Muth und Güte an» *) [3]). —

*) Ein bekannter Pferdekenner (Justinus) sagt: "Außerordentliche Kraft, Biegsamkeit, Geschicklichkeit und Leichtigkeit sind bewunderungswürdige Eigenschaften der morgenländischen Pferde, und vorzugsweise der Araber. Der künstliche Reiter bemüht sich vergebens, durch die mannigfaltigste und zweckmässigste Uebung bei andern Pferden diese Geschicklichkeit hervorzubringen, die der Araber von der Natur erhalten hat. Der vollkommenste Reiter muß erstaunen, über die Wendungen und Paraden des rohen, ununterrichteten arabischen Pferdes und seines Reiters, mit welcher Blitzesschnelle er alle diese schwierigen Bewegungen vollzieht, und zwar alles durch die höchste Kraft, Ge-

Die Haupteigenschaften des Pferdes zu allen Diensten sind indeß Geschwindigkeit, Stärke und Ausdauer. Was die arabischen Pferde so höchst schätzbar macht, und was sie vornämlich über alle andere erhebt, ist, daß sie diese drei Eigenschaften in einem ganz vorzüglichen Grade besitzen. Mit Recht sagt Sonnini: «Die arabischen Pferde sind die ersten und besten in der Welt; sie haben vornämlich die Eigenschaften, die dem Menschen den meisten Nutzen gewähren: eine ungeheuere Geschwindigkeit, eine unverwüstliche Stärke, und eine unbegreifliche Ausdauer» [4]). — Hiezu kommt noch ein lebhaftes, muthvolles Temperament, eine sanfte vortreffliche Gemüthsart und eine große Mäßigkeit im Futter. Dieser Verein von nützlichen Eigenschaften und Tugenden, und die daraus hervorgehende große Güte, Brauchbarkeit und Diensttauglichkeit ist es, was diesen Pferden jenen hohen Werth giebt, den sie in den Augen aller Kenner behaupten.

Bemerkenswerth ist, daß, obschon einige Reisende über die Schönheit der arabischen Pferde in Zweifel sind *), ihnen doch niemand ihre guten Eigenschaften abspricht. Selbst Seetzen, der sonst kein Freund der arabischen Pferde ist, gesteht ihnen diese zu, nur macht er dabei folgende Bemerkung: «Diese guten Eigenschaften, welche auch bei europäischen Pferden nicht ohne Beispiel sind,

---

wandtheit und Geschicklichkeit des Hintertheiles. Dieses außerordentliche Hintertheil, die höchste Kraft seines Körpers, die ungewöhnliche Leichtigkeit seines Vordertheiles und die hohe Eleganz und die edlen Formen seines Halses und Kopfes erheben das arabische Pferd über alle andern seines Geschlechtes.» (Justinus hinterlassene Schriften über Pferdezucht, S. 215).

*) Nur Niebuhr und Seetzen (siehe das achte Kapitel).

auf alle arabischen Pferde und auf alle Fälle anzuwenden, ist ohne Zweifel eine große Uebertreibung» [5]). — Was Seetzen hier sagt, ist nicht ganz ohne Grund; denn, obschon alle arabischen Pferde treffliche Eigenschaften besitzen, so läßt sich doch nicht mit Wahrheit behaupten, daß sie alle in den Eigenschaften gleich vollkommen sind. Indessen ist diese Vollkommenheit nicht abhängig von der Gestalt oder äußern Bildung (und ist daher auch nicht aus dem äußern Ansehen zu erkennen), sondern sie ist gegründet in der innern, nicht sichtlichen Organisation. Man erkennt dieß deutlich daraus, daß oft arabische Pferde in ihrem Aeußern nichts Empfehlungswerthes haben, und dennoch in den Eigenschaften vortrefflich sind *). Doch dieses Alles wird sich aus dem nun Folgenden von selbst ergeben, wenn wir die obengedachten Haupteigenschaften auch noch einzeln betrachten.

Was zuerst die

Geschwindigkeit

der arabischen Pferde betrifft, so gedenken alle Reisenden, (z. B. Rauwolf, Chardin, Fouche, Jourdain,

*) Daß nicht immer die schönsten arabischen Pferde zugleich auch die besten, das heißt: die vollkommensten in den Eigenschaften sind, ist außer Zweifel. Der englische Kapitain Gwatkins (der eine Menge arabische Pferde in Ostindien gesehen hat) sagt: "Um zu zeigen, wie trüglich die äußern Zeichen des Vollblutes der arabischen Pferde sind, führe ich noch an: daß hier (in Ostindien) zuweilen die besten Pferde als Ausschuß aus einer Koppel, vielfältig für geringe Summen erkauft worden sind.» (Wachenhusens Zeitung für Pferdeliebhaber 5r Jahrg. 51). Auch ist bekannt, daß die trefflichen Beschäler Godolphin und Visir, Pferde von geringem Aeußern waren.

Gollard, Rousseau, Kinneir und noch viele Andere) derselben rühmlichst. Mariti sagt: «Sie sind alle schnell und große Läufer» [6]). De Pages und Elmore halten sie für die schnellsten Pferde, die man kennt. — Arvieux schreibt: «Sie laufen mit einer solchen Geschwindigkeit, daß der Reiter einen guten Kopf haben muß, wenn er von der heftigen Bewegung der Luft nicht betäubt werden soll. Nichts hält sie auf; sie sind so leicht und flüchtig, daß sie gleich den Hirschen über Bäche und Gräben wegsetzen, welche die besten europäischen Springer aufhalten würden» [7]). Auch Barthema bemerkt: «Ihre (der Araber) Pferde sind von einer solchen Schnelligkeit, daß sie mit ihrem Reiter mehr fliegend, als laufend sind. Sie laufen so schnell, daß sie binnen Tag und Nacht hundert italienische (oder fünfundzwanzig deutsche) Meilen zurücklegen» [8]). Ferner sagt Graf Rzewusky: «Man hat sie in vierundzwanzig Stunden dreißig Meilen zurücklegen sehen» [9]). — Ja noch mehr. Hr. v. Wachenhusen schreibt: «Der vor einigen Jahren in Wien verstorbene Fürst Ypsilanti hat bei seiner Flucht aus der Walachei nach den kaiserlich österreichischen Staaten auf einem arabischen Pferde den Weg von Bucharest nach Kronstadt in Siebenbürgen, sohin fünfzig Meilen in achtzehn Stunden (?) zurückgelegt» [10]).

Auch giebt der Gebrauch der arabischen Pferde zur Jagd einiger der flüchtigsten Thiere einen Beweis von ihrer großen Geschwindigkeit. Bekanntlich kann der acht Fuß hohe Vogel Strauß *), wegen seiner großen Schwere

---

*) Struthio camelus. L.

nicht fliegen, aber mit Beihülfe seiner Flügel außerordentlich geschwind laufen; und dessen ungeachtet jagen und verfolgen ihn die Araber zu Pferde, und holen ihn (wie Thompson, Pococke und Andere versichern) nicht selten ein [11]). Auch wurde dem Engländer Wittman in Syrien erzählt, daß Beispiele bekannt wären, wo Araber mit ihren schnellen Pferden Gazellen *) eingeholt hätten, welche Thiere doch im flüchtigen Laufen und Springen kaum ihres Gleichen haben [12]).

Daß die arabischen Pferde alle andern Pferde des Morgenlandes an Geschwindigkeit übertreffen, geben die glaubwürdigsten Nachrichten zu erkennen. Nach Sonnini's Versicherung sind die ägyptischen Pferde zwar sehr geschwind, allein den arabischen kommen sie darin doch nicht gleich [13]); und wie Pococke und Thompson behaupten, sind sie auch nicht so ausdauernd im Laufen [14]). Chardin schreibt: «Ich habe gesagt, daß die persischen Pferde die schönsten im Oriente sind; allein deßwegen sind sie weder die besten, noch die gesuchtesten. Die arabischen Pferde übertreffen sie, und sind in Persien sehr geschätzt wegen ihrer größern Geschwindigkeit» [15]). Fouché d'Obsonville bemerkt: «Ein gutes persisches Pferd kann es zwar im Laufen ein Paar französische Meilen weit einem arabischen gleichthun, ja wohl gar den Vorsprung vor ihm gewinnen, aber hernach wird es von diesem übertroffen, so daß es weit zurückbleibt» **) [16]). — Daß die arme-

*) «Die Gazelle (Antilope dorcas) — sagt Macdonald Kinneir — übertrifft an Schnelligkeit die leichtfüßigsten Windhunde.»

**) Dasselbe bezeugen auch noch viele andere Reisende, die in Persien waren, wie z. B. Jourdain, Gmelin, von Freygang, Otto von Kotzebue u. s. w.

nischen Pferde weniger geschwind im Laufen sind, als die arabischen, bezeugt Macdonald Kinneir [17]. Von den turkomanischen Pferden schreibt Russel: «Die Türken geben den turkomanischen Pferden den Vorzug, weil sie grösser sind; aber die arabischen werden für viel schneller gehalten» [18].

Sonach sind alle Reisende darin einverstanden, daß die arabischen Pferde in Hinsicht der Geschwindigkeit ihres Gleichen in den Morgenländern nicht haben. Indessen wollen einige (wie z. B. Sonnini, Gwatkins u. s. w.) behaupten, daß sie den englischen Wettrenn- oder Vollblutpferden hierin nachstehen, weil einige von diesen in vier Minuten 2000 Toisen *) durchlaufen haben, welches ungefähr Dreiviertel vom Fluge der Schwalbe beträgt [19]. In wie weit diese Behauptung Grund habe, kann ich nicht entscheiden. Indessen ist bekannt, daß die Geschwindigkeit der englischen Wettrennpferde sehr groß ist; sie haben von den arabischen darin einen Vorzug, daß sie größer sind und daher im Laufen weiter ausschreiten **). Aus dieser Ursache kann es wohl seyn, daß manche von ihnen auf eine kurze Strecke mehr Schnelligkeit zeigen; allein ob sie auch den arabischen Pferden an Ausdauer im Laufen gleich-

---

*) 2000 Toisen sind 12,000 Fuß; also beinahe eine geographische Meile.

**) Nach Maty's Berechnung deckte das berühmte englische Wettrennpferd Childers bei jedem Sprunge einen Raum von 23 Fuß in die Länge; das ist ungeheuer viel. Aber noch mehr. Der Renner Eclipse bedeckte bei der größten Streckung gar 25 Fuß, und wiederholte diese Action 2⅓mal in einer Sekunde. (Siehe An Essay on the proportions of Eclipse, in den Works of Ch Vial de Saint bel London 1795).

kommen, ist erst die Frage und sehr zu bezweifeln. Was erfahrne englische Pferdekenner hievon glauben, wird sich aus dem Folgenden ergeben. John Lawrenze sagt: «Obschon die allgemeine Eigenschaft der arabischen Pferde Geschwindigkeit ist, so ist doch ihre höchste Vollkommenheit nicht sowohl Geschwindigkeit, als vielmehr Ausdauer im Laufen. Halbaraber haben arabische Geschwindigkeit auf eine kurze Strecke, allein nicht auf weite Entfernungen und auf lange Zeit. Die Kraft der Ausdauer vermehrt sich, wie die Erfahrung gelehrt hat, nach dem Verhältniß der Menge arabischen Blutes. Man hat die wichtige Entdeckung gemacht, daß die edlere Abkunft, und vor allem die arabische, bei den (englischen) Rennpferden die höchste Stufe der Ausdauer im Laufen bestimmt» [20].

Der Kapitain Gwatkins sagt von den Wettrennen mit englischen und arabischen Pferden in Ostindien: «Es finden sich gegenwärtig wenige (englische) Pferde auf der Rennbahn, die nicht 15 Fäuste 1 Zoll, bis 16 Fäuste hoch sind, und da ein gutes großes Pferd im Allgemeinen ein gutes kleines (im Rennen) übertreffen muß, so ist es kein Wunder, daß unsere Araber selbst auf unsern ostindischen Rennbahnen (gegen die englischen Vollblutpferde) zurückbleiben; dagegen möchte ich aber wohl behaupten, daß **kein Pferd der Welt ihnen rücksichtlich des Vermögens und der Ausdauer im Laufen gleich kommt**; die Mitglieder des Jokey-Clubs können hierüber die unumstößlichsten Beweise liefern» [21]. — So gestehen also die Engländer selbst ein, daß die edlen arabischen Pferde ausdauernder im Laufe seyen, nicht allein als ihre

Rennpferde, sondern auch als alle andern Pferde in der Welt *).

Indessen gilt all' das bisher über die Geschwindigkeit der arabischen Pferde Gesagte, hauptsächlich nur von den edlen Pferden, wenn es schon glaubwürdigen Nachrichten zu Folge, auch unter den halbedlen und gemeinen Pferden viele geben soll, die ebenfalls sehr geschwind und ausdauernd im Laufen sind. Binos schreibt: «Ich habe gemeine arabische Pferde gesehen, die sehr mager und so verhungert aussahen, daß man hätte glauben sollen, sie

*) Der obenerwähnte englische Kapitain Gwatkins führt mehrere Beispiele von der Geschwindigkeit arabischer Pferde auf den englischen Rennbahnen in Ostindien an. Der arabische Hengst Bukfoot lief drei (englische) Meilen, 9 Stein tragend, in 6 Minuten 8 Sekunden, und hat ein andersmal zwei Meilen in 3 Minuten 56 Sekunden zurückgelegt. Die Stute Salonika lief drei englische Meilen in 6 Minuten und 12 Sekunden. Der Araber Fitz James lief zwei englische Meilen in 4 Minuten und 3 Sekunden, und ein andersmal dritthalb Meilen in 5 Minuten und 10 Sekunden. Slybots, ein sehr ausgezeichnetes arabisches Pferd, siegte beim Rennen von zwei Meilen in 5 Minuten und 1 Sekunde, und that dasselbe im zweiten Rennen. Don Juan (ein schönes kleines Pferd) konnte anderthalb Meilen in 2 Minuten und 39 Sekunden zurücklegen. Solche Beispiele erzählt Gwatkins noch mehrere, und sagt dann am Schlusse: "Diese Resultate werden hoffentlich die Gegner der arabischen Pferde zu einem günstigern Urtheile über den Werth des edleren Blutes veranlassen. Man kann sich nicht genug hüten, die Eigenschaften des arabischen Pferdes nach der großen Zahl Pferde von geringerer Art schätzen zu wollen, welche in Folge von Spekulationen ununterrichteter und unerfahrener Partikularen nach England (und man darf hinzusetzen: auch nach Deutschland) transportirt werden.» (v. Wachenhusen's Zeitung für Pferdeliebhaber, 5r Jahrg. S. 42 u. 68.) dann von Hochstetter's Zeitschrift für Gestüte und Reitbahnen 1831 1r Bd. 1s Hft. S. 38).

müßten vor Elend umfallen, und doch rannten sie mit einer unglaublichen Schnelligkeit» [22]).

Die ausnehmenden Naturkräfte der arabischen Pferde offenbaren sich aber vornämlich durch ihre große

Stärke und Dauerhaftigkeit.

Die Araber selbst schätzen diese Eigenschaften, nebst Schnelligkeit über Alles, weil ihnen bei ihren beständigen Streifereien, und bei den Fehden mit ihren Nachbarn, schnelle und dauerhafte Pferde höchst nützlich sind.

Howel bemerkt: «Die arabischen Pferde sind nicht groß, aber muthig und sehr stark» [23]). Thevenot meint: «Sie sind stark und nicht zu ermüden» [24]). Degrandpré sagt von den Pferden der Landschaft Yemen: «Sie sind von ausnehmender Stärke» [35]). und Sonnini von den Pferden der großen arabischen Wüste: «Diese Pferde können die größten Anstrengungen und Beschwerden ertragen, ohne dabei ihren unvergleichlichen Muth zu verlieren; sie sind unermüdlich und von einer unbegreiflichen Stärke» [26]). Nicht weniger sprechen glaubwürdige Zeugnisse für ihre Dauerhaftigkeit. Burkhardt sagt: «Wenn die Beduinen-Araber in einer ebenen Gegend miteinander kämpfen, so werden die Flüchtigen von dem siegenden Feinde häufig drei, vier und fünf Stunden weit in vollem Galopp verfolgt; ja man erzählt Fälle, daß auf diese Weise der fliehende Feind einen ganzen Tag lang verfolgt worden ist. So etwas läßt sich nur mit der Pferderace der Beduinen ausführen, und deßhalb preist auch der Beduine seine Stute nicht so sehr ihrer Schnelligkeit, als ihrer unermüdlichen Kraft halber» [27]). — Andere Reiseude bestätigen dieß. Wie Tournefort, Graf Ferrieres Sauveboeuf und andre berichten, soll man in Arabien öfter Pferde finden, die im Stande sind, dreißig französische (oder ungefähr achtzehn deutsche) Meilen zu durchlaufen, ohne unterdessen abgezäumt zu werden» [28]. Ja noch mehr. Fouche d'Obsonville sagt: «Es giebt mitunter arabische Pferde, die in dringenden Fällen einen Weg von hundert französischen (ungefähr sechszig deutsche) Meilen zurücklegen können, ohne besonders davon angegriffen, und ohne unterdessen abgezäumt zu werden» [29].

So unglaublich dieß scheint, so läßt sich die Wahrheit doch kaum bezweifeln, da auch von andern Pferden ähnliche Beispiele bekannt sind *), und weil auch mehrere glaubwürdige Männer es bestätigen. Einem Reisenden, Namens Mariti, war die große Dauerhaftigkeit der arabischen Pferde so auffallend, daß er sagte: «Je stärker diese Pferde laufen, desto mehr Kräfte scheinen sie zu sammeln» [30]. Chardin erzählt, daß man in Persien die Stärke und Dauerhaftigkeit der arabischen Pferde folgendergestalt prüft. Man reitet sie erstlich dreißig Stun-

*) So z. B. erzählt der Graf Ferrieres Sauveboeuf, daß Kerim, Khan. Regent von Persien, einst nach einer verlornen Schlacht auf einem tatarischen Pferde (wahrscheinlich soll es heißen: turkomanischen Pferde) in zweiundfünfzig Stunden von Schiras nach Ispahan geritten sey, welches doch 120 französische (oder 72 deutsche) Meilen von einander entfernt ist. (Siehe dessen Reise in die Türkei und Arabien, S. 152). — Zu Beurtheilung solcher Nachrichten dürfen wir unsere europäischen Pferde nicht zum Maaßstabe nehmen; dieß wäre gefehlt. Daß die Pferde in den Morgenländern überhaupt schneller und ausdauernder zum Reiten sind, als die unsrigen, behaupten alle Sachverständigen. Auch suchen wir ja deßhalb unsere Pferde mittelst Paarung mit jenen zu verbessern und zu veredeln.

den unausgesetzt und sehr geschwind, und führt sie hernach bis an die Brust ins Wasser und giebt ihnen zugleich etwas Gerste zu fressen. Nur alsdann, wenn sie diese sogleich begierig verzehren, soll man sie für ächtarabische Pferde erkennen [31]). Von einer ähnlichen Probe, die bei den Arabern in Kermensir üblich seyn soll, erzählt Olivier, wobei er jedoch zugleich bemerkt, daß manchmal Pferde derselben unterliegen» *) [32]).

Andere haben einzelne Beispiele von der großen Dauerhaftigkeit der arabischen Pferde erzählt, die nicht weniger auffallend sind. So z. B. erzählt Arvieux: «Der arabische Emir Turabey hatte eine Stute, die ihm durch ihre außerordentliche Geschwindigkeit und Dauerhaftigkeit das Leben gerettet hat. Er mußte vor seinen Feinden fliehen, die ihm auf dem Fuße nachfolgten, und die Stute lief mit ihm drei Tage und drei Nächte ohne Futter und Getränke fast ununterbrochen fort, bis er sich in Sicherheit befand. Aus Dankbarkeit verkaufte er sie nachher niemals, ließ sie auch nicht anbinden, sondern stets frei umhergehen» [33]). Arvieux versichert, diese Stute selbst gesehen zu haben, und sagt: «Sie hatte eine vorzügliche Größe, besaß viel Schönheit und eine unbegreifliche Schnelligkeit und Ausdauer, auch war sie ihrem Herrn nicht um fünftausend Thaler feil.»

---

*) Diese Erzählungen sind etwas stark; jedoch sind beide obengenannte Reisende als sehr glaubwürdige Männer bekannt. Geben wir indessen auch zu, daß man sie vielleicht etwas übertrieben in dieser Sache berichtet hat: so läßt sich doch daraus entnehmen, welche hohe Begriffe man in den Morgenländern von der Dauerhaftigkeit der arabischen Pferde habe.

Ein ähnliches merkwürdiges Beispiel, welches beweiset, daß auch manche halbedlen Pferde ungemein stark und ausdauernd sind, erzählt Fouche d'Obsonville mit folgenden Worten: «Ich mußte im Jahre 1770 durch die Wüste Dgezira in Mesopotamien reisen, um mich von Mosul nach Mardin zu begeben. Da ich nicht Gelegenheit hatte, mit einer Karawane *) reisen zu können, so gesellte ich mich nebst meinen Bedienten zu zwei Tatarn, die, als Kouriere des Pascha's von Bagdad, dieselbe Strasse zogen. Wir ritten drei Tage und zwei Nächte hintereinander fort und fast beständig Trab. Nur bei Sonnenaufgang machten wir einige Stunden Halt, um unsern Pferden Gerste zu geben, und um eine Tasse Kaffee zu trinken und etwas zu essen. Des Abends, mit Sonnenuntergang widmeten wir eine gleich kurze Zeit ähnlichen Beschäftigungen. Und doch hielten mein und des Bedienten Reitpferd, beide von halbedler arabischer Race(Hatiks), die ich ungefähr für 200 Livres (96 Gulden rhein.) das Stück gekauft hatte, diese übertriebene Strapatze sehr gut aus» [84]).

Ebenso hat man Beispiele von der Stärke und Dauerhaftigkeit der gemeinen Pferde. Mirza Abu Taleb Khan schreibt: «Ich ritt mit einem gemeinen arabischen Pferde, das ganz das Ansehen eines schlechten Kleppers hatte, in fünf Tagen durch die Wüste von Nisibin nach Mosul (zweihundert englische, oder vierzig deutsche Meilen). Während dem wurde ihm weder der Sattel abgenommen, noch die Gurte losgeschnallt; auch bekam es sonst nichts zu

*) Was eine Karawane ist, habe ich schon in einer Anmerkung des dritten Kapitels S. 105 gesagt.

fressen, als das wenige schlechte Gras, das sich beim jedesmaligen Haltmachen am Wege fand; und doch war es bei meiner Ankunft in Mosul munter und frisch, und paradirte noch, als ich in diese Stadt einritt. Kurz, keine Pferde in der Welt gleichen den arabischen» [35].

Wie sich die Stärke und Dauerhaftigkeit der arabischen Pferde zu jener der andern morgenländischen Racen verhält, läßt sich wegen Mangelhaftigkeit der Nachrichten nicht genau angeben. Indessen ist auch das Wenige, was einige Reisende hievon berichten, interessant. Sonnini schreibt: «Die ägyptischen Pferde stehen den arabischen an Stärke und Dauerhaftigkeit zwar nach, doch fehlt es ihnen auch nicht an diesen Eigenschaften; nur besitzen sie solche in einem geringern Grade» [36]. Macdonald Kinneir bemerkt: «Die armenischen Pferde sind groß und stark gebaut, aber nicht so brauchbar zu langen Reisen, als die arabischen» [37]; das heißt mit andern Worten: sie sind nicht so stark und dauerhaft. Von den persischen Pferden schreibt Jourdain: «Diese Pferde sind unstreitig die schönsten in der Welt; allein an Stärke und Dauerhaftigkeit kommen sie den arabischen nicht gleich» [38]. Daß die nubischen Pferde weniger stark und dauerhaft sind, als die arabischen, ergiebt sich aus den Reiseberichten von Browne und Burkhardt. Von den turkomanischen Pferden sagt Kerporter: «Für den positiven Dienst sind diese Pferde vorzüglicher, als die persischen; allein so stark und ausdauernd, wie die arabischen, sind sie nicht» *) [39].

*) Dieß ist auch glaubwürdig, da die Turkomanen arabische Hengste zur Verbesserung ihrer Landeszucht verwenden. (Siehe die Einleitung S. 9.)

Wie sich die Stärke und Dauerhaftigkeit der tatarischen Pferde zu der der arabischen verhalte, läßt sich aus den Berichten der Reisenden nicht entnehmen. Indessen scheint der englische General Malcolm (der ein guter Pferdekenner war) Recht zu haben, wenn er sagt: « Das arabische Pferd hat an Schnelligkeit, Stärke, und Ertragung von Strapatzen, seines Gleichen in der ganzen Welt nicht » [40]).

Nicht weniger bewunderungswürdig, als die Stärke und Dauerhaftigkeit der arabischen Pferde, ist ihre

Schnellkraft im Springen.

Die Reisenden erzählen hievon Beispiele, die unglaublich scheinen. So z. B. erzählt der französische Thierarzt Damoiseau, der im Jahre 1819 in Syrien war, Folgendes: « Eines Tages — sind seine Worte — als wir einen Bach durchritten, setzte der erst unlängst gekaufte arabische Hengst Massoud mit einem Sprunge darüber. Der Reiter wurde so hoch weggetragen, daß sein Turban an einem Baume hängen blieb. Der Sprung war wenigstens 15 Fuß breit; Massoud that dieß spielend. Der Reiter (ein Türke) anfangs erschrocken, stieg alsbald ab, küßte die Füsse des edlen Pferdes, und erhob sich in Lobpreisungen bis zum höchsten Enthusiasmus » [41]).

Der Graf Rzewusky schreibt: « Man erzählte mir zu Nikolaief bei dem Kapitain Pascha Ramis von einem arabischen Pferde, das einem Straßenräuber, Namens Kieroglu, gehörte, welcher mit seiner Bande in den Wäldern bei Boli hausete. Sein Schlupfwinkel war auf einer viereckigen Insel, die von einem sechszehn Fuß breiten Graben ohne Brücke umflossen war. Ueber diesen Graben setzte der Räuber, sein Sohn und ein Neger mit ihren arabischen Pferden; die übrigen von der Bande konnten nicht hinein, weil ihre Pferde nicht überzusetzen vermochten» [42]).

Von dem großen Sprunge eines arabischen Pferdes in England erzählt Brown Folgendes: «Vor einigen Jahren — sind seine Worte — entlief zu Greenok ein schönes arabisches Pferd dem Reitknechte, jagte mit großer Geschwindigkeit auf die trockene (Schiffs-) Docke zu *), und da es sich am Rande derselben nicht im Laufe aufhalten konnte, so sprang es, etwa dreißig Fuß tief, auf den mit Fliesensteinen gepflasterten Boden hinab, wo es auf die Beine zu stehen kam, und nicht den geringsten Schaden erlitt. Es trabte in der Docke umher, und nachdem es sich darin orientirt hatte, sprengte es mit der größten Leichtigkeit die äußerst steilen Treppenstufen hinauf, auf deren Höhe es eingefangen wurde. Es hatte durch diesen merkwürdigen Sprung in keiner Art gelitten» [43]).

Auffallend ist, daß die arabischen Pferde sehr stark und kraftvoll sind und doch dabei eine

große Mäßigkeit im Fressen

zeigen, was sonst bei andern Pferden nicht der Fall ist. Es ist beinahe unglaublich, was manche Reisende hievon

---

*) Docke nennt man in der Schiffsbaukunst den Ort im Hafen, wo die Kriegsschiffe und Galeeren liegen und daselbst ausgebessert und kalfatert oder neuerbaut werden. Nach der Benutzung der Docke ist auch ihre Anlage. Entweder ist sie trocken und erhält erst durch Schleusen Wasser, oder sie ist an sich voll Wasser. In oben erzähltem Falle war sie trocken.

erzählen; allein man muß bedenken, daß die Pferde in den heißen Klimaten überhaupt viel genügsamer im Futter sind, als die der nördlichen Länder, und daß die Araber ihre Pferde von der frühesten Jugend an zur Mäßigkeit gewöhnen, weil der große Futtermangel in den Wüsten dieß schlechterdings erheischt. In der Regel bekommen ihre Pferde täglich nicht mehr, als fünf bis sechs Pfund Gerste, die ihnen auf ein oder zweimal dargereicht wird, und zweimal Wasser zu trinken, und dessenungeachtet sind sie munter, muthig und stark *).

So ist ihre Verpflegung das ganze Jahr hindurch zu Hause, aber auch auf der Reise geht es nicht besser her. Ein ungenannter Reisender sagt: « Wenn die Araber Karawanen durch die Wüste begleiten, müssen ihre Pferde von Sonnenaufgang bis Sonnenuntergang ihre Reiter tragen, und dieß in einem so heißen Lande, ohne daß dazwischen Halt gemacht wird, und ohne ihnen ein Mittagsfutter zu geben. Auch bekommen sie unterdessen nichts zu trinken, es seye denn, daß man gerade auf eine Wasserquelle stieße, was aber in diesem wasserarmen Lande selten geschieht. Nur Abends, wenn Lager geschlagen ist, bekommt jedes Pferd ungefähr sechs Pfund Gerste in einem Futtersacke zu fressen» 44).

Andere Reisende erzählen, mit wie wenig Futter und Getränke diese Pferde im Nothfalle sich begnügen, und wie lange sie Hunger und Durst ertragen können. Sonnini berichtet: «Die Pferde der Beduinen begnügen sich einmal in vierundzwanzig Stunden mit einigen Händen

*) Siehe das zwanzigste Kapitel, welches von der Wartung und Fütterung der Pferde handelt.

voll gedörrter Bohnen oder Gerste, und können drei Tage, ohne zu trinken, trotz der Gluth der Sonne und der erstickenden Hitze, zubringen, die die Bahn ihres reissenden Laufes zurückwirft» [45]. Der Graf Ferrieres schreibt: «Die arabischen Pferde können zwei Tage in der brennendsten Hitze in der Wüste fortlaufen, ohne einmal zu trinken, und ohne etwas anders, als etliche schlechte Kräuter zu fressen» [46]. Tavernier bemerkt: «Die arabischen Pferde in der Gegend von Bassora könuen dreißig Stunden ohne Futter und Getränke marschieren» [47]. Allein das können nicht bloß diese, sondern überhaupt alle arabischen Pferde. Ja noch mehr. Der General von Minutoli (der gewiß ein glaubwürdiger Mann ist) sagt: «Man kennt Fälle, daß ein arabisches Pferd zweimal vierundzwanzig Stunden kein Futter genoß, und dennoch thätig und ausdauernd blieb» *) [48]. Ferner schreibt Arvieux: «Wenn die Feinde der Araber diese unterjochen wollten, müßten ihre Pferde, wie die arabischen, Hunger und Durst aushalten können; denn durch diese werden sie oft zwei bis drei Tage fortgebracht, ohne daß sie etwas fressen oder saufen» **) [49].

Eine andere schätzbare Eigenschaft der arabischen Pferde ist ihr

*) Volney rühmt dieses auch von den Beduinen selbst, und Kapitain Lyon versichert, daß die Araber in Afrika drei bis vier Tage ohne anscheinende Unbequemlichkeit ohne Lebensmittel zubringen können (Magazin der Reisebeschreib. 40r Bd. S. 261).

**) Von den Pferden der Tatarn und Kalmücken wird dasselbe erzählt. Unter den Pferden der letztern soll es viele geben, die im Stande sind, drei bis vierhundert englische (oder sechszig bis achtzig deutsche) Meilen, ohne sonderliche Nahrung binnen drei

lebhaftes, muthvolles Temperament.

Wenn Sonnini sagt: «Das morgenländische Pferd ist eben so feurig, als die Luft, die es einathmet, und demohngeachtet außerordentlich sanft» [50]): so gilt dieß vornämlich von den arabischen Pferden, indem diesen wenig andere morgenländische Pferde an Feuer und Lebendigkeit gleichkommen. Zwar verhalten sie sich für gewöhnlich ruhig, und sind sehr geduldig; allein gerathen sie einmal in Hitze, dann ist alles Leben und Regsamkeit an ihnen, alle ihre Glieder sind in Bewegung, ihre großen Augen funkeln von Feuer und dann — sagt Macdonald Kinneir — kann man erst ihre ganze Schönheit erkennen. Auch wird ihr Muth und ihre Unerschrockenheit sehr gerühmt. Wie die Araber versichern, sollen sie sich muthig in das Schlachtgetümmel stürzen, im Gefechte weder Blut noch Wunden achten u. dgl. mehr. Lassen wir die Wahrheit hievon auch dahingestellt seyn, so ist es doch gewiß, daß die arabischen Pferde keinen andern Pferden in der Welt an Muth und Kühnheit nachstehen. Scott Waring schreibt: «Die Perser gestehen selbst ein, daß ihre Pferde weniger muthig sind, als die arabischen. Sie sagen, daß, wenn ein arabisches Pferd verwundet wird, es der Gefahr entgegen gehen wird, ein persisches hingegen sie stets zu vermeiden sucht» [51]).

Für diejenigen, welche an dem Muthe der arabischen Pferde vielleicht zweifeln, will ich ein Beispiel hersetzen,

---

bis vier Tagen, und ohne Nachtheil für ihre Gesundheit zurücklegen. (Siehe Bergmanns nomadische Streifereien unter den Kalmüken, und die Werke von Duhalde, Gmelin, Pallas und Andere mehr).

welches der berühmte Gelehrte und Staatsmann Chateaubriand mittheilt: «Man erzählt — schreibt er — eben da ich in Jerusalem war, von dem wunderbaren Muthe einer arabischen Stute. Der Beduine, der sie ritt und von den Häschern des Gouverneurs verfolgt wurde, hatte sich mit ihr von einem Gipfel der Gebirge, welche Jericho beherrschen, herabgestürzt. Im gestreckten Galopp und ohne zu stolpern, sprang die Stute beinahe senkrecht bis zur Tiefe herab, und ließ die nachsetzenden Häscher vor Bewunderung und Erstaunen über diesen Sprung außer sich zurück. Aber unter dem Thore von Jericho stürzte die arme Gazelle (so hieß die Stute) zusammen, und ihr Herr, welcher sich von ihr nicht trennen wollte, wurde weinend auf dem leblosen Körper seines getreuen Pferdes gefangen genommen» [52]).

Was endlich noch die

Gemüthsart

der arabischen Pferde betrifft, so rühmen alle Reisenden ihre Sanftmuth und Frömmigkeit. Rousseau schreibt: «Man findet sie fast immer frei von Untugenden und von einem so gutmüthigen Naturell, daß sie sich von Weibern und Kindern warten lassen [53]). Auch der Graf Ferrieres sagt: «Sie sind sehr fromm und haben selten Untugenden und noch seltener Nicken. Ein Kind kann sich auf sie setzen; und wenn der Reiter aus Ungeschicklichkeit heruntergefallen ist, so stehen sie stille, damit er wieder aufsteigen kann» [54]). Dasselbe berichten auch Fouche, de la Roque, Arvieux, Mariti und Andere mehr, welche alle wörtlich anzuführen überflüssig wäre.

Daß diese gute Gemüthsart vornämlich von der sanften Erziehung und Behandlung herrührt, welche man diesen Pferden von frühester Jugend an wiederfahren läßt, geben die Berichte der Reisenden deutlich zu erkennen. So z. B. schreibt Russel: «Die Pferde Arabiens zeichnen sich merklich durch ihre Sanftmuth aus, welche sie ohne Zweifel der gütigen Art, wie man sie erzieht, und wie ihre Herren sie auch noch nachher behandeln, verdanken» [55]. Ferner schreibt Hr. General v. Minutoli: «Wenn man auch einiges, was von den Tugenden der arabischen Pferde erzählt wird, auf Rechnung der Leichtgläubigkeit setzen muß: so bleibt es nichts desto weniger wahr, daß diese Pferde viele und große Vorzüge vor den unsrigen besitzen. Diese Vorzüge rühren wohl theilweise von der Lokalität, aber auch nicht minder von der Zucht und Erziehung her, die viel sorgfältiger, als die unsrige ist; denn der Araber behandelt sein Pferd als ein Mitglied seiner Familie, das heißt: mit Sorgfalt und Sanftmuth. Daher darf es nicht befremden, wenn dieß edle Thier seltener die Fehler unserer europäischen Pferde an sich trägt, die wir gemeiniglich nur der Pflege roher, und sie nicht selten mißhandelnder Söldlinge anvertrauen. Aus diesem Grunde sind die arabischen Pferde bei großer Lebhaftigkeit doch sanft, so daß sie sich leicht durch Weiber und Kinder warten lassen, und treu und brav, während die unsrigen oft tückisch, unlenksam und feige sind» [56].

Auch Seetzen bemerkt: «Daß die Pferde bei der sanften Behandlung, welche die Araber ihnen wiederfahren lassen, mit dem Menschen vertrauter werden, als bei uns, wo oft in dunkeln Ställen ein mürrischer Stallknecht sie die Ochsensehne oder Peitsche unverschuldet fühlen läßt, ist begreiflich; es ist sohin ihre Frömmigkeit Folge der Erziehung, und durchaus nicht des Klimas oder eines angebornen Adels» [57]).

Bekanntlich ist es ein Grundgesetz der Natur, daß alle Thiere, die spät zu ihrer Vollkommenheit gelangen, ungemein dauerhaft sind, und gewöhnlich ein hohes Alter erlangen. Dies offenbart sich auch bei den arabischen Pferden. Sie wachsen langsamer, als unsere europäischen Pferde, und bilden sich später aus, so daß sie erst nach vollendetem sechsten Jahre ihre vollen Kräfte erlangen. Aber dagegen sind sie auch desto dauerhafter und gesünder, und erreichen mehrentheils ein hohes Alter. Arvieux schreibt: «Sie haben eine feste dauerhafte Constitution und werden nicht nur sehr alt, sondern zeigen auch noch im hohen Alter viel Munterkeit und bleiben gewöhnlich dienstfähig bis an ihren Tod. Dabei sind sie meistens gesund und lange nicht so vielen Krankheiten unterworfen, als unsere Pferde» [58]).

Dieses ist Alles, was ich aus den Nachrichten der Reisenden, die in den Morgenländern waren, über die Eigenschaften der arabischen Pferde gesammelt habe. Sollte auch vielleicht mancher von ihnen in dem Lobe derselben etwas zu weit gegangen seyn, oder das Gesagte nicht auf alle Individuen und nur auf die von der besten Art anwendbar seyn; so läßt sich dennoch aus den vielen übereinstimmenden Zeugnissen entnehmen: daß, im Ganzen betrachtet, die arabischen Pferde, hinsichtlich der Vollkommenheit in den Eigenschaften, ihres Gleichen nicht haben.

Indessen muß ich der Wahrheit gemäß sagen, daß sie bei alledem nicht zu jeder Dienstleistung gleich brauchbar sind. Als Zugpferde haben sie nur einen geringen Werth, weil ihnen die zum Ziehen erforderliche Größe und Stärke des Gliederbaues mangelt; weßhalb sie auch in dieser Hinsicht andern, und selbst unsern deutschen Pferden nachstehen. Sie werden aber auch von den Arabern bloß zum Reiten, und niemals zu einer andern Arbeit verwendet, bloß die gemeinen Pferde auch manchmal (obwohl selten) zum Lasttragen.

Insoferne man sie aber als Reitpferde gebraucht, sind sie dagegen desto vortrefflicher, weil sie alle hiezu erforderlichen Eigenschaften (Leichtigkeit, Geschwindigkeit, Stärke, Dauerhaftigkeit u. s. w.) in hohem Grade besitzen. Insonderheit aber werden sie als leichte Reitpferde und als vorzüglich geschickt zum Kriegsdienste (Kriegsreitpferde) sehr geschätzt; daher denn auch in einem großen Theile von Europa, Asien und Afrika alle Fürsten und Großen keine Pferde lieber im Kriege reiten, als edle arabische. Graf Rzewusky sagt: «Die Kohlans (edlen Pferde) haben ausgezeichnete Eigenschaften für den Gebrauch im Kriege. Sie haben ein ungemein scharfes Gesicht, und verlieren selbst in der Nacht den Weg nicht, wenn er auch nur wenig bezeichnet ist. Ihr Gehör ist sehr scharf, und das geringste Geräusch, selbst aus der größten Entfernung, verrathen sie ihrem Herrn durch Zeichen von Unruhe; daher ist auch, wie mich gefangene Türken versichert haben, ein Araber noch niemals auf seinem Pferde überfallen worden. Angetrieben im Laufe, besitzen sie viel Athem und können einen sehr weiten Weg zurücklegen. Man hat sie in vierundzwanzig Stunden dreißig französische Meilen (lieues) zurücklegen sehen. Sie überspringen die breitesten Gräben mit großer Leichtigkeit und schwimmen sehr gut u. s. w.» [59]).

Indessen wollen einige beobachtet haben, daß diese trefflichen Pferde an ihren guten Eigenschaften verlieren, wenn sie in das Ausland gebracht werden. So z. B. meint der Graf Ferrieres Sauveboeuf: «In den heißen Ländern sind die arabischen Pferde höchst nützlich; aber in gemäßigtern arten sie aus, und verlieren an Stärke und Dauerhaftigkeit, so daß eben das Pferd, das in den arabischen Ebenen unermüdlich ist, in einem gebirgigen Lande und in einem gemäßigtern Himmelsstriche wenig taugt (?)» [60]). — Daß dieß viel zu viel behauptet sey, ist augenscheinlich; indessen meint doch auch Niebuhr, daß die arabischen Pferde schon in dem warmen Klima von Aegypten etwas an Feuer und Stärke verlieren [61]).

Ferner will man auch in Europa wahrgenommen haben, daß sie ihre guten Eigenschaften nicht lange in gänzlicher Vollkommenheit behalten; und daß sie daher auch bei uns nicht jene überaus große Schnelligkeit, Stärke und Ausdauer zeigen, wie in ihrem heißen Vaterlande. Es scheint, als wenn ihnen unser kaltes Klima und die Veränderung der Nahrung nach und nach einen Theil ihrer angeborenen Energie entziehet *). Hr. Graf Rzewus-

*) Daß der schnelle Uebergang aus einem heißen zu einem kalten Klima, und umgekehrt, aus einem kalten zu einem heißen Klima, bedeutenden Einfluß auf Menschen und Thiere habe und ihnen oftmals verderblich werde, ist unläugbar. Allein es ist auch wahr, daß das Pferd ein sehr biegsames Naturell besitzt, und daß es beinahe unter allen Himmelsstrichen fortkommen könne,

ky sagt: «Sie sind bei uns im Allgemeinen delikat und empfindlich gegen äußere Eindrücke wegen ihrer dünnen Haare und feinen Haut; daher sterben in unserm Klima viele frühzeitig, wenn man sie nicht zu behandeln weiß. Die Kälte ertragen sie nicht gut, und oft macht sie die Veränderung des Klima's und der Nahrung krank, verdirbt ihr Blut, und legt den Grund zum Rotz. Das erste Jahr unter einem fremden Himmelsstriche ist für sie allemal das gefährlichste. Man muß ihnen deßhalb den Leib warm halten. Der Haber ist ihnen nicht gesund; die Gerste bekommt ihnen besser. Was das Heu betrifft, so muß man ihnen nie davon geben, denn sie vertragen dessen Genuß nicht mit Gesundheit *). Feines Gerstenstroh bekommt ihnen am besten» [62].

---

wenn ihm auch nicht jeder gleich zuträglich ist. Vermöge dieses biegsamen Naturells gewöhnen sich auch die arabischen Pferde nach und nach an unser kaltes Klima, und nur die erste Zeit nach ihrer Ankunft ist für sie immer gefährlich. Haben sie diese einmal überstanden, so sind sie auch bei uns vortreffliche Dienstpferde, wiewohl ich gerne zugebe, daß sie im Ganzen dennoch etwas an Geschwindigkeit und Stärke verlieren, weil die Bedingungen unter welchen sich diese Eigenschaften so vollkommen entwickelt haben (warmes Klima und arabische Nahrung), bei uns fehlen.

*) Ich muß gestehen, ich habe arabische Pferde Haber und Heu ohne Nachtheil für ihre Gesundheit lange Zeit hindurch fressen sehen. Nur muß man sie nach und nach daran gewöhnen, weil ihnen diese Fütterung von ihrer Heimath her fremde ist. Auch müssen die Futterportionen immer nur mäßig seyn, damit sie nicht zu leibig oder gar fett werden, sondern stets einen mittelmäßigen Leib behalten; dieß trägt viel zur Erhaltung ihrer Gesundheit bei. Auch ist fleißige Bewegung und ein warmer Stall, überhaupt Schutz gegen Kälte, höchst nothwendig, wenn sie gesund bleiben sollen.

[1]) Fouche a. a. O., S. 188. [2]) Niebuhr, Arvieux, Fouche u. s. w. [3]) Huzard a. a. O., S. 117. [4]) Sonnini a. a. O., 2. Bd. S. 87. [5]) Fundgruben des Orients, 2. Bd. S. 276. [6]) Mariti's Reisen in Syrien, 2. Bd. S. 223. [7]) Arvieux's a. a. O., S. 69. [8]) Barthema's Reisen in Arabien, Persien u. s. w., S. 124. [9]) Fundgruben u. s. w., 5. Bd. S. 58. [10]) v. Wachenhusen's Pferdezeitung, 8. B. S. . [11]) Thompson travels through Turkey p. 620. [12]) Wittmann's Reisen in die Türkei, 2. Bd. S. 183. [13]) Sonnini a. a. O., 2. Bd. S. 89, [14]) Thompson a. a. O., S. 611. [15]) Chardin voyage T. IV. p. 118. [16]) Fouche a. a. O., S. 182. [17]) Bertuch's Bibliothek der Reisebeschreib., 27. Bd. S. 421. [18]) Russel's Naturgeschichte von Aleppo, 2. Bd. S. 55. [19]) Sonnini a. a. O., 2. Bd. S. 89. [20]) John Lawrenze the History and delineation of the Horse p. 281. [21]) Wachenhusen's Pferdezeitung, 5. Bd. S. 67. [22]) Sammlung der Reisebeschreib., 8. Bd. S. 201. [23]) Beiträge zur Länder- und Völkerkunde, 5. Bd. S. 140. [24]) Thevenot voyage T. I. c. III. [25]) Degrandpré's Reisen nach Indien und Arabien, S. 341. [26]) Sonnini a. a. O., 2. Bd. S. 88. [27]) Burkhardt's Bemerk. über die Beduinen, S. 248. [28]) Tournefort's Reise in Europa, Asien u. s. w., 2. Bd. S. 251. [29]) Fouche a. a. O., S. 182. [30]) Mariti a. a. O., 2. Bd. S. 223. [31]) Chardin a. a. O., 5. B. S. 118. [32]) Olivier's Reisen rc. 2. Bd. S. 138. [33]) Arvieux a. a. O., S. 67. [34]) Fouche a. a. O., S. 190. [35]) Mirza Abu Thaleb Khan's Reisen in Europa und Asien, S. 251. [36]) Sonnini a. a. O., 2. Bd. S. 89. [37]) Bertuch's Bibliothek der Reisebeschreib., 27. Bd. S. 422. [38]) Jourdain la Perse T. I. pag. 57. [39]) Kerporter's Reise in Persien, Armenien u. s. w. 2. Bd. S. 470 u. 481. [40]) Malcolm's Geschichte von Persien, 1. Bd. S. 141. [41]) v. Hochstetter's Monatschrift 1832. 1. Bd. S. 95. [42]) Fundgruben, 5. Bd. S. 57. [43]) Brown's Skizzen und Anekdoten von Pferden, S. 172. [44]) Sammlung der Reisebeschreib., 11. Bd. S. 293. [45]) Sonnini a. a. O., 2. Bd. S. 88. [46]) Ferriere's Reisen in die Türkei und Arabien, S. 163. [47]) Tavernier's Reisebeschreib., 1. Bd. S. 152. [48]) Minutoli, über Pferdezucht in Aegypten, S. 70. [49]) Arvieux a. a. O., 3. Bd. S. 231. [50]) Sonnini a. a. O., 2. Bd. S. 89. [51]) Scott Waring a. a. O., S. 184. [52]) Chateaubriand's Reise nach Jerusalem, 2. Bd. S. 149. [53]) Fundgruben 3. Bd. S. 67. [54]) Ferriere a. a. O., S. 163. [55]) Russel a. a. O., 2. Bd. S. 56. [56]) Minutoli a. a. O., S. 70. [57]) Fundgruben, 2. Bd. S. 276. [58]) Arvieux's Nachrichten, 3. Bd. S. 231. [59]) Fundgruben, 5. Bd. S. 58. [60]) Ferrieres a. a. O., S. 164. [61]) Niebuhr's Reise und Beobachtungen durch Aegypten und Arabien, 1. Bd. S. 114. [62]) Fundgruben, 5. Bd. S. 57. —

Vierzehntes Kapitel.

Von der Wahl und Paarung der edlen Pferde.

Wie die Araber bei der Wahl und Paarung ihrer edlen Pferde zu Werke gehen, ist nicht genau bekannt. Das Wenige, was die Reisenden davon berichten, ist indessen zu interessant, als daß ich es hier nicht vollständig mittheilen sollte.

Die Grundsätze und Regeln, welche die Araber bei der Wahl ihrer Zuchtpferde von edler Art beobachten, sind von den unsrigen verschieden. Wir sehen bei der Wahl unserer Zuchtpferde gewöhnlich zuerst auf Schönheit, und dann erst auf gute Eigenschaften; bei den Arabern ist dieß gerade umgekehrt. Man ersieht dieß vornämlich aus der Art, wie sie für ihre Stuten die Beschäler auswählen. So oft sie nämlich unter mehreren Hengsten von gleicher Abkunft (oder gleichem Adel) die Wahl haben, geben sie allemal demjenigen den Vorzug, welcher die größte Schnelligkeit besitzt, und die meiste Stärke und Ausdauer zeigt *).

*) Dieses Verfahren der Araber läßt sich leicht erklären. Einem wandernden Volke, das in beständigen Fehden mit seinen Nachbarn lebt, und seine Feinde allemal durch plötzlichen Ueberfall angreift, und wenn dieser fehl schlägt, wieder schnell zur Flucht

Die Schönheit des Körperbaues kommt dabei weit weniger in Betracht, und wird gleichsam nur als Nebensache angesehen; doch halten sie (wie Arvieux sagt) auf einen fehlerfreien Bau. Und so verfahren sie auch bei der Auswahl der Stutfohlen, die sie zu Mutterpferden bestimmen *) [1].

Die erste und unerlässigste Forderung, welche die Araber an einen Beschäler machen, ist aber immer, daß er von reinedler Abkunft ist, weil sonst seine Fohlen nicht vollbürtig, sondern nur halbedel (Hattiki) seyn würden. Der bekannte Reisende Graf Ferrieres Sauveboeuf schreibt: «Ueberhaupt sehen die Araber eben nicht auf Schönheit, sondern halten nur auf unvermischte Abkunft, weil das Pferd dann vortreffliche Eigenschaften hat. Man will sogar bemerkt haben, daß ein Fohlen von

---

sich wendet, muß Alles daran gelegen seyn, schnelle und dauernde Pferde zu haben.

*) Haben sie wohl Unrecht? — Ich glaube nicht! Denn gewiß sind vorzügliche Eigenschaften an den Pferden den Menschen weit nützlicher, als bloße Schönheit. Letztere ist nur höchst schätzbar im Verein mit guten Eigenschaften, was aber nicht immer beisammen gefunden wird. Ueberhaupt verfahren alle Nationen, welche durch ihre Pferdezucht berühmt sind, auf obige Weise. Gerbillon bemerkt von den Tatarn und Mongolen, daß sie bei ihren Zuchtpferden mehr auf Schnelligkeit, Stärke und Dauerhaftigkeit, als auf Schönheit und Größe sehen. Von den Czirkassen schreibt Pallas: "Bei ihrer Pferdezucht sehen sie weniger auf Schönheit, als auf Stärke, Dauerhaftigkeit gegen Hunger und Strapatzen, und auf Schnelligkeit im Laufen.» Auch von den Engländern ist bekannt, daß sie bei der Zucht ihrer Vollblut- und Jagdpferde auf eben diese Art verfahren. Mit Recht sagt daher Justinus: "So lange die Araber und Engländer nur Pferde von erprobter Güte und Zucht verwenden, werden sie unübertroffen bleiben.» (Dessen Grundsätze der Pferdezucht S. 59).

einem arabischen Hengste und einer fremden Stute immer schöner fällt *); aber die Araber machen sich hieraus wenig, wenn sein Stammbaum nicht rein ist. In diesem Stücke nehmen sie es äußerst genau» [2]). — Und warum? — Weil die Erfahrung sie gelehrt hat, daß, je reiner und unvermischter die Abkunft vom alten edlen Stamme ist, desto vollständiger auch das Pferd alle, dem Stamme ursprünglich eigenthümliche Eigenschaften besitze, und diese hernach auch wieder um so sicherer auf seine Nachkommen vererbe **). Daher ist bei ihnen auf unvermischte Abkunft halten und auf gute Eigenschaften sehen soviel, als eins.

Uebrigens sehen die Araber bei der Wahl der Beschäler für ihre Stuten auch noch sehr darauf, daß sie, wo möglich, aus einem alten berühmten Geschlechte abstammen. Burkhardt sagt, daß sie oft mehrere Tage weit reisen, um ihre Stuten von einem Beschäler aus einem berühmten Geschlechte belegen zu lassen. Da die fünf Geschlechter der El-Khoms ***) bei ihnen im größten Ansehen stehen, so räumen sie auch den, aus diesen Geschlechtern abstammenden Beschälern gewöhnlich den Vorzug vor allen an-

*) Dieß sagt auch Burkhardt.

**) Auch die Engländer haben dieselbe Erfahrung gemacht. Sie haben nämlich bei der Zucht ihrer Vollblut- oder Wettrenn-Pferde, die (wie wir bereits gesehen haben) hauptsächlich von arabischen Pferden abstammen, gefunden: "daß, je reiner die Abkunft eines Rennpferdes vom alten edlen Stamme ist, desto schneller, stärker und dauerhafter auch dasselbe sey. Mit der Schönheit soll es sich aber nicht immer so verhalten.» (Joh. Lawrenze History of the Horse).

***) Siehe das neunte Kapitel.

dern ein. Der ebenerwähnte Reisende Burkhardt berichtet darüber Folgendes: «Die Beduinen benutzen alle Hengste der El-Khoms ausschließlich zu Beschälern. Das erste Hengstfohlen einer Stute, welche nicht zu einer Race innerhalb der El-Khoms gehört, würde, ohngeachtet seiner Schönheit und vielleicht trefflichen Eigenschaften, doch nie zum Beschäler genommen werden. Die Lieblingsstute Sauds (des Oberhauptes der Wahabiten-Araber), die er beständig auf seinen Kriegszügen ritt, und deren Name, Keraye, durch ganz Arabien berühmt wurde, warf ein Hengstfohlen von ungemeiner Schönheit und Trefflichkeit. Da aber die Stute nicht zu der Race El-Khoms gehörte, so wollte Saud nicht zugeben, daß seine Leute (Genossen seines Stammes) diesen schönen Hengst als Beschäler benutzten; und da er nicht wußte, was damit anzufangen sey, indem die Beduinen nie Hengste reiten, so sandte er ihn dem Scherif von Mekka zum Geschenke» [3]).

Auch bei der Paarung ihrer Zuchtpferde verfahren die Araber auf eine andere Weise, wie wir. Während wir fortwährend bemüht sind, unsere einheimische Zucht durch ausländische Beschäler zu verbessern und zu veredeln, sind sie allein darauf bedacht, ihre edlen Pferde vor jeder Vermischung mit fremden zu bewahren. Mehrere Reisende bezeugen dieß. So z. B. schreibt Arvieux: «Mutterpferde der ersten (oder edlen) Klasse läßt man bloß von Hengsten derselben Klasse belegen. Durch den vielen Umgang mit Pferden kennen die Araber alle Arten (Unterracen oder Geschlechter), die bei ihnen und den benachbarten Stämmen vorhanden sind; sie wissen die Namen, die Farbe und die Merkmale aller Hengste und Stuten. Wenn nun ein gemeiner Araber nicht selbst einen Hengst von edler Art hat, so miethet er einen um Geld von seinem Nachbar oder sonst woher, um seine Stute damit zu belegen» [4]. Gollard sagt: «Wenn eine edle Stute roßt, wird sie nur mit einem Hengste von guter edler Familie belegt; jede fremde Vermischung wird sorgfältig vermieden» [5]. Auch Niebuhr bemerkt: «Keine Stute von einem edlen Geschlechte wird vorsätzlich von einem gemeinen Hengste belegt, und wenn es etwa aus Versehen geschehen sollte, so wird das Fohlen nicht für edel angesehen» [6]. Dasselbe bezeugen auch de la Rocque, Fouche d'Obsonville, Taylor und andere Reisende, die in Arabien oder Syrien waren.

Ob die Araber bei diesem Verfahren ihre Pferde auch in naher Verwandtschaft paaren, ist ungewiß. Zwar schreibt d'Alton: «Wie ungegründet das Vorgeben ist, daß Pferde durch (Paarung in naher) Verwandtschaft ausarten, zeigen schon die edlen Stämme (edlen Pferdegeschlechter) der Araber, die man niemals mit andern edlen Stämmen (Geschlechtern) vermischt» [7]. Allein dieß sind nur Muthmassungen ohne allen Beweis. Wenigstens sagt von allen Reisenden, die Arabien und den Orient besucht haben, auch nicht ein einziger ein Wort davon, daß die Araber ihre Pferde in naher Verwandtschaft paaren.

Mehr Grund hat die Behauptung, daß die Araber ihre edlen Pferdegeschlechter nur unter sich fortpflanzen lassen. Es geschieht dieß wirklich häufig, weil dadurch die Reinheit dieser Geschlechter am sichersten und besten erhalten wird. Allein eine Regel ohne Ausnahme ist es deßhalb dennoch nicht *). Vielmehr ist es öfter der Fall, daß der Beschäler aus einem ganz andern edlen Geschlechte gewählt wird, als aus dem, woher die Stute stammt. Den Beweis hiefür liefern die Abstammungsurkunden, welche beim Verkaufe der Pferde mitgegeben werden, in welchen es nicht selten vorkommt, daß Vater und Mutter eines Pferdes von zwei ganz verschiedenen Geschlechtern abstammen **). Daß in solchen Fällen das Fohlen allemal zu dem edlen Geschlechte der Mutter gezählt wird, und daß die edle Abkunft vom Vater dabei nur nebenher in Betracht kommt, bezeugen sehr glaubwürdige Männer, wie wir weiter unten sehen werden. Nachstehendes wird dieß verständlicher machen. Paaren die Araber z. B. eine Stute vom Geschlechte Dscholfe mit einem Hengste vom Geschlechte Saclawy, so zählen sie das Fohlen zu den Dscholfe (dem Geschlechte der Mutter), und umgekehrt; ist die Mutter vom Geschlechte Saclawy und der Vater von Dscholfe, so gehört das Fohlen zu den Saclawy ***). Somit kommt die Abkunft vom Vater her

*) Würden die Araber verfahren, wie d'Alton meint (d. h. niemals ein edles Geschlecht mit einem andern vermischen), so würden sie sich nicht nur die bei der Pferdezucht sehr wichtige Auswahl der Zuchtpferde erschweren, sondern sie würden alsdann auch außer Stande seyn, einem herabgekommenen Geschlechte wiederum aufzuhelfen, weil die dazu nöthige Vermischung mit einem andern vollkommenern Geschlechte nicht Statt finden dürfte.

**) Solche Urkunden findet man im achtzehnten Kapitel mehrere, vornämlich aber die Nummern 3, 4 und 5. Man lese diese nur mit Aufmerksamkeit, und man wird finden, daß alle dort erwähnten Pferde von zwei ganz verschiedenen Geschlechtern abstammten.

***) Daß oben Gesagtes Grund habe, beweist die im achtzehnten Kapitel befindliche fünfte Abstammungsurkunde. In dieser Ur-

nicht eigentlich in Betracht, und die Stute hat allein das Vorrecht, den Adel des Geschlechts auf ihre Nachkommen fortzuerben *). Daher schreibt auch Arvieux: «Die Araber legen ihren Stuten ehrenhalber den Namen Faras (Pferd) bei, weil der ganze Adel des Geschlechtes ihnen gehört» [8]. Ferner sagen Gollard und ein ungenannter Reisender: «Bloß nach den Stuten bestimmt der Araber die edle Abkunft seiner Fohlen; der Adel der Hengste ist nur individuell» [9]. Dasselbe bezeugen auch noch Fouche d'Obsonville, Macdonald Kinneir, de la Rocque und andere mehr.

Man ersieht hieraus, daß die Araber bei ihrer Pferdezucht einen größern Werth auf die Stute, als auf den Beschäler legen. Es hat dieß seinen Grund in ihrer Meinung, daß die Fohlen mehr der Mutter, als dem Vater nacharten. Die Berichte der Reisenden geben dieß deutlich zu erkennen. So z. B. bemerkt Burkhardt: «Die Araber schreiben die guten Eigenschaften des

---

kunde heißt es: «Dieses graue Saclawy-Fohlen, dessen Vater von der Race Koheyl und die Mutter die berühmte weiße Saclawy-Stute Dscherua ist u. s. w.» —

*) Daher sagen auch die Araber (wie Fouche, Gollard und Andere bezeugen) nur: dieses Fohlen ist von dieser oder jener Stute, und gehen solchergestalt oft bis auf die Großmutter zurück, ohne dabei des Vaters Erwähnung zu thun, wobei sie jedoch stets voraussetzen, daß er von edler Art gewesen, weil sonst das Fohlen nur halbedel seyn würde. Bekanntlich ist unser Verfahren diesem gerade entgegengesetzt. Denn wir leiten den Adel unserer Pferde gewöhnlich von dem Beschäler ab, und sagen daher nur: dieses Fohlen ist ein Eclips, ein Rodney, ein Allahor u. s. w. Auf welcher Seite das Recht ist, will ich nicht entscheiden; aber gewiß ist, daß die Araber ebensoviel, wo nicht noch mehr Gründe für ihr Verfahren haben, als wir.

Fohlens mehr der Stute, als dem Hengste zu» [10]. Ein Engländer, Namens Javelin schreibt: «Ich fragte einen Araber-Scheikh, Ibrahim mit Namen, ob ich wohl mit meinem Pferde im Wettreiten siegen werde.» Kodar kussem — erwiederte er — «Gott ist groß, gehe hin und frage deines Pferdes Mutter, sie kann dir Auskunft geben.» — Auf diese Weise deutete er an: «daß es bei der Pferdezucht hauptsächlich auf die Mutter ankommt, viel weniger auf den Vater, wenn er nur von edlem Blute ist. Dieß ist durchgängig der Grundsatz der Araber» [11]. Wie Fouche d'Obsonville versichert, sollen sie sich deßhalb auf Erfahrung berufen. Er schreibt nämlich: «Ihre (der Araber) Erfahrung hat untrüglich bewiesen, daß, wenn man den schönsten edlen Hengst (Koheylan) eine Stute von den besten halbedlen Pferden (Hatiki) belegen läßt, man Fohlen bekommt, die, aller anhaltenden Vermischung mit den edelsten Geschlechtern ohngeachtet, bis in die vierte und fünfte Generation, nie einen ächten Kenner täuschen werden, der ihnen bei einiger Aufmerksamkeit sogleich ihren rechten Platz anweisen und sie in die zweite Klasse (zu den veredelten Pferden) rangiren wird, zu der sie noch gehören. Läßt man aber eine edle Stute von einem schönen Hatik (veredelten oder halbedlen) Hengste belegen, so ist der Unterschied weniger auffallend, so daß dann das Fohlen mehr der edlen, als der gemeinen Art gleich sieht. Daher ist auch die Meinung der Araber: daß das Fohlen in der Gestalt mehr der Stute, als dem Beschäler nachschlägt» [12]. — Wahrscheinlich sind sie dieser Meinung schon sehr lange ergeben; denn schon im zwölften Jahrhundert schrieb ihr alter Naturforscher Abdollatif: «Das Fohlen artet mehr nach der Mutter, als nach dem Vater, weil sie beim Erzeugungsgeschäfte den Stoff hergiebt» *) [13]). —

Aus dem bisher Gesagten geht hervor, daß das Verfahren der Araber bei der Zucht ihrer edlen Pferde, die sogenannte Reinzucht (wie die Sachverständigen es nennen), ist. Diese Zuchtart ist unstreitig die nützlichste und vollkommenste aller Zuchtarten; allein sie ist nur dort anwendbar, wo man schon schöne und gute, den Absichten der Eigenthümer entsprechende Pferde hat, und wo es bloß darauf ankommt, diese fortwährend in gleicher Vollkommenheit zu erhalten **). Wie mehrere

---

*) Daß diese Meinung der Araber Vieles für sich habe, ist unläugbar. Denn obgleich der Vater unstreitig die erste Quelle ist, aus welcher das künftige Wesen den ersten Lebenshauch, die erste Erweckung bekommt; so ist doch nicht zu läugnen, daß die fernere Entwickelung, die Masse und der mehr materielle Antheil bloß von der Mutter abhängt. Sie ist gleichsam der Acker, aus welchem das Saamenkorn seine Säfte zieht, und die künftige Constitution, der eigentliche Gehalt des Geschöpfes, muß hauptsächlich den Charakter des Wesens erhalten, von dem es solange einen Bestandtheil ausmacht, und aus dessen Fleisch und Blut es gleichsam zusammengesetzt ist. (Mehr hierüber findet man in meinem Werke: Ueber die Verbesserung und Veredlnng der Landespferdezucht durch Landgestüts-Anstalten, 3 Bde, Nürnberg 1829—31. 1r Bd, S. 24).

**) Justinus sagt sehr wahr: "Es ist nothwendig zu bemerken, daß unter Reinzucht nicht die Vollkommenheit der Eigenschaften der Gattung gedacht werden darf, auch nicht, daß sie irgend eine Eigenschaft verbessert oder hervorbringt, sondern bloß die Kraft des Forterbungsvermögens, die Erhaltung und Dauer der vorhandenen Eigenschaften, der reingezogenen Geschlechter (ob gut oder schlecht) erhält. Bei

Reisende (z. B. v. Rosetti, Fouche d'Obsonville, Gollard, Arvieux u. s. w.) versichern, soll sich auch wirklich in Folge der Beobachtung dieser Zuchtart die edle Pferderace der Araber bis jetzt in ihrer ganzen ursprünglichen Reinheit und Vollkommenheit erhalten haben *).

Ob übrigens neben der Reinzucht nicht auch noch das, Arabien eigenthümliche Klima dazu mitgewirkt habe, ist schwer zu entscheiden. Möglich ist dieß jedenfalls immer.

---

einer zu errichtenden Reinzucht müssen daher die geforderten Eigenschaften schon vorhanden seyn, und daß die einzelnen Stämme sie väterlicher und mütterlicher Seits besitzen.„ (Siehe dessen Grundsätze der Pferdezucht, S. 40). — Justinus sagt sonach, daß durch die Reinzucht die Kraft des Forterbungsvermögens in vorzüglichem Grade erhalten wird. Dieß hat vollkommen seine Richtigkeit; und hierin liegt auch der Grund, warum die edlen arabischen Pferde sich so vorzüglich zur Veredlung aller andern Racen erwiesen haben und noch erweisen.

*) Hr. Graf Rzewusky schreibt: "Man will bemerkt haben, daß nachdem die verschiedenen edlen Pferdegeschlechter der Araber einmal gewisse Eigenthümlichkeiten angenommen haben, sie sich weder ferner verbessern, noch verschlechtern.„ — Dieß ist höchst glaubwürdig. Denn jede Vervollkommnung eines Pferdegeschlechtes (oder Race) hat ihre bestimmten Gränzen, und ist über einen gewissen Punkt nicht möglich; sie ist nämlich nur insoweit möglich, als es der Einfluß des Klima's, der Nahrung und der Lokalverhältnisse gestatten, und das Geschlecht (oder die Race) an sich einer Vervollkommnung fähig ist. Hat dasselbe einmal diesen höchsten Punkt erreicht, so bleibt es von nun an, wie es ist, oder geht auch wohl bei einem unzweckmäßigen Verfahren wieder in seiner Vollkommenheit zurück. In Folge dieses Naturgesetzes bleiben die edlen Pferdegeschlechter der Araber, nachdem sie sich einmal vollkommen ausgebildet haben, durch die Beobachtung der Reinzucht fortwährend in gleichem Stande. Dieß schließt jedoch die Verbesserung solcher Individuen, die noch nicht den höchsten Grad der Vollkommenheit erreicht haben, keineswegs aus.

Denn zuverlässig ist es, daß dasjenige Klima den Pferden am zuträglichsten ist, das mehr warm, als kalt und mehr trocken, als feucht ist: und gerade von dieser Art ist das Klima in Arabien.

Doch dem sey, wie ihm wolle! Immer ist es glaubwürdig, daß, wenn auch das Klima Arabiens an sich der Natur der Pferde weniger zuträglich wäre: so würde doch die große und überlegte Sorgfalt der Araber, jede Mißpaarung zu vermeiden und immer nur Pferde von gleichem Adel und gleicher Güte zu paaren, schon allein hinreichend gewesen seyn, nicht nur ihre Pferde vor Ausartung zu bewahren, sondern auch noch ihre Vollkommenheit zu vermehren. Fouche d'Obsonville sagt sehr wahr: «Uebrigens ist es Thatsache, daß die Araber, Perser, Kurden und Tatarn, sowohl in brennenden Wüsten, als unter einem gemäßigten Himmelsstriche, und selbst in den gebirgigen Ländern, wo die Kälte ziemlich heftig ist, zu jeder Zeit Pferde besaßen und erzogen, die bis auf den heutigen Tag sich bei der ganzen Reinheit ihrer Geschlechter erhalten haben. Die Ursache hievon ist, weil sie ihre Pferde allezeit wohl in Acht genommen und vor aller Meßallianz (Mißpaarung) sorgfältig bewahrt haben» [14]).

Schlüßlich muß ich noch bemerken, daß es auch Araber giebt, (und zwar besonders in den Landschaften Hedschas, Yemen und Bahrein, dann in Syrien, Irak-Arabi und Mesopotamien) die das vorgedachte Verfahren (die Reinzucht) nicht beobachten. Die Reisenden berichten darüber Folgendes. Von den Beduinen in Hedschas schreibt Burkhardt: «Diese Beduinen sind gewohnt, von der ägyptischen Pilger-Karawane (welche alljährlich von Kairo nach Mekka geht) Stuten zu kaufen und sie von arabischen Vollbluthengsten belegen zu lassen. Die Fohlen, welche sie auf diese Weise erhalten, verkaufen sie an die Araber in Yemen» [15]. Derselbe sagt ferner: «Die Beduinen in Syrien sind der Meinung, daß eine ägyptische Stute und ein arabischer Vollbluthengst eine gute Nachkommenschaft geben, und zwar eine weit bessere, als die inländischen syrischen Stuten, deren Race für ganz werthlos gehalten wird, selbst wenn eine Kreuzung mit einem ächtedlen arabischen Hengste Statt gefunden hat» [16]. Daß dergleichen Paarungen in Syrien häufig vorkommen, bestätigen auch andere Reisende, als z. B. Fouche d'Obsonville, Arvieux, Taylor u. s. w. Ersterer sagt: «Die Araber in Syrien paaren häufig gemeine arabische oder syrische Landstuten mit ächtarabischen Vollbluthengsten, und erhalten dadurch eine gemischte Race von Pferden, die man Hatiki (halbedle Pferde) nennt» [17]. Von der Pferdezucht der Araber in der Landschaft Irak-Arabi schreibt Scott Waring: «Alle Pferde, welche unter dem Namen arabische von den Ländern am persischen Meerbusen (besonders aus der Umgegend von Bagdad) herkommen, sind eine vermischte Race von gemeinen Bagdader-Stuten und ächtarabischen Hengsten, oder von solchen Hengsten und fremden (z. B. kurdischen, persischen u. dgl.) Stuten» [18]. Dasselbe sagen auch Buckingham, Kinneir, Fouche, und Andere, wobei sie noch hinzusetzen, daß es dieses häufigen Kreuzens wegen schwer hält, sich zu Bagdad oder Bassora arabische Pferde von ganz reinem Blute zu verschaffen.

Es ist sohin außer Zweifel, daß das Kreuzen der Racen auch bei der Pferdezucht der Araber im Gebrauch ist, nur freilich nicht so häufig und nicht auf so mannigfaltige Weise, wie bei uns. Niebuhr schreibt: «Obschon die Araber niemals eine edle Stute vorsätzlich von einem gemeinen Hengste belegen lassen, so nehmen sie doch keinen Anstand, einen Hengst von edler Art mit einer Stute von unbekannter Abkunft (gemeiner Race) zu vermischen» [19]. — So ist es in der That; dergleichen Paarungen kommen bei den Arabern häufig vor, und hierauf beschränkt sich auch das Kreuzen bei ihrer Pferdezucht. Arme Araber, die das hohe Kaufgeld für edle Stuten nicht erschwingen können, begnügen sich mit gemeinen arabischen oder andern dergleichen (syrischen, kurdischen u. s. w.) Stuten, und lassen diese von ächtedlen (Vollblut-) Hengsten belegen, um solchergestalt nach und nach zu schönern und bessern Pferden zu gelangen. Das Kreuzen der Araber beschränkt sich sonach nur auf die Paarung ächtedler Hengste mit gemeinen und veredelten Stuten, und besteht nicht, wie bei uns in Europa, in einem beständigen Untereinandermischen von vielerlei Racen.

Uebrigens ist es zuverlässig, daß allen ächten Pferdezüchtern Arabiens (d. h. allen Besitzern von edlen Stuten) jedes Kreuzen ein Gräuel ist, und daß diese sich nie dazu verstehen würden, ihre Stuten von einem andern Hengste belegen zu lassen, als von einem solchen, der von reinedlem arabischen Blute ist. Wie mehrere Reisende versichern, achten diese Araber daher auch alle aus gemischten Paarungen (dem Kreuzen) hervorgehenden Pferde äußerst wenig, und bedienen sich derselben niemals zu ihrem Gebrauche; oder mit den Worten des Hrn. v. Rosetti: « Sie sind von ihren Zelten gänzlich ausgeschlossen. » —

---

[1]) Arvieux's Nachricht., 2. Bd. S. 278. [2]) Ferrieres Reise in die Türkei und Arabien, S. 164. [3]) Burkhardt's Bemerk. über die Beduinen, S. 353. [4]) Arvieux's Sitten der Beduinen, S. 66. [5]) Gollard's Reise nach Aegypten u. s. w., S. 81. [6]) Niebuhr a. a. O., S. 163. [7]) d'Altons Naturgeschichte des Pferdes, S. 11. [8]) Arvieux a. a. O., S. 67. [9]) Gollard a. a. O., S. 56. [10]) Burkhardt a. a. O., S. 171. [11]) Sporting mag. Jul. 1833. [12]) Tagebuch eines neueren Reisenden in Asien. S. 193. [13]) Abdollatif Denkwürdigkeiten von Aegypten, S. 136. [14]) Fouche a a. O., S. 192. [15]) Burkhardt a. a. O., S. 349. [16]) Ebenda. [17]) Fouche a. a. O., S. 195. [18]) Scott Waring a. a. O., 1. Bd. S. 183. [19]) Niebuhr a. a. O., S. 165.

Funfzehntes Kapitel.

Von dem Belegen der Stuten.

Die Haltung eines Beschälers *) ist in Arabien eine kostspielige Sache, theils weil das Futter in den Wüsten rar ist, theils weil die Araber sich niemals der Hengste zum Reiten bedienen **); daher denn auch wenig Beschäler von ihnen gehalten werden. Am gewöhnlichsten ist, daß die Oberhäupter (Emirs oder Scheikhs) oder andere wohlhabende Leute Beschäler halten, und diese dann ihren Stammesgenossen gegen Erlegung eines gewissen Sprunggeldes zur Benützung überlassen.

Burkhardt schreibt: «Der gewöhnliche Preis für den Sprung einer Stute ist ein Dollar ***) oder ein Schaaf» [1]. Derselbe sagt ferner: «In der Landschaft Nedsched bezahlt man für den Sprung (eines edlen Hengstes) einen spanischen Dollar; aber der Besitzer des Beschälers kann diesen Dollar ausschlagen und warten, bis die Stute fohlt. Bringt sie ein weibliches Fohlen zur

*) Ein Beschäler heißt in der arabischen Sprache: Hadschari; ein Hengst der noch keine Stute besprungen hat: Hüssan. Ein Wallach heißt: Hüssan Machsi.

**) Siehe das zweiundzwanzigste Kapitel.

***) Zwei Gulden 30 Kreuzer rhein.

Welt, so kann er dann ein einjähriges weibliches Kameel verlangen; bekommt sie ein Hengstfohlen, so verlangt er auf gleiche Weise ein einjähriges männliches Kameel für die Benützung seines Beschälers» [2]. Niebuhr meint, daß manche Beschälhalter die Stuten auch nur unter der Bedingung belegen lassen, daß sie einen gewissen Theil von dem Werthe des Fohlens bekommen» [3].

Ein ungenannter Reisender sagt: «Die Hengste werden von ihrem vierten oder fünften Jahre an von den Arabern zur Fortpflanzung gebraucht» [4]. Dasselbe sagt Burkhardt von den Stuten. Er bemerkt nämlich: «Die Beduinen lassen ihre Stuten in der Regel nicht eher belegen, als bis sie ihr fünftes Jahr vollendet haben; aber die ärmern Klassen, welche früher den Nutzen zu ziehen wünschen, den der Verkauf der Fohlen bringt, warten manchmal nicht länger, als bis zur Vollendung des vierten Jahres» [5].

Die gewöhnliche Art des Belegens ist das sogenannte Beschälen aus der Hand. Die Beschälzeit beginnt in den Monaten März und April. Arvieux sagt: «Im Monat März, wenn das Gras hervorgekommen ist, lassen die Araber ihre Stuten auf die Weide gehen; dieß ist auch die Zeit, wo sie solche belegen lassen» [6]. Mariti erzählt dasselbe ausführlicher mit folgenden Worten: «Die Stuten werden belegt im April, nachdem sie vierzehn Tage die Weide besucht haben. Wenn nämlich das Gras anfängt, so hoch zu werden, daß es von den Pferden gefressen werden kann: machen die Araber ihre Stuten zwei Tage zuvor recht müde, nehmen ihnen hernach die Hufeisen und den Sattel ab und schicken sie auf die Weide. Nach acht

Tagen fangen sie an sie wieder zu reiten, wenn sie nicht die Noth zwingt, es eher zu thun; nach vierzehn Tagen geht die Belegung der Stuten vor sich; und nach andern vierzehn Tagen fangen sie an, sie wieder sachte zu reiten, und lassen sie Gras fortfressen, so lange es noch welches giebt; jedoch nach dreißig Tagen thun sie etwas Gerste dazu» *) [7].

Von der Art, wie die Beduinen das Empfangen ihrer Stuten zu befördern suchen, schreibt ein ungenannter Reisender Folgendes: «Wenn sie merken, daß ihre Stuten zu rossen anfangen, so reiten sie dieselben drei bis vier Tage nacheinander, um sie zu ermüden und vermindern ihr Futter, um sie zu schwächen. Hierin stimmen sie mit Buffon überein, welcher behauptet, daß die am wenigsten lebhaften Weibchen am leichtesten empfangen.» — Derselbe erzählt weiter: «Die Stuten werden vorbereitet, bevor man den Hengst zu ihnen läßt. Nachdem man ihnen die Hufeisen abgenommen und die Füße gebunden hat, nimmt Jemand ein Stück Seife und steckt es in die Mutterscheide so tief als er mit seinem Arm reichen kann, wischt sie aus und richtet den Eingang der Gebärmutter zurecht, wenn er gefaltet ist **). Sobald der Hengst die Stute verlassen hat, gießt man ihr einen Kübel voll kalten Wassers (wenn eines in der Nähe ist) über das Hin-

*) Obiges Verfahren scheint nur bei den Arabern in Syrien im Gebrauch zu seyn; denn die Beduinen der Wüste sollen ihre Stuten niemals auf die Weide gehen lassen, weil sie solche täglich zu ihrem Dienste gebrauchen.

**) Ist wahrscheinlich ein Mährchen. Auf jeden Fall ist es kein allgemeiner Gebrauch; am wenigsten bei den Beduinen der Wüste.

tertheil, und reitet sie hernach im Galopp spazieren» [8]. Letzteres bestätiget auch Arvieux; er schreibt: «Wenn der Hengst die Stute besprungen hat, wird schleunig kaltes Wasser auf ihr Kreuz gegossen. Zu gleicher Zeit faßt einer den Hengst bei der Halfter, und läßt ihn springend einigemal um die Stute herumgehen, um ihr sein Bild recht fest einzuprägen, damit sie ein ihm ähnliches Fohlen werfen möge» [9].

Schon im dritten oder vierten Monate *) sollen die Araber die Trächtigkeit ihrer Stuten zu erforschen suchen. Ein ungenannter Reisender sagt, daß sie dabei folgendergestalt verfahren: «Man stellt die Stute mit der einen Seite gegen die Sonne, und wenn diese durchwärmt ist, begießt man den Bauch beim Anfange des Oberschenkels mit frischem Wasser. Die Zusammenziehung, welche die Mutter in diesem Augenblicke empfindet, verbreitet sich bis zur Gebärmutter, und bewirkt eine Bewegung der Leibesfrucht, welche sie alsdann durchs Gefühl zu erforschen suchen» [10].

*) Wahrscheinlich soll es heißen im fünften oder sechsten Monate; denn vor dieser Zeit kann man das Fohlen durchs Gefühl nicht spüren.

[1]) Burkhardt's Bemerk. über die Beduinen, S. 171. [2]) Ebenda S. 354. [3]) Niebuhr's Beschreib. von Arabien, S. 164. [4]) Zach's monatliche Correspondenz, 1800. S. 321. [5]) Burkhardt a. a. O., S. 354. [6]) Arvieux's Sitten der Beduinen, S. 72. [7]) Mariti's Reise in Syrien, S. 225. [8]) Abhandlung von Aegypten, S. 76. [9]) Arvieux a. a. O., S. 79. [10]) Abhandlung von Aegypten, S. 78.

Sechszehntes Kapitel.

Von der Auferziehung und Abrichtung der Fohlen.

Der schon mehrmals erwähnte Reisende Burkhardt theilt über die Art und Weise, wie die Araber ihre Fohlen auferziehen, folgende interessante Nachrichten mit: «Die Beduinen lassen nie das junge Fohlen im Momente der Geburt auf die Erde fallen, sondern fangen es in ihren Armen auf und behandeln es auf die sorgfältigste Weise mehrere Stunden lang, indem sie es waschen (?) und die zarten Glieder desselben ausstrecken. Sie liebkosen dasselbe, als ob es ein Kind wäre. Nachher legen sie es auf die Erde und bewachen seine schwachen Schritte mit besonderer Aufmerksamkeit. Schon von dieser Zeit an stellen sie eine Prognose der guten Eigenschaften oder der Fehler ihres künftigen Gefährten.»

«Gleich nachdem das Fohlen zur Welt gekommen ist, binden die Araber die Ohren desselben über dem Kopfe mit einem Faden zusammen, damit sie eine schöne Stellung annehmen. Zu gleicher Zeit drücken sie den Schweif des Fohlens nach aufwärts und suchen durch andere Mittel zu bewirken, daß es denselben hoch trage*). Das Einzige, was sie an der Stute thun, besteht darin, daß sie den Bauch derselben mit einem Stück Tuch oder Leinwand umwickeln. Diese Binde wird aber schon den folgenden Tag wieder abgenommen. Besitzt ein Araber die Stute nur zum Theile**), so ist er gehalten, den neunten Tag nach der Geburt des Fohlens einige Zeugen zu versammeln und vor ihnen zu erklären, daß er das neugebohrene Fohlen dem Verkäufer der Stute zu geben gesonnen sey, oder daß er das Fohlen behalten und die Stute ihrem vorigen Besitzer zurückgeben wolle. Hat er einmal diese Erklärung abgegeben, so muß er auch dabei verbleiben.»

«Die Fohlen bleiben dreißig Tage bei den Stuten, und nach dieser Zeit werden sie von den Arabern abgesetzt***). Jetzt bekommt der Verkäufer der Stute das Fohlen, oder der Eigenthümer zieht es mit Kameelsmilch auf. Hundert Tage hindurch nach dem Absetzen dürfen die Fohlen nichts anderes, als Kameelsmilch bekommen; selbst nicht einmal Wasser ist ihnen gestattet. Nach dieser Zeit

*) Scott Waring bestätiget dieß mit folgenden Worten; «Sobald ein Fohlen geboren ist, beugen ihm die Araber sofort den Schweif, wodurch die Absicht des Kerbens erreicht wird; und damit sich die Ohren gegeneinander hinneigen, ziehen sie ein kleines Band oder Schnur durch jedes derselben und lassen sie dann acht bis zehn Tage so gebunden.» (Siehe dessen Reise nach Shirauz, 1r Bd. S. 183).

**) Hierüber findet man vollständigen Aufschluß im neunzehnten Kapitel.

***) Nach andern Nachrichten sollen die Beduinen ihre Fohlen fünfzig bis sechszig Tage an ihren Müttern trinken lassen. (Gollard's Reise nach Aegypten, S. 81).

bekommt das Fohlen täglich eine Portion Waizen *) mit Wasser verdünnt und zwar anfangs nur eine Handvoll. Diese Quantität wird nach und nach vermehrt, aber die Milch bleibt immer die Hauptnahrung des Fohlens. Von solcher Art ist nun die Fütterung des Fohlens für die nächsten hundert Tage, und gegen das Ende derselben darf es schon in der Nähe der Zelte auf die Weide gehen und Wasser saufen. Sind die zweiten hundert Tage abgelaufen, so erhält das Fohlen Gerste, und ist im Zelte seines Herrn Ueberfluß an Kameelsmilch vorhanden, so bekommt es jeden Abend einen Eimer voll dieser Milch nebst einer Portion Gerste.»

«Die Aeneze-Araber pflegen ihre Füllen auf folgende Weise zu erziehen. — Der Araber, welcher ein zwei oder dreijähriges Fohlen in Syrien auf den Markt bringt, schwört, daß das Fohlen noch nichts Anderes als Kameelsmilch bekommen habe. Dieß ist aber eine offenbare Lüge, weil die Fohlen der Araber in der syrischen Wüste nach den ersten vier Monaten nie ausschließlich mit Kameelsmilch ernährt werden. Die Araber in Nedsched geben dagegen ihren Fohlen weder Gerste noch Weizen, sondern sie müssen sich von den Kräutern der Wüste ernähren. Außerdem bekommen sie auch viel Kameelsmilch zu saufen, und einen Teig aus Datteln und Wasser» [1]).

In manchen Theilen der großen arabischen Wüste mangelt es, wegen der Unfruchtbarkeit des Bodens, beinahe gänzlich an Pferdefutter; daher werden hier auch nur sehr wenige Fohlen von den Beduinen aufgezogen.

*) Wahrscheinlich Waizenmehl.

Ein englischer Reisender (Hankey Smith) sagt von diesen Gegenden: «Stutfohlen werden mit der größten Sorgfalt erzogen; ihre Nahrungsmittel sind jedoch nur sehr kümmerlich Ihr gewöhnliches Futter ist Gerste, Stroh(?) und Weide, aber es wird ihnen gestattet, eine lange Zeit an den Stuten zu saugen und sie erhalten Kameelsmilch in Ueberfluß. Die Hengstfohlen werden bei weitem nicht so sorgfältig behandelt, die Beduinen tödten sie ziemlich oft, und wenn sie sich entschließen, sie zu erhalten, so geschieht dieß meist, um sie in einem Alter von zwölf bis achtzehn Monaten auf die nächsten Märkte zu bringen. Obgleich sie dann (wie ich selbst gesehen) halbverhungert und sehr ermüdet anlangen, finden sie doch stets Käufer, so sehr geachtet ist ihre edle Abstammung. Alles an ihnen trägt das Gepräge ihres edlen Ursprungs, unerachtet ihres elenden Zustandes» [2]).

Uebrigens behandeln die Araber ihre Fohlen mit größter Sorgfalt. Sie gehen sanft und liebreich mit ihnen um, und sind sehr darauf bedacht, sie frühzeitig fromm und folgsam zu machen. Arvieux sagt: «Die Araber schlagen ihre Fohlen niemals, sondern behandeln sie sanft, liebkosen sie öfter und sind sehr für sie besorgt» [3]). Sie lassen sie gewöhnlich den ganzen Tag hindurch in der Nähe ihres Lagers auf die Weide gehen, und nehmen sie nur, um sie vor Unfällen (besonders vor Raubthieren) zu bewahren, des Nachts in ihre Zelte auf. So wachsen und gedeihen sie ohne Hinderniß, und ihre Naturkräfte können sich ungestört entwickeln. Fouche de Obsonville sagt: «Wenn bei dem Herumspringen und Gallopiren im Freien ein Fohlen recht munter und lebhaft ist, und den Schweif hoch emporhebt und vom Leibe trägt, so halten die Araber dieß für ein Zeichen von Kraft und Stärke und schätzen ein solches Fohlen vor allen andern»[4])

Die bei uns hie und da übliche Gewohnheit, den Fohlen die Mähnen und Schweifhaare zu beschneiden, ist auch bei den Arabern sehr gewöhnlich. Arvieux sagt: «Wenn ihre Fohlen achtzehn Monate alt sind, so werden ihnen die Mähnenhaare abgeschnitten, damit sie desto schöner wachsen sollen»[5]). Nach Fouche's Versicherung sollen sie ihnen auch die Schweifhaare bis ins dritte Jahr ihres Alters mehrmalen beschneiden[6]).

Wenn in der Folge die Fohlen mehr heranwachsen und anfangen zur Arbeit tüchtig zu werden, suchen die Araber sie auf alle mögliche Weise gut abzurichten. Schon vor dem vollendeten zweiten Jahre lassen Manche ihre Fohlen von ihren Kindern besteigen und reiten; sie kennen sich unter einander vollkommen, weil sie gewöhnlich Nachts in einem Zelte beisamen schlafen und gleichsam mit einander aufwachsen. Auch wird ihnen vom zweiten Jahre an zuweilen ein Sattel aufgelegt*), und diesen müssen sie alsdann auch des Nachts aufbehalten. Die Steigbügel, einen Fuß in der Länge und ein wenig auswärts gebogen, reichen dem Fohlen nicht bis unter den Bauch herab, wodurch es gehindert wird, sich auf die Seite zu legen; es muß also stehen, so lange es den Sattel aufliegen hat, oder kann nur auf dem Bauche liegen. Späterhin werden sie an einen andern Zwang gewöhnt. Man legt ihnen

*) Wie die Sättel der Araber beschaffen sind, ist im zwei und zwanzigsten Kapitel zu finden.

nämlich eine Trense an, und befestigt diese stark angezogen an dem Sattelknopfe. So läßt man sie oft den ganzen Tag hindurch stehen. Der Zweck dieses Verfahrens ist, sie zu gewöhnen, den Kopf beständig in einer perpendiculären Stellung zu erhalten [7]).

Uebrigens gehen die Araber im Anfange des Zureitens sehr schonend zu Werke, und gewöhnen ihre jungen Pferde nur allmählich an einen ordentlichen Schritt und Galopp *). Zum Trab wird kein Pferd von ihnen abgerichtet, weil sie, wie alle Morgenländer, diese Gangart nicht lieben. Vor Allem aber suchen sie ihre Fohlen zu gewöhnen, so schnell als möglich zu laufen, und mitten im Laufe stille zu stehen, um sich auf der Stelle umdrehen und ihrem Feinde die Lanze bieten zu können. Da bei der Lebensart und den öftern Fehden der Araber höchst wichtig ist, zu rechter Zeit zu entfliehen: so lassen sie ihre jungen Pferde bei der Abrichtung mit der Lanze am Kreuze verfolgen. Hierdurch werden sie gewöhnt, daß, wenn sie einen Reiter hinter sich merken, man ihnen nur den Zügel schießen lassen darf, um sie mit größter Schnelligkeit davon rennen zu machen [8]).

Von den Arabern in Syrien berichtet Mariti: „Ehe und bevor ein Pferd zwei Jahre alt ist, legen ihm die Araber kein Gebiß an, nach diesem lassen sie noch ein Jahr hingehen, ehe sie es reiten **). Während dieser Zeit

---

*) Siehe das zwei und zwanzigste Kapitel.

**) Burkhardt schreibt, das Oberhaupt der Wahaby-Araber, das unstreitig die schönste Stuterei im ganzen Morgenlande besitzt, läßt seine Stuten nicht eher von einem Reiter besteigen, als bis sie das vierte Jahr vollendet haben. Die gewöhnlichen Beüben sie es beständig, indem sie es im Kreise laufen lassen, ebenso wie es bei der Abrichtung unserer Pferde gehalten wird. Erst wenn die Fohlen vollkommen vierjährig sind, werden sie beschlagen und sodann zugeritten und zum scharfen Jagen abgerichtet. Es nie vor dieser Zeit zu thun, halten sie strenge» [9]).

---

duinen reiten sie indessen häufig, ehe sie noch das dritte Jahr erreicht haben. (Siehe dessen Bemerkungen über die Beduinen. (Seite 356.)

---

[1]) Burkhardt's Bemerkungen über die Beduinen, S. 169 und 355. [2]) von Hochstetter's Monatschrift für Gestüte und Pferdehandel 1829. 4tes Heft, S. 1. [5]) Arvieux a. a. O. 3ter Thl. S. 168. [4]) Fouche a. a. O. S. 198. [5]) Arvieux a. a. O. S. 168. [6]) Fouche a. a. O. S. 196. [7]) Abhandlungen von Aegypten S. 78. [8]) Samml. der Reisebeschreib. 12 Bd. S. 281. [9]) Mariti, Reisen in Syrien und Palestina 1 B. S. 78.

Siebenzehntes Kapitel.

Von den Geschlechtsregistern und Geburtszeugnissen der edlen Pferde.

Daß die Araber von ihren edlen Pferden Geschlechtsregister führen, wird von mehreren älteren und neueren Reisenden behauptet, von einigen der letzteren aber wieder bestritten. Der Unpartheilichkeit wegen und um der Wahrheit näher zu kommen, müssen hier diese verschiedenen Meinungen angeführt und geprüft werden.

Arvieux (der im siebenzehnten Jahrhundert sich achtzehn Jahre in Syrien an der Grenze von Arabien aufgehalten hat) schreibt: «Es ist gewiß, daß die Araber in der Kenntniß des Geschlechtsregisters ihrer Weiber gleichgültiger sind, als in der des Geschlechtsregisters ihrer Pferde; auf dieses aber verwenden sie alle Sorgfalt. Sie bemühen sich nicht nur, die Ahnen ihrer Pferde bis ins zwanzigste Glied zu kennen, sondern sie bringen auch öfter Urkunden davon bei, daß man auf vier bis fünfhundert Jahre hinaufsteigen kann» [1]. — De la Rocque erzählt: «Die Araber führen ordentliche Verzeichnisse über ihre Pferdegeschlechter, worin sie die Namen ihrer Väter und Mütter bemerken, das ist: sie halten ein ordentliches Geschlechtsregister» [2]. Andere ältere Reisende, z. B. Fouche,

Mariti u. s. w., sagen bloß, daß die Araber von ihren edlen Pferden Geschlechtsregister führen.

Einer der neueren Reisenden, Hr. Mayer, schreibt: «So wie in gewissen Ländern das daselbst geheiligte Pergament die Namen der Ahnen und dem zu Folge das Absprossen vom edlen Geschlechte beweiset, so wird in Arabien der Adel des Pferdes dargethan. Es wird aufgewiesen, daß das Fohlen von dem oder diesem Hengste erzeugt, von der oder dieser Stute und keiner andern gebohren worden sey. Die Unterschriften der Zeugen dienen als Urkunden und Beglaubigungsscheine für dessen edle Abkunft. Der Preis des Pferdes wird nach Maaßgabe und Beschaffenheit des Geschlechtsregisters gesteigert» [3]. — Die übrigen neueren Reisenden, z. B. Rousseau, Seetzen, Kinneir, Gollard u. s. w., sagen sonst nichts, als daß die Araber von ihren edlen Pferden Geschlechtsregister führen, ohne daß sie solche näher beschreiben *).

Bei diesen übereinstimmenden Nachrichten sollte man glauben, daß die Existenz dieser Geschlechtsregister außer allem Zweifel sey. Allein dessen ungeachtet ist dieß nicht der Fall. Schon Niebuhr war der Meinung, daß die Araber keine Geschlechtsregister von ihren Pferden aufzuweisen haben, die einige hundert Jahre hinaufreichen [4]. Nun schreibt Hr. v. Rosetti gar: «Die Beduinen von Arabien und Syrien haben keine Geschlechts register, mittelst welcher sie das edle Blut ihrer Pferde durch eine lange Reihe von Ahnen nach

*) Was Seetzen, Kinneir u. s. w. darüber sagen, findet man im Zusammenhange im neunten Kapitel.

weisen könnten. Was manche Reisende hievon gesagt haben, betrifft zunächst die Pferde von der türkischen Race Koheyl in Mesopotamien, welche gewöhnlich mit Urkunden über ihre Abkunft versehen werden» [5]).

So widersprechend sind die Nachrichten! Wem soll man nun glauben? Ich denke, dem Hrn. v. Rosetti, und zwar erstlich, weil er beinahe seine ganze Lebenszeit im Oriente zugebracht hat, wo er, da er der arabischen Sprache völlig mächtig war, vielfältige Gelegenheit hatte, Erkundigungen einzuziehen, und dann auch aus folgenden, gewiß nicht unwichtigen Gründen.

Niebuhr sagt: «In den Städten Arabiens können viele gemeine Leute lesen und schreiben.» Von den Bewohnern der Wüsten (Beduinen) rühmt er dieß aber nicht; sondern bemerkt bloß, daß manche ihrer Oberhäupter (Emirs und Scheikhs) lesen oder schreiben können [6]). Auch Burkhardt sagt: «In ganz Arabien kann ein Beduine so wenig lesen und schreiben, als der andere» [7].) Wie sollen nun die Beduinen, welche doch die eigentlichen und wahren Pferdezüchter in Arabien sind, von ihren Pferden Geschlechtsregister führen, wenn sie weder lesen noch schreiben können, und wenn dieß auch bei den meisten ihrer Oberhäupter der Fall ist?

Niebuhr schreibt: «Die edlen Pferde (Köchlani oder Koheylans) sollen ursprünglich aus der Stuterei des Königs Salomon herstammen, und ihre Abkunft soll bereits von zweitausend Jahren her aufgeschrieben seyn» [8]). Hätte letzteres Grund: welche ungeheuere Menge Bücher und Papiere müßten dann nicht die Araber von der Abstammung ihrer (mindestens 50,000) Pferde aufzubewahren haben! Mit vollem Rechte sagt daher der Herr Graf von Veltheim: «Es scheint mit der Natur der Sache in zu grellem Widerspruche zu stehen, daß ein, stets in unabsehbaren Wüsten nomadisirendes Volk zwölf Jahrhunderte hindurch genaue Abstammungslisten über seine Pferde niedergeschrieben, und auch bei seinen beständigen Streifzügen ohne feststehende Archive aufbewahrt haben sollte. Wie schwierig dürfte es z. B. selbst in Deutschland, wo wir doch schon bald nach Cäsars Zeiten feste Wohnplätze hatten, gewesen seyn, dergleichen Urkunden so lange zu erhalten. Wahrlich, es gehört ein starker Glaube dazu, um an die Existenz solcher authenthischer Urkunden aus entfernten Jahrhunderten zu glauben» *) [9]).

Wahrscheinlich haben die Förmlichkeiten, welche die Araber bisweilen bei der Geburt eines edlen Fohlens beobachten, und besonders die Urkunden (Geburtsbriefe), welche dabei ausgefertiget werden, zu der Sage von den Geschlechtsregistern Anlaß gegeben. Was es mit diesen Förmlichkeiten und Urkunden für eine Bewandtniß habe, ist aus den folgenden Berichten glaubwürdiger Reisenden zu ersehen.

*) Man wird hier vielleicht einwenden, daß man ja dergleichen Geschlechtsregister auch schon zuweilen in Europa gesehen habe, weil mehrere derselben, mit erkauften edlen arabischen Pferden zu uns gekommen sind. Diesen muß ich erwiedern, daß alle bis jetzt zu uns gekommenen, sogenannten Geschlechtsregister nichts weiter waren, als Abstammungszeugnisse, die beim Verkauf der Pferde auf mündliche Aussagen von Zeugen ausgefertigt worden sind. Solche Zeugnisse geben gewöhnlich nur den Namen der Mutter nnd des Vaters an, und weisen sohin nicht eine ganze Reihe von Ahnen (Aeltern, Großältern, Urgroßältern u. s. w.) nach, wie ein Geschlechtsregister eigentlich nachweisen soll.

Arvieux schreibt: «Die Belegung der Stuten geschieht immer in Gegenwart einiger Zeugen, welche darüber einen Schein ausstellen, der von dem Sekretair des Emirs *) oder von einer andern obrigkeitlichen Person unterzeichnet und besiegelt wird, worin das ganze Geschlechtsregister und der Name und die Farbe und andere Merkmale beider Aeltern, nach allen zur Gültigkeit der Urkunde gehörigen Formalien, angezeigt werden. Wenn die Stute gefohlt hat, ruft man abermals Zeugen herbei, und da wird noch eine Urkunde ausgefertiget, worin das Geschlecht, die Gestalt, Farbe und die Merkmale des neugebohrenen Fohlens nebst der Zeit seiner Geburt genau bemerkt werden. Wer es hernach kauft, bekommt zugleich diese Urkunde mit» [10]).

Mariti meldet: «Wenn eine edle Stute belegt werden soll, bringen die Araber verschiedene Zeugen mit zur Stelle, welche hernach ein Attest ausstellen, was es für ein Hengst sey, der die Stute besprungen habe. Wenn die Stute gefohlt hat, werden sogleich wieder Zeugen herbeigerufen, welche den Tag bescheinen müssen, an welchem das Fohlen gefallen ist. Sie setzen darüber einen ordentlichen Geburtsbrief auf, in welchem Tag, Stunde, Haar und die Ahnen des jungen Fohlens angemerkt sind. Dieser Aufsatz, welcher Kodschet heißt, wird von allen Zeugen unterschrieben und hernach in eine kleine messingene Kugel gelegt, welche dem Fohlen mit einem Strick an den Hals gebunden und nicht wieder abgenommen wird.

*) Nur die Emirs oder Scheikhs der größeren Beduinen-Stämme, wie z. B. der Aenese, Mowalli u. s. w., halten Sekretärs oder Schreiber, bei den kleineren Stämmen findet dieß nicht Statt.

Ein solcher Geburtstag wird mit Zuziehung guter Freunde in aller Fröhlichkeit mit einem Gastmahle gefeyert» [11]).

Ferner berichtet Niebuhr: «Die Araber sind der Abkunft ihrer edlen Pferde ziemlich gewiß, weil sie ihre Stuten immer in Gegenwart von Zeugen belegen lassen. Wenn ein, in dortiger Gegend wohnender Christ eine edle arabische Stute besitzt, oder für einen Araber unterhält, und sie von einem edlen Hengste bedecken lassen will, so muß er dazu einen Araber als Zeugen herbeirufen. Dieser bleibt zwanzig Tage bei der Stute, um gewiß zu seyn, daß sie hintnach kein gemeiner Hengst verunehrt hat; ja sie darf während dieser Zeit keinen Hengst oder Esel zu sehen bekommen. Bei der Geburt der Fohlen muß der erwähnte Zeuge wieder gegenwärtig seyn, und der Geburtsbrief wird in den ersten sieben Tagen gerichtlich abgefaßt» [12]).

Sonach sind Arvieux, Mariti und Niebuhr in der Hauptsache übereinstimmend; nur sagt letzterer nichts davon, daß auch schon beim Belegen der Stuten Atteste ausgefertiget werden. In Hinsicht der Ausstellung von Geburtsbriefen über die neugebohrenen Fohlen, sind sie aber völlig einverstanden, und was sie darüber sagen, wird auch noch von de la Roque, Gollard und andern bestätigt.

Indessen verhält sich dessenohngeachtet die Sache nicht völlig so, wie diese, übrigens glaubwürdigen Reisenden, behaupten, sondern vielmehr wie sich aus dem Folgenden ergeben wird. Burkhardt (der sich längere Zeit unter den Arabern aufgehalten hat) schreibt: «Bei der Geburt eines Fohlens von edler Race pflegt man einige Zeugen zu versammeln und eine Beschreibung der Kennzeichen und

Merkmale des Fohlens nebst den Namen des Hengstes und der Stute niederzuschreiben. Diese genealogischen Tabellen, Hhudsche genannt, gehen nie bis auf die Großmutter zurück, weil man annimmt, daß jeder Araber des Stammes schon durch Ueberlieferung die Reinheit der ganzen Race kennt. Auch ist es nicht immer nöthig, solche genealogische Certifikate zu haben, denn viele Hengste und Stuten sind von so berühmter Abkunft, daß Tausende die Reinheit ihres Blutes bezeugen können» [13]). Derselbe sagt weiter unten in seinem Werke auch noch Folgendes: »Was die Stammbäume der arabischen Pferde anbelangt, so muß ich hier noch bemerken, daß im Innern der Wüste die Beduinen unter sich selbst sich nie auf einen solchen berufen; denn sie kennen die ganze Genealogie ihrer Pferde eben so gut, als diejenige der Besitzer. Aber wenn sie ihre Pferde nach irgend einer Stadt zum Verkaufe bringen, z. B. nach Mekka oder Medina, so nehmen sie einen geschriebenen Stammbaum mit, welchen sie dem Käufer übergeben; und nur bei solchen Gelegenheiten findet man, daß der Beduine den geschriebenen Stammbaum seines Pferdes besitzt; in der Wüste dagegen würde er lachen, wenn man ihn nach dem Geschlechtsregister seiner Stute fragen wollte» [14]).

Alles dieses bestätiget auch der schon erwähnte Hr. v. Rosetti; jedoch mit einer ziemlichen Einschränkung. Er schreibt: «Die Beduinen von Arabien und Syrien ziehen bisweilen bei der Geburt eines Fohlens einige Zeugen bei, um vor ihnen eine schriftliche Urkunde über den Namen und die Race (edle Geschlecht) des Vaters und der Mutter des Fohlens, so wie die charakteristischen Merkmale seiner Farbe aufzunehmen. Dieß ist jedoch kein allgemeiner Gebrauch; auch ist in dieser Art von Geburtsscheinen niemals Erwähnung gethan von dem Großvater und der Großmutter. Jeder Araber kennt übrigens die Pferde seines eigenen Stammes und die seiner verbündeten Stämme so genau, als die zu denselben gehörigen Personen. Die Race (das edle Geschlecht) jeder Stute ist öffentlich anerkannt, und, Falls je der geringste Zweifel erhoben würde, so könnte hierüber jeden Augenblick durch Tausende von Zeugen die Sache entschieden werden. Wenn freilich die Anzahl der Pferde der Wüste bedeutender wäre, und es somit den Arabern schwerer würde, die Genealogie jedes einzelnen Pferdes im Gedächtniß zu behalten, so möchten die Beduinen wohl in dem Falle seyn, Maaßregeln nehmen zn müssen, um ihren Nachkommen eine sichere Kenntniß von der Race (edle Geschlecht) jedes Pferdes zu überliefern. Allein bei dem dermaligen Zustande der Stämme der Wüste, welche höchstens auf 6 bis 7 Zelte einen Hengst oder eine Stute zählen, genügt es, daß ein Araber nur einmal eine Stute gesehen hat, um sich für immer aller Umstande ihrer Genealogie und ihrer Lebensgeschichte zu erinnern» [15])

Man ersiehet hieraus, daß auch Burkhardt und v. Rosetti bezeugen, daß bisweilen bei der Geburt eines Fohlens Zeugen versammelt werden, um von ihnen die edle Abkunft des neugeborenen Thieres beurkunden zu lassen; allein, wie letzterer behauptet, ist dieß kein allgemeiner Gebrauch *). Es ist daher wahrscheinlich, daß dieser

*) Es kann schon deßhalb kein allgemeiner Gebrauch seyn, weil die Scheikhs der kleinern Beduinen-Stämme keine Schreiber halten, und sie selbst gewöhnlich nicht schreiben können.

Gebrauch nur bei der Geburt der Fohlen aus berühmten edlen Geschlechtern (wie z. B. der El-Khoms) Statt findet. — Auffallend ist übrigens, daß beide nichts davon sagen, daß auch schon beim Belegen der Stuten Zeugen herbeigerufen werden. Man sollte deßhalb glauben, daß Arvieux, Mariti, Niebuhr u. s. w., welche dieß behaupten, Unrecht haben. Indessen ist dieß keineswegs der Fall, wie aus einer im folgenden Kapitel befindlichen Abstammungsurkunde (Nr. 7) unwidersprechlich hervorgeht. In dieser Urkunde heißt es: «Die Stute ist in Gegenwart des Scheikhs Soliman belegt worden, worüber gegenwärtige Schrift ausgestellt wird.» — Sonach ist nicht zweifelhaft, daß bisweilen auch schon beim Belegen der Stuten Zeugen zugegen sind; jedoch wahrscheinlich nur bei Stuten von den edelsten Geschlechtern.

Es fragt sich nun: Was ist das Resultat von dem Allem? — Ich glaube Folgendes:

1) Daß die Araber über die Abstammung ihrer edlen Pferde keine Geschlechtsregister führen, die eine lange Reihe von Ahnen nachweisen. Zugleich muß ich jedoch bemerken, daß, wenn ein Araber das Geburtszeugniß von seiner Stute hat, und das von ihrer Mutter, Großmutter, Urgroßmutter u. s. w., er doch eine Art von Geschlechtsregister besitze. Vielleicht haben die Reisenden, welche die Existenz der Geschlechtsregister behaupten, dieß eben so verstanden, und in diesem Falle hätten sie nicht ganz Unrecht.

2) Daß die Araber manchmal bei der Belegung der Stuten einen oder einige Zeugen herbeirufen, damit diese erforderlichen Falls aussagen können, von welchem Hengste

die Stute belegt worden sey *). Es ist dieß aber kein allgemeiner Gebrauch, und er findet wahrscheinlich nur Statt, wenn Stuten von berühmten Hengsten belegt werden. Und endlich

3) daß die Araber zuweilen bei der Geburt eines Fohlens einige Zeugen versammeln, um von ihnen die edle Abkunft desselben beurkunden zu lassen. Es ist aber auch dieß kein allgemeiner Gebrauch. Auch ist in den von diesen Zeugen ausgestellten Geburtsbriefen oder Geburtszeugnissen niemals Erwähnung gethan von dem Großvater oder der Großmutter, sondern es werden nur die beiden Aeltern des Fohlens namentlich aufgeführt, und das Fohlen selbst nach Farbe, Abzeichen und sonstigen Merkmalen beschrieben.

Ueber die Glaubwürdigkeit dieser Geburtszeugnisse bemerkt Niebuhr: «Obgleich viele Araber sich bisweilen kein Gewissen daraus machen, einen falschen Eid zu schwören, so soll man doch kein Beispiel haben, daß jemals ein Araber ein falsches Zeugniß von der Geburt eines Fohlens unterschrieben habe, weil sie gewiß glauben, daß ihre ganze Familie ausgerottet würde, wenn sie in diesem Stücke wider die Wahrheit redeten» [16]. Andere Reisende (z. B. Arvieux, Mariti, Burkhardt u. s. w.) sagen weder etwas für, noch wider die Glaubwürdigkeit der Geburtszeugnisse. Auf jeden Fall verdienen sie mehr Vertrauen, als die Abstammungsurkunden, welche beim Verkaufe

*) Ob in einem solchen Falle auch Belegungs-Atteste ausgefertiget werden, wie Arvieux und Mariti behaupten, ist ungewiß und ich muß es unentschieden lassen. --

der Pferde mitgegeben werden *); und zwar aus dem Grunde: weil sie gleich nach der Geburt ausgestellt werden, wo an den Verkauf der Fohlen noch nicht zu denken ist, und wo auch die Besitzer derselben noch nicht wissen können, ob nicht vielleicht dereinst ein Nachbar oder sonst Bekannter der Käufer seyn werde.

Schlüßlich muß ich noch bemerken, daß höchst wahrscheinlich noch nie ein solches Geburtszeugniß durch den Ankauf eines arabischen Pferdes nach Europa gekommen ist. Alle jene Urkunden, welche bisher mit angekauften arabischen Pferden zu uns gekommen sind, waren, (so viel ich deren kenne) keine Geburtszeugnisse, sondern Atteste, welche beim Verkaufe der Pferde über deren Abstammung mitgegeben werden **). Wie Mariti berichtet, heißt man in Syrien das Geburtszeugniß Kodschet, und wie Seetzen sagt, in Arabien El-Hödsche, oder nach Burkhardt's Versicherung, Hhudsche. Dagegen heißen die Abstammungsurkunden oder Atteste, welche beim Verkaufe der Pferde ausgestellt werden, in Syrien, wie Russel sagt, Teskar. Alles dieses bitte ich wohl zu erwägen, weil es zum Verstehen des nun folgenden Kapitels unentbehrlich ist.

---

*) Siehe das folgende Kapitel.

**) Neun dergleichen Atteste oder Abstammungsurkunden sind in dem folgenden Kapitel zu finden. Es ist aber kein Geburtszeugniß dabei, wenn nicht etwa Nr. 7 eines ist, worüber ich indessen sehr in Zweifel bin, da es in der Stadt Damaskus ausgefertiget worden.

[1]) Arvieur's Nachrichten von seiner Reise nach Syrien u. s. w., 3. Bd. S. 204. und 2. Bd. S. 381. [2]) le Voyage de Mr. de la Roque p. 226. [3]) Meyer's Reise nach Jerusalem, S. 438. [4]) Niebuhr a. a. O., S. 93. [5]) Fundgruben des Orients, 5. Bd. S. 59. [6]) Niebuhr a. a. O., S. 87. [7]) Burkhardt's Bemerk. über die Beduinen, S. 201. [8]) Niebuhr a. a. O., S. 162. [9]) Graf von Veltheim, Abhandlung über Pferdezucht, S. 309. [10]) Arvieux's Sitten der Beduinen, S. 66. [11]) Mariti's Reise in Syrien, 2. Bd. S. 222. [12]) Niebuhr a. a. O., S. 163. [13]) Burkhardt a. a. O., S. 166. [14]) Ebenda, S. 351. [15]) Fundgruben, 5. Bd. S. 59. [16]) Niebuhr a. a. O., S. 162.

Achtzehntes Kapitel.

Von den Abstammungsurkunden, welche beim Verkaufe der edlen Pferde mitgegeben werden.

In Arabien und den darangränzenden Ländern: Syrien, Mesopotamien und Irak-Arabi ist es gebräuchlich, daß beim Verkaufe edler Pferde Urkunden über deren Abkunft mitgegeben werden. Es sind aber diese Urkunden keineswegs, wie Manche glauben, Geschlechtsregister oder sogenannte Stammbäume, die eine lange Reihe von Ahnen nachweisen, sondern nur kurzgefaßte Abstammungszeugnisse, die gewöhnlich erst beim Verkaufe der Pferde ausgefertiget werden *). In einem solchen Falle begiebt sich der Verkäufer mit einigen Zeugen, die das zu verkaufende Pferd kennen oder zu kennen vorgeben, zu dem Kadi (Ortsrichter). Nachdem dieser die Zeugen beeidiget und verhört hat, nimmt er ihre Aussagen über die Abstammung des Pferdes zu Protokoll, fügt diesem noch den Namen des Verkäufers und seines Pferdes, nebst Farbe, Abzeichen und Alter des letztern bei, und damit ist dann die Abstammungs- und Verkaufsurkunde fertig. In der Regel wird

*) Diese Urkunden dürfen nicht mit den Geburtsbriefen oder Geburtszeugnissen verwechselt werden, wie schon zu Ende des vorigen Kapitels bemerkt wurde.

in diesen Urkunden nur die edle Abkunft von Vater und Mutter her angegeben; selten wird zugleich auch der Groß-ältern oder noch früherer Ahnen gedacht. Manchmal wird auch noch der Name und Charaker des Käufers beigefügt, jedoch ist dieß nicht gar häufig der Fall.

Auf solche Weise verfährt man in allen Städten und Flecken, wo Kadis (Richter) vorhanden sind. In den Wüsten werden selten Zeugnisse von dieser Art ausgestellt, und geschieht es ja, so werden sie durch die Oberhäupter (Emirs oder Scheikhs) ausgefertiget. Alles dieses wird sich bei der Durchlesung der nun folgenden neun Urkunden, die wirklich beim Kaufe arabischer Pferde mitgegeben worden sind, näher ergeben.

Erste Abstammungsurkunde *).

« Die Gelegenheit zu dieser Schrift, oder diesem Instrument ist: Zu Acca, in dem Hause des Kadi, eines gesetzlich bestätigten Richters, erschien Thomas Usgate, der englische Consul, vor Gericht, und mit ihm Scheikh Morad ebn el Hadgi Abdollah, Scheikh von dem Lande Safad. Der gemeldete Consul fordert von dem erwähnten Scheikh Zeugniß von der Abkunft des Schimmels, welchen jener von ihm gekauft hat. Es wird ihm versichert, daß es ein Manaki Schadahi sey. Dieß war ihm aber nicht genug, sondern er verlangte ein Zeugniß von Arabern, die das Pferd aufgezogen und wüßten, wie es an den Scheikh Morad gekommen sey. Hierauf erschienen einige angesehene Araber, deren Namen unten genannt werden; diese

*) Diese Urkunde ist aus dem Anhange von Pennant's brittischer Zoologie genommen.

bezeugten und erklärten, daß der Schimmel, welchen der Consul von dem Scheikh Morad förmlich gekauft habe, ein Manaki Schadahi, von reiner Pferderace sey, reiner als Milch, und daß die ganze Geschichte folgende sey: Der Scheikh Saleh, Scheikh von Alsabal, kaufte ihn von dem Araber aus dem Stamme El-Mohammadat, und Scheikh Saleh verkaufte ihn an den Scheikh Morad ebn el Hadgi Abdollah, Scheikh von Safad, und Scheikh Morad verkauft ihn an den obenerwähnten Consul. Da diese Sache vor uns gekommen ist, wir auch den Inhalt gar wohl kennen, der benannte Herr ein Certifikat und Unterschrift der Zeugen darüber fordert, so haben wir ihm dieß Certifikat darüber ausgestellt, das er als einen Beweis davon halten kann. Gegeben Freitags den 28sten des zweiten Rabia im Jahre 1135 (d. i. den 29sten Januar 1722).»

«Zeugen:»

«Scheikh Jumat el Faliban von El-Mohammadat.
Ali Ebn Taleb el Kaabi.
Ibraim, sein Bruder.
Mohammed el Adhra, Scheikh Alfarifat.
Khamis el Kaabi.»

Zweite Abstammungsurkunde *).

«Die kurze Nachricht von diesem Stammregister und die Ursache des Verkaufs ist diese: Ich, Fakir Mohammed, Sohn des Hadgi Chalil, Sohn des Scheikh Suleiman, Scheikh des Fleckens Alchadar, das an den Rücken des

*) Diese Urkunde ist aus Berenger's Geschichte des Reitens entlehnt. Berenger hat solche vom Herzog von Northumberland erhalten.

Berges Sihangan gränzt, habe heute mein braunscheckiges Pferd *) Bik verkauft, das ein vollkommener Araber ist, ein Sohn von der braunen Stute Alkahila, gezeugt von Nif, des Gialf, ein Brauner mit schwarzen Augenliedern, ein edler Araber. Die Mutter des Vaters (Nif) war die Stute des Hussein Ali Bey. Er ist vollbürtig von Adel. Ich Fakir Mohammed, dem der höchste Gott, der gelobet sey, gnädig seyn wolle, Sohn des Hadgi Chalil, ich selbst habe mein obenbenanntes Pferd, das noch unter meinen Pferden und in meinem Gehege ist, verkauft. Es ist ein Braunschecke mit schwarzen Augenliedern. Die untenstehenden Zeugen beweisen seine Race und Geschlecht. Am letzten des Monats Safar im Jahre 1173 (1760 nach unserer Zeitrechnung). Zu der nämlichen Zeit ist das obengenannte Pferd an einen Eilboten auf dieses Zeugniß verkauft worden, dem Herrn N. Sohn des N., einen Befehlshaber der englischen Compagnie der fränkischen Kaufleute in der englischen Faktorei, die an den Gränzen der Wüste von Aleppo liegt. Ich habe diesen Contrakt mit ihm geschlossen, und habe den ganzen Kaufpreis in guter und richtiger Bezahlung erhalten.»

»Mohammed, Sohn des Hadgi Chalil.	Hussein, Aga Suleiman.	Seid Ibraim, Oberster Aga des Chan zu Toman.
Der Hadgi Isa, der Derwisch.	Hadgi Mohammed, der Derwisch.	Sid Abdallah Alynassor»[1]).

*) Einige haben behauptet, es gäbe unter den arabischen Pferden gar keine Schecken; diese Urkunde beweißt das Gegentheil.

Dritte Abstammungsurkunde *).

«Im Namen Gottes, des Allgütigen und Allbarmherzigen!»

«Lob sey Gott, dem Herrn der Welten! der seinem Volke durch den Herrn der Apostel (über welchen Heil und Gnade so wie über seine Nachkommen und Gefährten, welche für die Erhebung des Glaubens stritten) und durch die tapfern, schützenden, vertheidigenden, großmüthigen und gewaltigen Verfechter der Einheit Gottes beisteht, und diese, zum Schrecken ihrer Feinde, mit den schnellrennenden Pferden von den ausgezeichneten Racen Hadud und Koheyl versah. Der Pferde geschieht Erwähnung im Koran, als: «der auf drei Füßen stehenden, mit der Spitze des vierten die Erde berührenden, und schnellrennenden,» und (Gott schwört daselbst unter den Ausdrücken) bei denen, die im Rennen schnauben und durch Reibung ihrer Hufe gegen die Steine Feuer schlagen. Ferner sagte der Prophet wie die Sunna lehrt), als man ihn sah die Stirnhaare eines Pferdes mit eigener Hand umdrehen: «von den Stirnhaaren des Pferdes hängen, bis an den jüngsten Tag, das Wohl, die Belohnung und die Beute ab.» Und man erzählt, daß er ein andermal sagte: «Die glücklichsten sind die Fuchsrothen.»

«Wer diese Schrift liest, der wisse, daß der braune Hengst mit der weißen Stirnplatte von der Zahl der edel-

---

*) Dieses Abstammungszeugniß ist über einen Hengst ausgestellt worden, welchen der Königl. Großbrittanische Resident Claudius Rich in Bagdad im April 1816 zu Mosul erkauft hat. Die Uebersetzung aus dem Arabischen ist von Herrn Bellino.

sten, vortrefflichsten und sanftgehendsten Pferde sey, seiner Abkunft und Gestalt nach bekannt, und von den Racen Hadud, Koheyl und Dscholfi, rein und unvermischt abstamme, daß an ihm nichts Unreines, oder Zweifelhaftes, daß er überhaupt vorwurfslos und er verwandt sey mit den Pferden des Scheikhs Abdallah von der Familie Mohammed des Oberhauptes, des Stammes Tai *). Wir kennen des gedachten Hengstes Verwandtschaft und Namen, und bezeugen hiermit desselben edle Abstammung und seine Unterscheidungszeichen; denn die Person, auf die wir uns beziehen, ist ein großer Liebhaber von Pferden, und hat deren von jeher viel gehalten. Wir bezeugen hiermit nur, was wir wissen, ohne für das uns Unbekannte gut zu stehen.»

«Mussul, Anfangs Dschumulsüul-achir 1231 (Mitte April 1816).»

»Mustapha, der Sohn Ahmed Agas, der Sohn Abdoldschelils. — Said Ali, der Sohn Sachis. — Ibrahim Aga, der Sohn Mohammed Agas. — Innus vom Stamme Hamdun. — Der Scheikh des Stammes Hamdun, Hamed Alkalesch. — Ali, der Sohn Hamed Alkalesch» [2]).

Vierte Abstammungsurkunde **).

«Im Namen Gottes, des Allgütigen und Allerbarmenden, von dem wir alle Hülfe und Beistand hoffen. Der

---

*) Der Stamm Tai hält sich in Mesopotamien, in der Wüste zwischen Mosul und Nisibin auf, und soll sehr vortreffliche Pferde besitzen.

**) Diese Urkunde hat der französische General-Consul Rousseau in Aleppo in dem 3n Bande der Fundgruben des Orients mitgetheilt.

Prophet sprach: «Mein Volk wird sich nie versammeln, um falsch Zeugniß abzulegen.»

«Wir Unterzeichnete erklären vor Gott, dem Allerhöchsten, versichern und bezeugen, schwörend bei unserm Glücke und unserm Schicksale, daß die braune Stute mit der weißen Stirne, mit einem weißen Vorder- und Hinterfuße, durch drei gerade und ununterbrochene Generationen, sowohl von väterlicher, als von mütterlicher Seite von edlen Ahnen abstammt; daß sie wahrhaftig die Tochter einer Stute der Race Seglawie der Nedsched ist, und eines Hengstes der Race Chouenman-Elsebbah; und daß sie die Eigenschaften jener Stuten vereiniget, von denen der Prophet spricht: «Ihr Mutterleib ist eine Schatzkammer und ihr Rücken der Sitz der Ehre.»

«Gestützt auf das Zeugniß unserer Vorfahren, attestiren wir bei unserm Glücke und Schicksale, daß besagte Stute von edler Abkunft und so rein wie Milch ist; daß sie durch ihre Flüchtigkeit und Geschwindigkeit im Laufen sich auszeichnet, den Durst geduldig erträgt, und an die Anstrengungen langer Märsche gewöhnt ist. Znr Urkunde dessen haben wir gegenwärtiges Instrument ausgestellt, nach dem, was wir mit eigenen Augen gesehen, und selber wissen. Gott ist der beste Zeuge.»

«Folgen die Unterschriften und Siegel der Zeugschaftsgeber» [3].

Fünfte Abstammungsurkunde *).

« Gott »

« Enoch »

« Im Namen des gnädigen Gottes, des Herrn aller Geschöpfe; Friede und Segen sey mit unserm Herrn Mohammed und seiner Familie und seinen Anhängern bis zum Tage des Gerichtes; und Friede sey mit allen denen, welche diese Schrift lesen und den Inhalt derselben verstehen. Gegenwärtige Schrift bezieht sich auf das graulichbraune Fohlen mit vier weißen Füßen und einem weißen Abzeichen an der Stirn. Es stammt aus der ächten Race Saklawy und heißt Obeyan; seine Haut ist so glänzend und rein, wie Milch; es gleicht den Pferden, von welchen der Prophet sagt: « Wahre Reichthümer sind eine edle und feurige Pferderace;» und von welcher Gott sagt: « Die Kriegsrosse stürzen sich auf den Feind mit mächtigem Schnauben und stürzen sich in die Schlacht früh am Morgen. » Und Gott sprach die Wahrheit in seinem unvergleichlichem Buche. Dieses graue Saklawy-Fohlen wurde gekauft von Koshrun, dem Sohne Emheuts, aus dem Aenesischen Stamme Zebaa. Der Vater dieses Fohlens ist der treffliche braune Hengst aus der Race Koheylan, welcher den Namen Merdschán führt; seine Mutter ist die berühmte weiße Saklawy-Stute, bekannt unter dem Namen Dscherua. Dem gemäß, was wir gesehen haben, bezeugen wir hier auf unsere Glückseligkeits-Hoffnung, und auf unsere Gürtel, o Scheikhs der

*) Diese Urkunde ist entlehnt aus: "Burkhardt's Bemerkungen über die Beduinen, Weimar 1831. Burkhardt bemerkt bei ihrer Mittheilung, daß sie aus der arabischen Original-Urkunde, welche von den Beduinen geschrieben war, treu übersetzt sey.

Weisheit und Besitzer der Pferde! Daß dieses graue obenerwähnte Fohlen noch edler ist, als sein Vater und seine Mutter, und dieses bezeugen wir nach unserer besten Kenntniß durch diese gültige und vollkommene Schrift. Dank sey Gott, dem Herrn aller Geschöpfe.»

«Geschrieben am 16ten des Safar im Jahre 1223 (oder nach unserer Zeitrechnung 1808) *).

«Unterschrift der Zeugen.»

Sechste Abstammungsurkunde **).

«Im Namen Gottes des Allbarmherzigen»

»Lob sey dem einzigen Gott!»

«Grund und Veranlassung zur Abfassung dieses ist das edle Fohlen von unvermischter lauterer Abkunft der Familie Nedsjedi, von einer edlen Stute des Obeid-eltemenô-awy und dessen Vater Elzekhlauwy, so wiederum von einer edlen Stute des Mohammed Elôkheidy stammte, als welches Fohlen Scheikh Abdelkaadir, Scheikh von Dschjebel-aan an Herrn Tschaky, Consuln der niederländischen Gemeinde zu Haleb, angesehener und wohlhabender Einwohner daselbst, unter Attest der angesehenen und wohlhabenden Bürger Hössein Eltschjemal, Ismael Elaswed,

---

*) Burkhardt giebt diese Urkunde für ein Geburtszeugniß aus; dieß ist aber ein Irrthum. Denn es heißt darin: "Dieses graue Saclawy Fohlen wurde gekauft von Koshrun u. s. w. Es ist sohin diese Urkunde beim Verkaufe und nicht bei der Geburt des Fohlens ausgefertiget worden.

**) Diese Urkunde ist bei dem Ankaufe des arabischen Hengstes Nischty dem ehemaligen Königl. preußischen Stallmeister Ehrenpfort ausgehändiget worden. Die Uebersetzung aus dem Arabischen ins Deutsche ist von dem verstorbenen gelehrten Professor Wahl.

und Scheikh Hössein verkauft hat; daß dasselbe in Wahrheit ein Koiheilan ist, lauterer als die reine süße Milch, und bei Glück und Segen nimmermehr ein Fehl daran zu finden; auch daß dasselbe als ein aufrichtiges Koheyl, was von solchen vornämlich gerühmt werden muß, sich tapfer gegen Feindesheer erhebe. Zur Bewahrung solches edlen Absprunges, dessen Kette in Rücksicht aller eben berührter Punkte vorsichtiglich, fest und ununterbrochen erhalten worden ist: ist dieses Instrument niedergestellt worden. So geschehen am 25sten des Monats Schawaal im Jahre 1203 (den 17ten Juli 1789).»

«Der Arme.»

«Scheikh Abdelkaadir.»

«Scheikh von Dschebel-aan» *) 4).

«Unter Gotteshülfe.»

Siebente Abstammungsurkunde **).

«Durch gegenwärtige Schrift wird bezeugt: daß Bahyan, von einer Stute geboren ist, welche vom Aesräk belegt war, der vom Abiän entsprossen ist, dem Sohne Abids, einer unter den Großen berühmten Familie. Die Stute ist in Gegenwart des edlen Scheikhs Soliman belegt wor-

*) Diese Abstammungsurkunde hatte der Hengst Nischty bei seinem Ankaufe an einer dünnen eisernen Kette um den Hals hängen. Sie war in Form eines Dreiecks gebrochen, und es waren auch noch verschiedene Kräuter und Wurzeln beigefügt.

**) Diese Urkunde ist dem ehemaligen Königl. preußischen Stallmeimeister Ehrenpfort beim Ankaufe des arabischen Hengstes Bahyan eingehändiget worden, welchen Hengst er im Jahre 1791 zu Damaskus um 800 Piaster erkaufte. Die Uebersetzung aus dem Arabischen ist von dem verstorbenen Professor Wahl.

den, worüber gegenwärtige Schrift ausgestellt wird. Damaskus im Monat Dulkadah des Jahres 1204 (1790).»

Abid
|
Abiän
|
Aesräk
|
Bahyan *).

Nachstehendes Attest ward dem Stallmeister Ehrenpfort bei dem Kaufe noch besonders ausgefertiget:

Attest.

«Die Ursache der Abfassung dieses ist, daß Signor Ehrenpfort, der Preuße, von der fröhlichen Weide das Fohlen, von einer unvermischten und ununterbrochen fortgeführten edlen Beschälung Abyaan-ibn-ybyet, aus der Race der rothen Pferde, des durch Menschenalter berühmten Geschlechts Khurysch, unter Attest des Scheikh Soliman Elsamaag erkauft hat. Nach Wunsch begnügt, nach Wunsch erlassen. Zur Urkund dessen ist dieses geschrieben im Monat Dulkadah in der Hauptstadt Damaskus im Jahre 1205 (Monat Juli 1791) [5].

Achte Abstammungsurkunde **).

«Im Namen Gottes, des Gnädigen und Barmherzigen, des Seid Mohammed, des Statthalters Gottes, so

*) Diese Urkunde weicht von allen frühern ab, indem in ihr der Name und die Abkunft der Mutter des Fohlens nicht angegeben ist, wogegen aber die Namen des Vaters, Großvaters und Urgroßvaters genannt sind.

**) Diese Urkunde theilt der Engländer Weston in seinen Fragmenten der morgenländischen Literatur mit, wobei er zugleich beder Gefährten Mohammeds und Jerusalems! Gelobt sey der Herr, der allmächtige Schöpfer! Dieser Hengst ist ein Vollblutpferd, und seine Milchzähne befinden sich samt seinem Stammbaum, dessen Richtigkeit selbst kein Ungläubiger bezweifeln kann, in einem am Halse hängenden Säckchen. Er ist der Sohn des Rabbamy und der Lahadah; seinem Vater an Kraft gleich, vom Stamme Zazzalah. Er ist schön geformt und zum Rennen gebaut, wie ein Strauß, und gewaltig im Angriff und in der Vertheidigung. Rücksichtlich der ehrenvollen Verwandtschaft rühmt er sich des Zalwah, den Vater Mohats, welcher der Vater Kallaks war, und den unvergleichlichen Alket, den Vater Manasses, des Vaters Alscheh, von Geschlecht zu Geschlecht herstammend von der edlen Stute Lahalala. Möge er immer viele grüne Weide, Körnerfutter und Wasser des Lebens vom Stamme Zazzalah als Belohnung erhalten, damit sein Feuer vermehrt werde, und viele tausend Cypressen seinen Leib vor der Hyäne der Gräber und dem heulenden Wolfe bewahren! Möge der Stamm Zazzalah ihm innerhalb eines ummauerten Geheges ein Fest bereiten, und mögen sich Tausende bei Sonnenaufgang truppenweise am Lagerplatze des Stammes unter dem Zelte der himmlischen Gestirne innerhalb der Mauern versammeln, der Sattel aber mit dem Namen des Besitzers und seiner Familie bezeichnet seyn! Dann mögen sie unaufhör-

---

merkt, daß sie an dem Halse eines während des englischen Feldzugs in Aegypten, vom Obristen Ainslie gekauften arabischen Pferdes gehangen habe. Sie ist auf Seidenpapier ausgefertiget, einen Fuß lang und vier Zoll breit, und enthält drei und vierzig Zeilen in arabischer Sprache, unter die hie und da türkische Worte eingemischt sind. —

lich laut mit den Händen klatschen und Gott um Segen für den Stamm Zoab, den begeisterten Stamm, anflehen.»

«Folgen die Unterschriften» [6]).

Neunte Abstammungsurkunde *).

«Im Namen Gottes des Barmherzigen!»

«Gegenwärtige Schrift hat zum Zwecke, zu bezeugen, daß das graue Pferd Derrisch des Mahommed-Bey, zu der vorzüglichsten Race der Nedgdih (Nedsched) Pferde gehört. Seine Mutter ist die graue Stute Hadbah, die Berühmte, und sein Vater der braune Hengst Dahrouge, zu den Pferden des Stammes Beni Haled gehörend. Wir bezeugen auf unser Gewissen, daß er zu dem Pferdeschlage gehört, von welchem der Prophet sagt: «Die wahren Renner schlagen, wenn sie rennen, Feuer, sie gewähren Glück bis zum jüngsten Tage.» Wir haben gesagt, was uns bekannt ist, und Gott kennt die, welche wahr zeugen.»

«Hierauf folgen sechs Unterschriften» **) [7]).

Es entsteht nun die Frage: «Sind diese Abstammungsurkunden auch immer der Wahrheit getreu? — Es ist nothwendig hier zwei Fälle zu unterscheiden. Die fraglichen Urkunden werden entweder in Städten und Märk-

*) Diese Abstammungsurkunde gehörte einem arabischen Pferde an, das sich vor einigen Jahren in Nottinghamshire in England befand.

**) Diese und die vorhergehende Urkunde sind nicht beim Verkaufe der Pferde ausgefertiget worden, sondern wahrscheinlich schon früher, bevor die Besitzer einen annehmbaren Käufer finden konnten. Auf jeden Fall sind sie keine Geburtszeugnisse, weil in ihnen von schon erwachsenen Pferden und nicht von neugebohrenen Fohlen die Rede ist. —

ten von den daselbst wohnenden Kadis (Ortsrichtern); oder von den Scheikhs (Oberhäuptern) der Beduinen ausgefertiget. Im erstern Falle verdienen sie bei Weitem weniger Zutrauen, als im letztern. Wenn sie in Städten und Märkten ausgefertiget werden, befinden sich die Pferde meistens schon in der zweiten, dritten, oder wohl gar vierten Hand, und oft schon 20, 30 und noch mehrere Meilen von ihrem Geburtsorte entfernt: wer ist nun in solcher Entfernung wohl im Stande, ein zuverlässiges Zeugniß über ihre Abstammung auszustellen? Die Zeugen, welche in solchen Fällen ihre Aussagen vor Gericht abgeben, sind gewöhnlich von den Roßhändlern gedungene Menschen, die aussagen und beschwören, was ihnen diese vorschreiben. Von solchen Abstammungsurkunden gilt es vornehmlich, was Russel (der zehn Jahre zu Aleppo in Syrien, unfern der arabischen Grenze gelebt hat) mit folgenden Worten sagt: «In den innern Theilen Arabiens ist das Volk nicht sehr verdorben, und hat daher noch Achtung für den Eid. Aber an den Grenzen der Wüste, wo sich Europäer niedergelassen haben, herrscht der Geist des Geizes, und die alte Rechtschaffenheit des Arabers ist in die niedere Geschicklichkeit eines Roßhändlers übergegangen. Sie vergessen nicht nur den schönen Ruhm ihrer Voráltern und ihrer eigenen Ehre, sondern selbst die Ehre ihrer Pferde, und betrügen diejenigen, die von den Franken (Europäern) Aufträge haben, Pferde aufzukaufen, und setzen sehr oft unter den feierlichsten Betheuerungen, daß es ein reiner, unbefleckter Abkömmling einer ansehnlichen Familie des edlen Pferdestammes (Nedschdi) sey, gewissenlos einen schlechten Bastard ab. Auch haben die arabischen

18

Roßhändler zu Aleppo kein zartes Gewissen; denn der Teskar oder das Zeugniß über die Abstammung der Pferde, welches man in dem Hause des Kadi (Richters) erhält, wird oft von Leuten ertheilt und unterschrieben, welche nicht mehr von der Sache wissen, als man ihnen davon zu sagen für gut befunden hat; und dennoch schwören sie darauf» [8]).

Ein anderer Engländer, Namens Smith, schreibt: «Viele unächte arabische Pferde sind ohne Zweifel in den letzten Jahren in England eingeführt worden, weil auf die Stammregister (oder Abstammungsurkunden) sehr wenig Werth zu setzen ist. Viele Araber, mit welchen ich sehr gut bekannt war, und welche gewöhnlich Pferde von den arabischen und persischen Seegestaden nach Indien zum Verkaufe führten, fanden, daß die englischen Herren die Stammregister als einen Gegenstand von Wichtigkeit betrachteten, und es folglich für sie einträglich wäre, dieser Ansicht zu genügen, und daher pflegten sie Stammregister en gros zu fabriziren, ohne die geringste Rücksicht auf Wahrscheinlichkeit oder Wahrheit, — und Pferde, in dem Innern von Persien gezogen, mit wahrscheinlich nicht mehr arabischem Blute in ihren Adern, als unsere Pferde jetzt haben, wurden für die reinsten Pferde aus der arabischen Wüste ausgegeben» [9]).

Was die zweite Art der Abstammungsurkunden, die von den Scheikhs (Oberhäuptern) der Beduinen ausgestellt werden, betrifft, so verdienen diese unstreitig mehr Glauben und zwar aus folgenden Gründen:

1) Ist in einem solchen Falle schon dem Aussteller der Urkunde (Scheikh) das fragliche Pferd genau be-

kannt, da es von einem seiner Stammesgenossen gezogen worden.

2) Kennen dann auch die herbeigerufenen Zeugen alle das Pferd, und zwar gewöhnlich schon von der Geburt an, und können daher mit Sicherheit dessen Abkunft beurkunden. Und endlich:

3) Sollen auch die Beduinen (wie schon am Ende des vorigen Kapitels bemerkt wurde) den Glauben hegen, daß ein von der Geburt oder Abstammung eines Pferdes abgelegtes falsches Zeugniß, ihnen allemal früher oder später großes Unglück bringe.

Indessen will ich damit nicht behaupten, daß die von Scheikhs ausgestellten Zeugnisse niemals betrüglich seyen. Unser Landsmann, Seetzen, welcher in den Jahren 1807 bis 1809 in Syrien und einem Theil von Arabien war, glaubt, daß in solchen Fällen den Beduinen eben so wenig zu trauen sey, als den arabischen Roßhändlern in Aleppo, Damaskus und andern Städten in Syrien. Er sagt unter andern: « Wer versichert uns die Abstammung ihrer Pferde? Die Beduinen selbst. Und warum versichern sie dieß? Weil dieses Vorurtheil ihnen Geld einbringt. Nun muß man die Beduinen kennen, um zu wissen, was sie für Geld zu thun fähig sind. Sie lügen umsonst mehr als zu viel, und so läßt sich denken, wie weit sie diese schöne Tugend fürs Geld treiben werden. Man ersiehet hieraus, daß die Großen in Europa nicht sicher vor Betrug sind, wenn dem gekauften Pferde auch die Stammtafel auf der Brust hängt. Denn nichts ist leichter, als daß ein arabischer Schreiber mit Hülfe eines Beduinen eine solche ausfertige. Welcher europäische Käufer versteht so viel arabisch, um sie lesen zu können? Und wäre dieß auch der Fall, so bleibt es doch immer eine Unmöglichkeit, die Wahrheit oder Unwahrheit in ihr zu erkennen» [10]).

Demnach wäre also auch den, von den Scheikhs ausgestellten Abstammungsurkunden wenig zu trauen. Indessen scheint Seetzen vorzugsweise nur die Beduinen von Syrien vor Augen gehabt zu haben, und nicht die der großen arabischen Wüste und von Nedsched. Denn von den letztern sagt Burkhardt: «Diese Beduinen sind nicht mit den Betrügereien bekannt, welche ein europäischer Roßhändler zur Täuschung des Käufers anzuwenden versteht. Man kann ihnen ein Pferd unbesorgt auf ihr Wort abnehmen nach dem ersten Versuche, oder nachdem man es zum erstenmal gesehen hat, ohne befürchten zu müssen, daß man damit betrogen worden sey» [11]).

Allein geben wir auch zu, daß Seetzen Recht hat, so kann doch, wenn man unmittelbar von diesen Beduinen Pferde kauft, so leicht kein Betrug Statt finden, weil sie keine andern, als rein edle Pferde haben. Man ist sohin bei ihnen wenigstens in so fern vor Betrug sicher, daß man kein halbedles oder veredeltes Pferd statt eines edlen erhält, und dieß ist doch immer die Hauptsache.

---

[1]) Berengers Geschichte des Reitens, S. 140. [2]) Fundgruben des Orients, 5 B. S. 177. [3]) Ebenda 3 B. S. 68. [4]) Helmbrecht und Naumann's Charakteristik und Geschichte der vorzüglichsten Hengste und Stuten in den königlich Preußischen Gestüten, 2tes Heft S. 23. [5]) Ebenda 3tes Heft S. 10. [6]) Das Ausland, eine Zeitschrift, Jahrg. 1831. S.41. [7]) Brown's Skizzen urd Anecdoten von Pferden, S.162. [8]) Russel's Naturgeschichte von Aleppo, 2 B. S. 56. [9]) Smith on breeding of the Turf p. 81. [10]) Fundgruben, 2 B. S. 78. [11]) Burkhardt's Bemerkungen über die Beduinen, S. 172.

Neunzehntes Kapitel.

Von dem Pferdehandel der Araber und dem Preise der arabischen Pferde*).

Da in dem größten Theile von Arabien das Futter sehr rar ist, so verkaufen die Beduinen ihre Pferde meistens schon als ein-, zwei- oder dreijähriges Fohlen. Sie verfahren dabei, wie Burkhardt berichtet, auf folgende Weise. «Die Beduinen — sind seine Worte — haben die Sitte bei ihrem Pferdehandel, daß sie den Preis ihrer Pferde niemals bestimmen. Der Käufer bestimmt den Preis, den er geben will, und der Eigenthümer wiederholt, ohne eine Forderung zu machen, bei jedem Gebot das Wort: Hot (gieb oder lege zu), bis der Bietende zu dem Preise kommt, den er sich in Gedanken festgesetzt hat» **) [1]. — Nach Arvieux Versicherung beobachteten die Beduinen in Syrien auch bei dem Verkaufe oder Tausche eines Pferdes

*) Beim Lesen dieses Kapitels bitte ich die am Ende dieses Buchs angehängte kleine Charte von Arabien zu Hülfe zu nehmen.

**) Daß die Araber beim Verkaufe ihrer Pferde stets auf diese Weise verfahren, bezeuget auch der französische Thierarzt Damoiseau, welcher im Jahr 1819 in Syrien an der Grenze von Arabien war. (Siehe v. Hochstetter's Monatsschrift Jahrgg. 1831. 2 Bd. 1 Heft. S. 139 u. folg.

die Ceremonie, daß sie in Gegenwart einiger Zeugen eine Handvoll Erde über das verkaufte oder vertauschte Pferd werfen und dabei sprechen: «Wir geben Erde für Erde.» Ist dieß geschehen, so kann der Kauf nicht mehr umgestoßen werden, wenn man sich keinen Prozeß zuziehen will; auch sind sie sodann zu keiner Gewährleistung verpflichtet [2]).

Der Pferdehandel der Araber geht theils in das Ausland, theils handeln sie unter sich. Von dem erstern Handel berichten die Reisenden Folgendes. Taylor schreibt: «Die Araber verkaufen ihre Hengste mit Vortheil auf den großen Märkten zu Bagdad, Basra (oder Bassora), Damaskus und Aleppo, und behalten die Stuten zum Reiten und zur Fortpflanzung ihrer Art zurück» [3]). — So ist es in der That. Die Bewohner der Wüsten oder des innern Landes bringen ihre Pferde entweder selbst auf die Märkte der oben genannten Städte zum Verkauf, oder, was am häufigsten geschieht, sie verkaufen sie an Roßhändler von ihrer eigenen Nation, welche sie ebenfalls auf gedachte Märkte bringen. Von diesen Märkten werden sie hernach durch die dahin kommenden auswärtigen Händler weit und breit verführt, als z. B. nach Ostindien, Persien, Afghanistan, die asiatische und europäische Türkey, Tunis und Tripolis, den christlichen Staaten in Europa u. s. w. Wie viele arabische Pferde auf diese Weise alljährlich in das Ausland gehen ist nicht genau bekannt. Indessen ist wahrscheinlich, daß sich ihre Zahl auf mindestens 3000 Stücke beläuft *), wovon etwa ein Drittheil in Arabien, die übri-

*) Von diesen dreitausend Pferden gehen, sicheren Nachrichten zu Folge, wenigstens 14 bis 1500 in die asiatische und europäische

gen aber in Syrien, Mesopotamien und Irak-Arabi von den daselbst wohnenden Arabern gezogen worden. Es sind aber diese Pferde nicht alle von edler Art (Koheylans oder Nedschedis), wahrscheinlich nicht einmal zur Hälfte; die übrigen sind halbedle oder veredelte Pferde (Hatiks), wie wir weiter unten sehen werden.

Ueber den

Handel mit arabischen Pferden zu Basra und Bagdad *)

lauten die Berichte der Reisenden folgendergestalt. Macdonald Kinneir schreibt: «Schon seit mehreren Jahren treiben die Städte Basra und Bagdad einen starken Handel mit Pferden. Man bringt sie selbst aus den entferntesten Gegenden Arabiens dort hin» [4]). Insonderheit aber soll der Handel mit arabischen Pferden von Basra nach Ostindien sehr bedeutend seyn. Jakson sagt: «Es ist ein sehr seltener Fall, daß von Basra ein Schiff nach Ostindien abgeht, ohne eine gute Anzahl arabischer Pferde mitzunehmen» [5]). Buckingham berichtet dasselbe, aber ausführlicher, wie folgt: «Pferde werden aus allen umliegenden Ländern zum Verkauf nach Basra gebracht; doch zieht man die arabischen von der Race Nedsched in der Regel allen andern vor. Es besteht freilich ein Gesetz von der Pforte, welches die Ausfuhr von Pferden aus was immer für einem türkischen Hafen ver-

Türkei, 8 bis 900 nach Ostindien, und die übrigen in die obengenannten Länder.

*) Diese beiden Städte liegen in der türkischen Landschaft Irak-Arabi; Basra hat 40000 und Bagdad 96000 Einwohner.

bietet; aber der große Gewinn, welchen der Handel damit nach Indien gewährt, brachte den Statthalter von Basra dahin, diese Ausfuhr zu gestatten, wenn sie auf englischen Schiffen geschieht. Da die Sache einmal versucht worden war, so hielt es nicht schwer, diese Begünstigung auch in den folgenden Jahren zu erhalten. Seit jener Zeit (etwa um das Jahr 1793) hat die Ausfuhr der Pferde in dem Grade zugenommen, daß 1815 an fünfzehnhundert Stücke nach Vorder-Indien geschickt worden sind *). Die Hälfte davon geht nach Bombay, ein Drittel nach Calcutta, und das Uebrige nach Madras. Der Mittelpreis des Einkaufs von denen, die nach Bombay geschickt werden, beträgt für das Stück 300 Rupien **), wozu noch 100 für die Fracht, 100 für das Futter u. s. w. unterwegs, und 100 für den Zoll und andere kleinere Ausgaben kommen, so daß jedes in Bombay ausgeschiffte Pferd bis dahin schon 600 Rupien kostet, ungerechtet den zufälligen Verlust auf der Fahrt. Der mittlere Verkaufspreis in Bombay ist achthundert Rupien, von welchen aber 100 für Landungs- und Unterhaltungskosten bis zur Verkaufszeit, sowie für Mäcklergebühren u. s. w. abgehen, so daß 100 Rupien Gewinn bleiben. Die nach Bengalen gehenden Pferde sind von schönerem Schlage und stehen höher im Preise. Die meisten werden vom brittischen Residenten zu Basra für eigene Rechnung geschickt und das Stück wird nicht unter 1000 Rupien verkauft. Bis Cal-

*) Darunter waren jedoch auch persische und turkomanische Pferde; jedoch machten die arabischen die Mehrzahl aus.

**) Eine Rupie ist im Werthe gleich einem Gulden und 10 bis 12 Kreuzer rheinisch, oder 16 sächsische Groschen.

cutta kommt es auf 1500 Rupien zu stehen, und wird für 2000 verkauft *). Die wenigen nach Madras gehenden Pferde werden nur mit solchen Schiffen abgeschickt, die auf ihrem Wege nach Calcutta in jenem Hafen sich aufhalten **). Sie kommen eben so hoch, als die vorigen, zu stehen, werden aber, da sie seltener auf dem Markte

*) Der Kapitain Gwatkin sagt, daß gute edle arabische Pferde in Ostindien zuweilen schon mit 500 Pfund Sterling, ja eines schon zu 1250 Pfund Sterling (13,750 Gulden) bezahlt worden sind. (v. Wachenhusen's Zeitg. für Pferdeliebhaber, 5r Jahrg. S. 68.)

**) Die Pferde werden auf dem Verdeck des Schiffes in besondere Ställe gebracht, wo sie ihre Stände in zwei Reihen nebeneinander haben, zwischen denen ein Durchgang ist, nach welchem die Köpfe gerichtet sind. Jeder Stand ist nicht breiter, als zwei Fuß, oft nur 17 Zoll. Mit den Köpfen und den Hinterfüßen werden sie festgebunden. Auf fünf Pferde wird ein Knecht gerechnet, der zuweilen noch einen Gehülfen hat, und mit diesem kostenfrei nach Basra zurückgeschickt wird. Für Gerste und Stroh wird nichts Besonderes an Fracht bezahlt, obschon sie oft an 50 Tonnen Raum wegnehmen. Jedes Pferd bekommt täglich vier Gallonen (16 Maaß) Wasser, so daß ein großer Vorrath davon eingenommen werden muß. Dennoch geht auf der langen Fahrt bei großer Hitze aus Mangel an Wasser und auch wohl an frischer Luft, manches Pferd zu Grunde, für welches aber keine Fracht bezahlt wird, indem man diese nur für die wirklich ausgeladene Zahl accordirt. Man erzählte Buckingham einen Fall, wo einige Pferde, nachdem der Wasservorrath erschöpft war, drei Tage lang mit Seewasser, das man durch Datteln versüßte, erhalten worden waren, so lange, bis man ans Land kam und frisches Wasser erhalten konnte. Es brachte keine andere Wirkung, als ein leichtes Abführen hervor. Bei stürmischer Witterung pflegt man den Pferden Matten unter die Füße zu legen, damit sie nicht ausrutschen und fallen; sie werden aber nicht in der Mitte hinaufgezogen, wie man es bei den englischen Pferden auf Seereisen macht, um sie in Ruhe zu erhalten. Bei arabischen Pferden hat man dieß nicht nöthig; diese sind daran gewöhnt, im Stehen zu schlafen und wohl

zu Madras erscheinen, zu höhern Preisen verkauft. — Die von Basra nach Indien gehenden Pferde sind in der Regel vier Jahre alt; mehr als siebenjährige und Fohlen unter zwei Jahren werden selten oder niemals geschickt, die letztern müßten denn ausdrücklich bestellt werden. Stuten sind keineswegs so leicht zu haben, als Hengste, weil der Araber sie wegen ihres ruhigern Verhaltens lieber für sich zum Reiten behält; aber es ist nicht wahr, wie so oft behauptet wird, daß er sich um keinen Preis von seiner Stute trenne. Er zieht sie bloß wegen ihrer größern Brauchbarkeit dem Hengste vor; auch werden die Stuten, weil sie nicht so schön sind, und das Reiten auf denselben in Ostindien nicht Sitte ist, seltener von den Einkäufern begehrt. Wer eine haben will, wird gar keine Schwierigkeit finden, sie nach dem landesüblichen Preise zu erhalten, und dieser beträgt nicht viel mehr, als was ein Hengst kostet (?) » [6]).

Was Buckingham hier von der starken Ausfuhr der arabischen Pferde nach Ostindien sagt, wird auch von andern Reisenden (z. B. Elmore, Fouche, Scott Waring, Kinneir u. s. w.) bestätiget. Es sollen aber die meisten dieser Pferde nur von mittelmäßiger oder geringer Qualität seyn. « Die Pferde — schreibt Burkhardt — welche zu Basra für den indischen Markt bezogen werden, sind aus zweiter Hand von den Beduinen-Roßkämmen gekauft; denn ein Beduine wird sich selten so weit herab-

---

Jahre lang sich nicht zu legen (?), ausser wenn sie krank sind. » (Siehe Buckingham's Reisen in Syrien, Mesopotamien u. s. w. 2r Bd. S. 181.)

lassen, ein gutes Pferd auf einen entfernten Markt zu bringen, ohne die Gewißheit zu haben, dasselbe zu verkaufen. Aechte Vollblutpferde aus den Geschlechtern der El-Khoms kommen, wie mir glaubhaft versichert worden ist, selten nach Basra; und die meisten Pferde, welche dort für den indischen Markt gekauft werden, liefern die Montefik-Araber *), die eben nicht sehr gewissenhaft sind, Pferde von reiner Race zu bringen» [7]. Alles dieses bestätiget auch Fouche d'Obsonville, indem er sagt: «Die Seefahrer bringen alle Jahre arabische Pferde mit nach Indien, die zu Bassora (Basra), Djidda, Mockha und Maskate eingeschifft werden. Gewöhnlich laufen sie in den Häfen von Surate, Mangalor und Calicut ein. Für jedes Pferd, es mag schön oder häßlich seyn, müssen sie einerlei Abgabe für die Einfuhr zahlen, dessenungeachtet haben diese Kaufleute sehr selten Pferde von den ächten Kholans (oder Race Nedsched), sonderlich nicht von der ersten Qualität, bei sich, weil sie gewöhnlich einen bessern und schnellern Absatz mit jungen, ausgesuchten Hatiken (halbedlen oder veredelten Pferden) machen, die ihnen an Ort und Stelle nur auf zwei oder dreihundert, bis tausend und zwölfhundert Livres zu stehen kommen» [8].

Auch der Handel mit arabischen Pferden zu Bagdad ist nicht unbedeutend. Macdonald Kinneir schreibt: «Nach Bagdad kommen viele arabische Pferde zum Verkaufe; allein es ist dessenungeachtet schwer, sich allda ein Pferd von ganz reinem arabischen Blute zu verschaffen, und man muß 1200 bis 3000 Piaster (120 bis

*) Siehe das siebente Kapitel.

300 Dukaten *) dafür bezahlen [9]. Auch Buckingham sagt «Die Araber der Wüste bringen dann und wann treffliche Pferde zum Verkaufe nach Bagdad; allein im Ganzen genommen giebt es dort doch eine geringere Anzahl Pferde von reinedlem Blute, als man nach der Nachbarschaft von der Landschaft Nedsched (dem Geburtsland der schönsten arabischen Pferde) vermuthen sollte. Ein schönes (reinedles) arabisches Pferd kostet zu Bagdad immer 2 bis 3000 Piaster oder 150 Pfund Sterling (1650 Gulden)» [10]. — Ferner bemerkt Scott Waring: «Die arabischen Pferde, welche nach Bagdad zum Verkaufe gebracht werden, stehen in geringem Ruf und Werth; diese sind es, die man gewöhnlich nach Indien ausführt. Ihr Preis ist sechs bis fünfzehn Pfund Sterling (66 bis 165 Gulden). Nicht ohne viele Mühe und Kosten ist man im Stande, sich zu Bagdad einen guten Araber von edler Race zu verschaffen» [11]. —

Indessen ist es zuverlässig, daß auch ächtedle arabische Pferde nach Bagdad zum Verkaufe kommen. Sie werden hernach von hier durch die Roßhändler nicht bloß nach Ostindien, sondern auch nach mehreren andern Ländern Asiens verführt, wie z. B. nach Persien, Afghanistan, Beludschistan, Armenien, die asiatische Türkei u. s. w. — Die Händler verkaufen sie in diesen Ländern oft zu sehr hohen Preisen, besonders wenn sie ächte Wüstenpferde (von der Race Nedsched) sind. So z. B. sind ausgezeichnet schöne Pferde von dieser Art in Persien oft schon mit 4 bis 600 Tomans (4 bis 6000 Gulden) bezahlt worden.

*) Zehn Piaster waren damals (1818) im Werthe gleich einem Dukaten.

Auch auf den Märkten zu Erzerum, Angora, Scutari, Constantinopel u. s. w. gelten sie oft 800 bis 1000 Dukaten und bisweilen noch mehr *) [12]).

Was den

Handel mit arabischen Pferden zu Damaskus und Aleppo **)

betrifft, so ist dieser nicht weniger bedeutend, als der vorgedachte. Denn in diesen beiden Städten oder in ihrer Nachbarschaft kaufen gewöhnlich die Europäer ihren Bedarf an arabischen Pferden ein. Auch gehen von hier aus arabische Pferde durch die Roßhändler nach Aegypten, Tunis und Tripolis, und noch mehr in die asiatische und europäische Türkei, und besonders nach Constantinopel.

Da Damaskus nicht weit von den Gränzen Arabiens entfernt liegt, so bringen die Beduinen der Wüste sehr häufig arabische Pferde dahin zum Verkauf. Wie Richter versichert, nimmt der dasige Pferdemarkt mehrere Straßen ein. Damoiseau, (der im Jahre 1819 als Begleiter des Vicomte Deportes wegen Ankaufs arabischer Pferde in Syrien war) berichtet über den Pferdeverkauf zu Damaskus Folgendes: «Den andern Tag nach meiner Ankunft besuchte ich den Pferdemarkt, der am andern Ende

*) Murhardt schreibt von dem Pferdemarkt zu Scutari: "Ich erstaunte über die hohen Preise, die für manche Pferde bezahlt wurden. Die arabischen Hengste wurden am theuersten von allen verkauft; nicht selten wurden tausend Zechinen (3000 Gulden) für einen einzigen gegeben.» (Murhardt's Gemälde von Constantinopel, 2r Bd. S. 181).

**) Diese beiden Städte liegen in der türkischen Provinz Syrien; Damaskus hat 150,000, und Aleppo 200,000 Einwohner.

der Stadt gehalten wird. Viele Beduinen brachten ihre verkäuflichen Hengstfohlen; selten verkaufen sie Stutfohlen, denn sie zählen auf sie für die Nachzucht. Der Augenblick war günstig. Es befand sich gerade der Emir Akhor (Oberstallmeister) des Mehemet Ali Pascha von Aegypten hier, der bedeutende Einkäufe machen sollte. Eine Menge Pferde passirten vor meinen Augen, aber die Mehrzahl war von geringem Schlage, und wurden etwa zu 5 bis 600 Piaster (200 bis 240 Gulden rhein) *) verkauft; doch waren auch darunter für den persönlichen Dienst des Pascha's, welche zu 3 bis 4000 Piaster (12 bis 1600 Gulden) bezahlt wurden. Dieser Kauf geschah im Aufstrich, und um die Eigenschaften der Pferde wohl herauszustreichen, jagten Roßhänder darauf herum, den letzten Aufstrich wiederholend. Wurde nichts zugefügt, so hielt der Mäkler, und legte den Zügel des Pferdes in die Hand des Käufers, wenn der angebotene Preis dem Eigenthümer zusagte» [13]).

Nicht viel weniger bedeutend ist der Pferdehandel in Aleppo (Haleb); hier ist (wie Richter versichert) alle Donnerstage Pferdemarkt. Man findet auf diesem Markte Pferde von mehrern Racen: arabische, turkomanische, kurdische, syrische u. s. w. und zwar in großer Anzahl. Erstere (die arabischen) sind gewöhnlich lauter Hengste, weil

*) Der Werth der türkischen Piaster ist nicht zu jeder Zeit derselbe gewesen; in den Jahren 1790 bis 1800 gingen fünf, dann später zehn auf einen Dukaten. Als Damoiseau in Syrien war (1819), war ein Piaster im Werthe gleich fünfzehn französische Sols; also ungefähr 22 bis 24 Kreuzer. Dieses ist bei dem weiter unten Folgenden wohl zu berücksichtigen. Ich habe diese Berechnung des Werthes der Piaster zu verschiedenen Zeiten aus guten Quellen geschöpft.

die Araber äußerst selten Stuten (besonders wenn sie von reinedler Art sind) zum Verkaufe in die Städte bringen. Indessen finden diese Hengste stets Käufer, wenn schon viele derselben von mittelmäßiger oder geringer Qualität und von nicht ganz reinem Blute sind. Ihr Preis ist zwischen 500 bis 2000 Piaster (200 bis 800 Gulden). Aechte Wüstenpferde (von der Race Nedscheb) sind hier weniger häufig, als zu Damaskus anzutreffen; sie werden, wenn sie schön und fehlerfrei sind, gewöhnlich zu 2 bis 4000 Piaster (800 bis 1600 Gulden) und zuweilen noch viel theurer verkauft. Gute turkomanische und kurdische Pferde gelten 4 bis 500, und geringere 150 bis 300 Piaster. Am wohlfeilsten sind die gemeinen syrischen Pferde; diese kosten selten mehr, als 80 bis 200 Piaster [14]).

Von dem Ankauf arabischer Pferde in Syrien überhaupt berichtet Burkhardt Folgendes: « Nach allem, was, auf die beste Autorität gegründet, zu meiner Kenntniß gelangt ist, stehe ich nicht an, zu behaupten, daß die schönste Race arabischer Vollblutpferde in der Wüste von Syrien zu finden ist. Indessen sind auch hier ausgezeichnet schöne Pferde seltener, als man gewöhnlich glaubt. Bei einem ganzen Beduinen-Stamme können vielleicht fünf bis sechs (?) dergleichen Pferde vorhanden seyn. Die Annahme scheint eben so richtig, als wahrscheinlich zu seyn, daß die syrischen Wüsten nicht mehr, als zweihundert Pferde von ausgezeichneter Beschaffenheit liefern können, und jedes derselben kostet in der Wüste selbst 150 bis 200 Pfund Sterling (1650 bis 2200 Gulden). Von diesen letztern Pferden mögen wohl sehr wenige, und vielleicht kein einziges (??) den Weg nach

Europa gefunden haben *), obschon sie es nur sind, durch welche man auf eine erfolgreiche Weise den europäischen Pferdeschlag verbessern und veredeln könnte. Die Pferde, welche aus Syrien ausgeführt werden, sind sämmtlich Pferde von zweiter und dritter Qualität» [15]).

Daß die arabischen Pferde von geringer Qualität bei weitem wohlfeiler sind, als die vorerwähnten ausgezeichnet schönen Pferde, versteht sich von selbst. Burkhardt sagte darüber Folgendes: «Der Preis der arabischen Hengste in Syrien, wie man sie daselbst gewöhnlich antrifft, steigt von 10 bis 120 Pfund Sterling (110 bis 1320 Gulden). Seit die Engländer in Basra und Bagdad arabische Hengste kaufen und sie nach Indien senden, sind die Preise beträchtlich gestiegen. Der holländische Consul zu Aleppo, Hr. Masseyk, kaufte im Jahre 1808 über zwanzig der schönsten arabischen Hengste für Napoleon und zahlte für jeden zwischen 80 bis 90 Pfund Sterling (880 bis 990 Gulden). Eine arabische Stute kann man schwerlich unter 60 Pfund Sterling (660 Gulden) bekommen, und selbst zu diesem Preis hält es für die Stadtbewohner schwer, eine Stute zu kaufen. Die Araber bezahlen oft selbst 200 Pfund Sterling (2200 Gulden) für eine berühmte Stute, und dieser Preis ist bisweilen noch über 500 Pfund Sterling (5500 Gulden) gestiegen. — Für die großen europäischen Mächte möchte es vielleicht zweckmäßig seyn, gehörig qualificirte Personen in Syrien Pferde

*) Burkhardt geht hier offenbar viel zu weit; denn zuverlässig ist, daß neben vielen schlechten, auch schon gute arabische Pferde nach Europa gekommen sind.

ankaufen zu lassen. Für dergleichen Agenten würde Damaskus der beste Ort seyn. Auch könnte der Einkauf in der syrischen Landschaft Hauran mit Vortheil Statt finden, weil man die Pferde daselbst aus erster Hand kaufen und in den Lagern der Beduinen, welche man im Frühjahr in den Ebenen dieser Landschaft findet, sich selbst auswählen kann. Uebrigens bin ich zu glauben geneigt, daß bisher sehr wenig ächte arabische Pferde von der besten Race, und noch viel weniger ein einziges (?) von der allerbesten Race (El-Khoms) je nach England gekommen sind, obgleich viele Pferde aus Syrien, aus der Berberei und aus Aegypten unter dem Namen arabischer Pferde passirt seyn mögen» [16]).

Aus dem bisher Gesagten geht hervor, daß die Städte Basra, Bagdad, Damaskus und Aleppo die Hauptmärkte für den Handel mit arabischen Pferden sind, daß aber daselbst auch viele Pferde von nicht ganz reinem edlen Blute zum Verkaufe kommen.

Es fragt sich daher:

Wo und wie können wir Europäer und besonders wir Deutsche ächte reinedle arabische Pferde mit Sicherheit einkaufen?

Am besten wäre es unstreitig, wenn wir in das Innere des wüsten Arabiens, und besonders in die dazu gehörigen Landschaften Nedsched und Hadschar reisen und von den dortigen Beduinen, welche, wie wir bereits früher gesehen haben, die schönste und reinste Zucht von edlen Pferden besitzen *), einkaufen könnten. Allein da diese Bedui-

*) Siehe das fünfte Kapitel.

nen große Räuber sind, die jeden Fremden, der nicht ihr Gastfreund ist, ohne Gnade ausplündern, ja zuweilen wohl gar ermorden *): so ist an ein solches Unternehmen nicht zu denken. Es bleibt sohin kein anderer Weg übrig, als unsern Ankauf in den zunächst an Arabien gränzenden Ländern (Syrien, Palästina, Mesopotamien u. s. w.) vorzunehmen. Am gelegensten für uns ist unstreitig in jeder Hinsicht Syrien, daher auch seither die meisten größern Einkäufe für Europa dort Statt gefunden haben. Man kann hier einkaufen, entweder auf den vorgedachten Märkten zu Damaskus und Aleppo von den dortigen Roßhändlern oder andern Einwohnern, oder von den, im Lande herumziehenden Beduinen. Daß der Ankauf von Roßhändlern, und überhaupt auf gedachten Märkten wegen der falschen Abstammungszeugnisse (sogenannten Stammbäumen) welche den

---

*) Burkhardt sagt: "Die Araber kann man eine Räubernation nennen, deren Hauptgeschäft im Plündern besteht, worauf beständig ihre Gedanken gerichtet sind. Sie berauben nicht bloß ihre Feinde, sondern auch ihre Freunde und Nachbarn, sobald sie sich nicht in ihren (der Räuber) eigenen Zelten befinden, wo ihr Eigenthum geheiligt ist." (Dessen Bemerk. über die Beduinen S. 127). — Der bekannte Graf Rzewusky war im Jahr 1819, da er sich in die Wüste von Palmyra (die noch zu Syrien gehört) begab, nahe daran, von den Beduinen entführt zu werden, welche auf diese Weise ein großes Lösegeld von ihm erpressen wollten. Auch ein englischer Reisender, Namens Boyle, befand sich fast zu derselben Zeit in Gefahr, entweder gefangen oder ermordet zu werden; er rettete sich nur mit großer Mühe aus den räuberischen Händen seiner Verfolger. (Siehe Damoiseau's Reise in Syrien und Arabien, in v. Hochstetter's Monatschrift für Gestüte und Reitbahnen Jahrgg. 1831). — Professor Scholz erzählt, daß mehrere Engländer auf der Reise nach Palmyra von den Beduinen bis auf das Hemd ausgeraubt und auch einige ermordet worden seyen.

Pferden mitgegeben werden, sehr betrüglich ist, wurde schon früher erwähnt *). Wir können deßhalb nicht wohl anders, als von den Beduinen selbst einkaufen. Auch Burkhardt räth hiezu; er sagt: «Im Allgemeinen kann man behaupten, daß nur dem arabischen Pferde vom ersten Range zu Gebote stehen, der sich die Mühe nimmt, sie aus erster Hand (d. h. von den Beduinen selbst) anzukaufen.»

Bekanntlich ziehen viele Beduinen-Stämme des wüsten Arabiens im Frühjahre mit ihren Heerden in die zunächst gelegenen kultivirten Länder (Syrien, Palästina, Mesopotamien u. s. w.), oder an den Euphrat, um daselbst frische Weiden für ihre Heerden aufzusuchen, weil im Sommer das Gras in der großen Wüste von der heftigen Sonnenhitze völlig vertrocknet. Burkhardt sagt von dem großen Beduinen-Stamme Aenese (oder Anazee) **): «Im Frühjahre nähern sich die Aenese der syrischen Gränze und schlagen ihre Lager in einer Linie auf, die aus der Gegend von Aleppo acht Tagreisen nach Süden hin bis über Damaskus hinaus sich fortsetzt. Ihr Hauptaufenthalt wäh-

*) Am Ende des vorigen Kapitels.

**) Der große Beduinen-Stamm Aenese zerfällt in mehrere Zweige (kleinere Stämme), als: die Wuld Ali, El Hessenne, El Rowalla, El Bescher, El Fedhan, El Abdelle, Estambulad, Zebaa oder Sebaa u. s. w. Alle diese Stämme haben Pferde von reinedlem Blute, und insonderheit sind die Stämme Rowalla, Fedhan und Estambulad ihrer vortrefflichen Pferde wegen berühmt. Von dem Stamme Fedhan kaufte der französische Gestütsbeamte Deportes im Jahr 1819 mehrere treffliche Pferde von guter Größe und verhältnißmäßig starkem Bau. Er hatte diese Araber in ihrem Sommerlager zwischen Aleppo und der großen Wüste aufgesucht.

rend dieser Zeit ist indessen der Distrikt Hauran und seine Umgegend, wo sie ihre Lager in der Nähe und zwischen den Dörfern aufschlagen, während sie mehr nördlich gegen Homs und Hama hin sich meistentheils in gewisser Entfernung von den bewohnten Landstrichen zu halten pflegen. In diesen Landestheilen bringen sie nun den ganzen Sommer zu, suchen Weide und Wasser, kaufen im Herbste ihren Wintervorrath an Waizen und Gerste, und kehren nach dem ersten Regen ins Innere der großen Wüste zurück» [17]. Während dieses Aufenthalts der Aenese und noch anderer Beduinen-Stämme der großen arabischen Wüste in Syrien ist die beste Zeit für uns Europäer zum Einkaufe edler arabischer Pferde. Die Käufer können dann, wenn sie die gehörigen Vorkehrungen treffen, diese Beduinen-Stämme in ihren Lagern aufsuchen und unmittelbar von ihnen einkaufen, ohne daß sie sich dadurch einer persönlichen Gefahr aussetzen *). Burkhardt empfiehlt zu diesem Endzweck besonders den Distrikt Hauran. Er sagt: «Im Mai bedecken Schwärme von Beduinen, die aus der großen arabischen Wüste kommen, den Distrikt Hauran (in Syrien) und bleiben bis nach dem September daselbst; diese sind jetzt fast ausschließlich vom großen Stamme Aenese. Auch lagern mehrere Beduinen-Stämme

*) Zu diesen Vorkehrungen gehört erstlich der Schutz des türkischen Pascha's, der die Provinz, wo die Beduinen sich eben aufhalten, regiert; und dann hauptsächlich, daß man sich von dem Oberhaupte (Emir oder Scheikh) des Stammes, zu dem man reisen will, vor dem Antritte der Reise sicheres Geleit versprechen läßt. Burkhardt sagt: "Hat ein Scheikh einmal einer Person sicheres Geleit versprochen, so hält er sein Wort, ohne darauf Rücksicht zu nehmen, von wem ihm der Reisende empfohlen worden ist» (a. a. O., S. 142 u. 278).

das ganze Jahr hindurch in Hauran, als z. B. die Stämme Serdie, Beni-Sackher, Serhhan, Fehily u. s. w.» [18]). — Alle diese Beduinen (und besonders die aus der Wüste) haben keine andern, als Pferde vom reinsten Blute *). Man ist sohin bei ihnen wenigstens insoweit vor Betrug gesichert, daß man nicht etwa ein halbedles oder veredeltes Pferd für ein reinedles erhält; und dieß ist doch immer die Hauptsache beim Einkaufe arabischer Pferde. Denn die etwaigen äußerlichen Körpermängel können ja mit den Augen entdeckt werden, wenn anders der Käufer ein Pferdekenner ist. Nur auf diese Weise ist es möglich, zu arabischen Pferden, wie sie seyn sollen, zu gelangen; das heißt zu solchen, die nicht bloß von reinedlem Blute sind, sondern auch zugleich eine angemessene Größe und einen verhältnißmäßig starken Knochenbau besitzen. Denn zuverlässig ist, daß die Beduinen der Wüste immer nur ihre schlechtern Pferde in die Städte zum Verkaufe bringen, und die bessern stets für sich behalten. Beim Einkaufe in ihren Lagern fällt dieses Hinderniß größtentheils weg, und der Käufer hat dann eine größere und bessere Auswahl **).

Was den

*) Wie sehr die Beduinen vom Stamme Aenese auf die Reinhaltung ihrer Pferderace sehen, ersieht man aus folgender Begebenheit. Ein Zweig dieses Stammes, Rowalla genannt, erbeutete im Jahr 1809 von den Truppen des Pascha's von Bagdad 500 Pferde von verschiedener Race und Abkunft; er behielt nicht ein einziges dieser Pferde, sondern verkaufte sie alle nach Yemen.

**) Ich empfehle noch über obigen Gegenstand nachzulesen: Graf v. Veltheims Abhandlungen über die Pferdezucht Englands, S. 31. bis 34.

Handel der Araber mit Pferden unter sich betrifft, so geschieht dieser zuweilen auf eine höchst seltsame — bei uns ungewöhnliche — Weise. Die Reisenden berichten darüber Folgendes. Arvieux sagt: «Da schöne edle Fohlen sehr theuer sind, und daher ihrem Herrn grossen Vortheil bringen, so treten oft drei, vier, und zuweilen noch mehr Araber, von denen einer allein eine Stute zu erkaufen nicht vermögend ist, zusammen, und kaufen eine Stute in Gemeinschaft *). Derjenige, welcher sie alsdann in Verwahrung nimmt, darf sie auch reiten, ist aber verbunden, sie zu füttern. Wenn solche hernach abgefohlt hat, und das Fohlen groß geworden ist, so verkaufen sie es, und theilen das gelößte Geld unter sich. Sie ziehen sodann nach ihrem Antheile an der Kaufssumme drei, vier

*) Von einem solchen Kaufe erzählt auch der Königl. preußische Hofpferdarzt Kleinert, der mit dem Stallmeister Ehrenpfort im Jahr 1791 in Syrien war. Er versichert nämlich eine ausgezeichnet schöne edle Stute gesehen zu haben, welche dreißig Arabern gehörte, die sie zusammen für 1500 Kameele gekauft hatten, und nach dem Verhältniß der zum Ankauf gegebenen Summe Antheil an dem aus dem Verkauf der Fohlen gelösten Gelde hatten. Nur der, welcher das Meiste dazu hergegeben, hatte das Recht, sie zu reiten. Wenn man den Preis eines Kameels im Durchschnitte zu 50 Piaster annimmt, so kommt die Summe von 15000 Dukaten heraus, welche für diese Stute bezahlt worden. Die von ihr gefallenen Hengstfohlen wurden, wenn sie einjährig waren, mit 1500 Piaster (300 Dukaten) bezahlt, und die Stutfohlen an keinen andern, als an einen von ihrer Nation verkauft.“ (Siehe Naumann's Charakteristik der vorzüglichsten Hengste und Zuchtstuten der Königl. preußischen Gestüte, 2s Hft.) — Daß Hr. Kleinert ein wahrhafter Mann ist, ist außer Zweifel; allein sollte er sich nicht in der Anzahl der Kameele, welche für diese Stute gegeben wurden, etwa um die Hälfte geirrt haben?

bis fünfhundert Thaler (ecus) für den Fuß *); denn auf diese Art pflegen sie zu handeln» [19]. Niebuhr sagt: «Ihre Stuten verkaufen die Araber nicht gerne für baares Geld, sondern wenn der Eigenthümer sie nicht mehr recht verpflegen kann, so giebt er sie einem andern unter der Bedingung, daß er an ihren Fohlen Theil habe, oder daß er sie nach einer gewissen Zeit wieder zurückfordern könne. Auch der Eigenthümer des Hengstes kann Anspruch auf einen gewissen Theil von dem Werthe des Fohlens machen» [20].

Alles dieses bestätiget auch Burkhardt mit folgenden Worten: «Wenn ein Araber eine Stute von ausgezeichnet guter Race hat, so kann er sich nie, oder nur sehr selten dazu entschließen, sie zu verkaufen, ohne sich die Hälfte oder zwei Drittel von ihr vorzubehalten. Verkauft er den halben Leib derselben, so nimmt der Käufer die Stute, ist aber gehalten, dem Verkäufer das nächste Fohlen, oder auch die Stute zu geben und das Fohlen für sich zu behalten. Hat der Araber nur den dritten Theil seiner Stute verkauft, so nimmt sie der Käufer zwar an sich, muß aber dem Verkäufer zwei Jahre hindurch die Fohlen geben, oder auch wohl ein Fohlen und die Stute. Die Fohlen des dritten Jahres und alle spätern gehören, wie auch die Hengstfohlen des ersten, oder jeden folgenden Jahrs dem Käufer. Einen solchen Kontrakt bezeichnen die Araber mit dem Kunstausdrucke: «Die Hälfte oder den dritten Theil des Leibes der Stute verkaufen;» und so kommt es nun, daß die meisten arabischen Stuten das gemeinschaftliche

*) Für den Fuß heißt hier soviel, als für das Viertel an der Kaufsumme.

Eigenthum von zwei oder drei, oder sogar von sechs Personen sind *), wenn der Preis einer Stute sehr hoch seyn sollte. Die Araber vom Stamme Ahl el Schemal verkaufen gewöhnlich den halben Leib ihrer Stuten und bedingen sich die Hälfte aller männlichen und aller weiblichen Fohlen aus. Eine Stute wird auch auf die Bedingung verkauft, daß alle Beute, welche der Reiter macht, zwischen ihm und dem Verkäufer getheilt werden soll» [21]).

Obgleich schon im Vorhergehenden Einiges über den

Preis der arabischen Pferde

gesagt worden ist: so muß ich doch der Wichtigkeit des Gegenstandes wegen nochmals darauf zurückkommen. — Sowie die arabischen Pferde unter sich verschieden sind, so ist auch ihr Preis verschieden. Zuvörderst kommt es darauf an, ob sie von edler, halbedler (veredelter) oder gemeiner Art sind. Auch sind die edlen Pferde wieder sehr im Preise verschieden. Denn erstlich macht schon die individuelle Schönheit und Güte einen bedeutenden Unterschied, und dann hat auch, wie alle Reisende übereinstimmend versichern, die Abstammung von einem mehr oder weniger berühmten edlen Geschlechte einen wichtigen Einfluß darauf. Daher schreibt auch Arvieux: «Wer das Pferd kauft, bekommt das Abstammungszeugniß mit, welches zugleich den Preis bestimmt» [22]). Ferner sagt Mayer: «Der Preis wird nach Maßgabe und Beschaffenheit

---

*) Bisweilen ist auch der Fall, daß ein Araber an mehreren Stuten Antheil hat. So erzählt General Malcolm von einem Araber, Namens Heider, der an fünf berühmten Zuchtstuten Theil hatte. (Leben und Sitten in Persien, S. 39.)

des Abstammungszeugnisses gesteigert» [23]); das heißt mit andern Worten: nach der größern oder geringern Berühmtheit des edlen Geschlechtes, aus welchem das Pferd abstammt.

Daß die Araber ihre edlen Pferde schon vor sechshundert und noch mehr Jahren in einem hohen Werthe gehalten und zu sehr ansehnlichen Preisen verkauft haben, wurde bereits früher erwähnt *). Wie ihr Preis seit ungefähr hundert Jahren war, wird sich aus den nun folgenden (aus Reisebeschreibungen glaubwürdiger Männer gezogenen) Nachrichten ergeben.

Arvieux schrieb schon am Ende des siebenzehnten Jahrhunderts: «Die edlen Pferde der Araber werden sehr theuer verkauft; die geringsten kosten fünfhundert Thaler (écus) **) [24]). Nach Fouche d'Obsonville's Bericht war in den 1750er Jahren der gewöhnliche Preis eines edlen Hengstes 12 bis 1500 Livres (540 bis 675 Gulden), und dieser Preis stieg bei vorzüglichen Pferden zuweilen bis auf 4 bis 5000 Livres (1800 bis 2250 Gulden) [25]). Wie Niebuhr erzählt, kauften die Engländer um das Jahr 1760 zu Mockha in der Landschaft Yemen edle arabische Hengste zu 800 bis 1000 Speciesthaler ***) [26]). Als der Graf Ferrieres-Sauveboeuf in den 1780er Jahren durch die große arabische Wüste reisete, kostete ein schöner arabischer Hengst gewöhnlich 3 bis 400 Louis-

*) Im dritten Kapitel S. 103 und S. 108.

**) Einer zu Ein Gulden 22 Kreuzer.

***) Bei der Anwesenheit des Lords Valentia zu Mockha im Jahr 1805 war daselbst der gewöhnliche Preis für einen guten edlen Hengst noch immer 1000 Speciesthaler. (Siehe dessen Reisen nach Indien und Arabien, 1r Bd. S. 183.)

d'ors [27]). Nach Pedro Nunnes (Alibey genannt) Versicherung, galten im Jahre 1810 zu Damaskus arabische Hengste von guten edlen Geschlechtern (Dscholfe, Saclawy u. s. w.) 2000 Piaster (200 Dukaten) *) und oft noch mehr; andere aus weniger geachteten Geschlechtern waren jedoch für 800, 1000 bis 1200 Piaster zu haben [28]).— Wie Graf Forbin bezeuget, kaufte man in den Jahren 1817 und 1818 in Syrien arabische Hengste von den besten edlen Geschlechtern (Dscholse, Saclawy, Del-Nagdi u. s. w.) um den Preis von 4 bis 8000 Piaster (1600 bis 3200 Gulden) **), und die aus weniger geachteten Geschlechtern (Del-Meski, Del-Sabi u. s. w.) um 1000 bis 3000 Piaster (400 bis 1200 Gulden [29]).

Man ersieht hieraus, daß der Preis der edlen arabischen Pferde schon seit langer Zeit bedeutend hoch ist. Aber das ist noch nicht genug. Es steigt bei ausgezeichnet schönen Pferden oft noch viel höher. Autran erzählt, daß der Vicomte Deportes im Jahre 1819 zwei und zwanzig edle arabische Pferde für den französischen Hof in Syrien einkaufte, und daß mehrere von diesen Pferden auf 20 Beutel (4000 Gulden) ***) zu stehen kamen [30]). Auch Gollard bezeugt, daß vorzüglich schöne arabische Hengste auf den Märkten zu Damaskus und Aleppo schon öfter mit 10,000 Franken (4500 Gulden) bezahlt wor-

*) Zu dieser Zeit waren zehn Piaster im Werthe gleich einem Dukaten. Man ersieht dieß aus Burkhardt's Reise in Syrien, 1r Bd. S. 112., wo er sagt, daß 40 Piaster gleich 2 Pfd. Sterling im Werthe seyen.

**) Damals war ein Piaster im Werthe gleich 24 Kreuzer.

***) Ein Beutel ist 500 Piaster; also damals ungefähr im Werthe von 200 Gulden rhein.

den sind [31]). Nach des Generals v. Minutoli Versicherung, kaufte Ibrahim Pascha (Sohn des Mehemet Ali Pascha von Aegypten) vor einigen Jahren in der Landschaft Hedschas einen schönen edlen Hengst von anerkannt reiner Race für 100,000 türkische Piaster (ungefähr 10,000 Brabanter Thaler) [32]).

Nach diesen übereinstimmenden Nachrichten so vieler glaubwürdiger Männer ist es nicht zweifelhaft, daß auserlesen schöne edle Pferde in Arabien wirklich sehr theuer sind. Der Grund hievon liegt wohl darin, daß die Araber nicht viele Pferde haben und daß nach Verhältniß ihrer Anzahl die Ausfuhr stark ist; und dann, daß auch bei ihnen ausgezeichnet schöne, fehlerfreie Pferde nicht so häufig sind, als Manche bei uns glauben *). Auch möchte daraus hervorgehen, daß wohl die wenigsten arabischen Pferde, die durch Händler zu uns nach Europa gebracht werden, von der besten Art sind; wenigstens nicht von den geachtetsten und berühmtesten edlen Geschlechtern. Fouche d'Obsonville sagt: «Da manche Europäer, wenn sie in Syrien an der Gränze von Arabien einkaufen, nicht mehr als 1000 Livres zum Ankauf eines Pferdes verwenden wollen, so ist natürlich, daß sie um diesen Preis keine Pferde von erster Qualität erhalten können. Die Hengste, die um solche Preise ausgeführt werden, sind daher bloße Hatike (halbedle Pferde), und dieß oft von mittelmäßiger Güte, weil ein guter Hatik in Syrien selbst zuweilen mit 100 Pistolen (900 Gulden) bezahlt wird» [33]). Er erzählt ferner, daß einst sechs

---

*) Siehe das achte Kapitel S. 152.

arabische Hengste in Aleppo für die französischen Gestüte gekauft wurden, die lauter mittelmäßige Hatiks (halbedle Pferde) waren.

Alles bisher Gesagte gilt jedoch nur von dem Kaufe der Hengste; denn mit dem Kaufe der Stuten verhält es sich wieder ganz anders. Wenn Taylor und Andere behaupten, daß die Araber niemals Stuten verkaufen, so ist das ein Irrthum. Nur soviel ist wahr, daß sie sich gewöhnlich höchst ungerne und nur in dringender Noth zum Verkaufe einer guten edlen Stute entschließen, und daß sie auch alsdann solche lieber an einen ihrer Landsleute unter verschiedenen Bedingungen zur Zucht überlassen *), als an Ausländer um baares Geld verkaufen. Hankey Smith (der selbst in Arabien war) sagt: «Die Beduinen der Wüste reiten nur Stuten **), weil sie dieselben auf ihrem unstäten Leben unter Zelten wegen ihrer größeren Frömmigkeit als Zeltgenossen und zur Familie gehörig behandeln können. Das Leben und Daseyn dieser Beduinen hängt übrigens sehr oft von der Güte ihrer Stuten ab. Muß man sich daher wundern, wenn sie für dieselben die zärtliche Anhänglichkeit eines Freundes zeigen, und daß eine solche Stute von dem Sohne als ein reiches Erbtheil aus den Händen eines Vaters angesehen wird? Daher ist es Fremden so schwer, solche kostbare Stuten zu erhalten. Allein diese Schwierigkeit begreift sich noch mehr, wenn man weiß, daß eine solche Stute öfters

*) Was dieß für Bedingungen sind, haben wir bereits oben, S. 294, wo von dem Pferdehandel der Araber unter sich die Rede war, gesehen.

**) Siehe das zweiundzwanzigste Kapitel.

das ganze Vermögen einer Familie ausmacht, und daß eine solche nicht selten das Eigenthum mehrerer Individuen des gleichen Stammes ist» 34).

Daß die Stuten stets theurer sind, als die Hengste, darüber sind alle Reisende einverstanden; nur stimmen sie nicht überein, um wieviel sie gewöhnlich theurer sind. Einige (Fouche u. s. w.) meinen um ein Drittheil, andere (Gollard u. s. w.) um die Hälfte, und wieder andere um mehr, als das Dreifache. Letzteres behauptet der Graf Ferrieres Sauveboeuf mit folgenden Worten: «Schöne edle Stuten werden von den Arabern nur in dringender Noth verkauft, und sind außerordentlich theuer. Man kann zwar bisweilen eine solche Stute zum Kaufe haben; allein sie ist jedesmal um mehr, als das Dreifache theurer, als der schönste Hengst» 35).

Wie hoch der gewöhnliche Mittelpreis der Stuten ist, läßt sich nicht genau angeben. Die Nachrichten der Reisenden sind hierin nicht übereinstimmend, weßhalb ich sie hier mittheile, wie ich sie vorfinde. Als Arvieux zu Ende des siebenzehnten Jahrhunderts in Syrien war, galten edle Stuten gewöhnlich 1000, 1500 bis 2000 Thaler (écus) 36). Nach de la Rocque's Bericht kaufte man ums Jahr 1712 edle arabische Stuten zu Aleppo oder Damaskus um 4 bis 6000 Livres (1800 bis 2700 Gulden) 37). Als der Graf Ferrieres in den 1780er Jahren in Syrien und Arabien war, galten schöne edle Stuten gewöhnlich fünfhundert bis tausend Louisd'ors 28). Wie im Jahr 1808 der Preis war, ersieht man aus einem Briefe des französischen General-Consuls Rousseau in Aleppo: «Ich fragte — schreibt er — einige Araber vom Stamme Aenese, ob sie nicht eine Stute für mich hätten. Wie hoch wollen Sie sich einlassen? — erwiederten sie. Auf tausend Piaster — war meine Antwort. Sie lachten und versicherten, ich würde unter 3000 Piaster (300 Dukaten) keine bekommen» [39]). Ein neuerer Reisender (Buckingham) schreibt: «Die Pferde des Stammes Beni-Sackher stehen in hohem Preis, und für Stuten von dieser Zucht ist oft im Lande selbst die große Summe von 1000 Dollars (2400 Gulden) zurückgewiesen worden» [40]).

Allein auch dieses ist noch keineswegs der höchste Preis für edle Stuten. Man kennt Beispiele, daß manche, die von berühmten edlen Geschlechtern und zugleich von ausgezeichneter Schönheit und Güte waren, oft noch viel theurer verkauft worden sind. Burkhardt sagt, daß Saud, das Oberhaupt der Wahabiten-Araber, eine schöne edle Stute besaß, die ihm auf 2500 Dollars (6000 Gulden) zu stehen kam, und die er nur mit vieler Mühe um diesen Preis zum Kaufe erhalten hatte. Derselbe schreibt ferner: «Der gegenwärtige Scheikh des Stammes Mawaly hatte eine Nedsched-Stute, für deren halben Leib (nach dem Kunstausdruck der Araber) *) er 400 Pfund Sterling (4400 Gulden) bezahlt hat» [41]). Es war sonach diese Stute im Ganzen auf den Werth von 800 Pfund Sterling (8800 Gulden) geachtet. Wie der ehemalige französische General-Consul Rousseau in Aleppo erzählt, wurde eine schöne edle arabische Stute, welche die Fedhan-Araber im Jahr 1810 von den Wahabiten erbeutet hatten, um 15000 Piaster (1500

*) Siehe oben den Abschnitt: Pferdehandel der Araber unter sich.

Dukaten) *) verkauft [42]. Auch Graf Forbin versichert, daß im Jahr 1816 zu Akra in Syrien eine schöne Stute von dem berühmten Geschlechte Del-Nagdi um 15000 Piaster verkauft wurde [43]. Nach Volney's Zeugniß hatte der Emir Daher-ibn-Omar zu Akra einst zwei vorzüglich schöne arabische Stuten, wovon ihm jede auf 20,000 Livres (ungefähr 9000 Gulden) zu stehen kam [44].

Wie höchst ungerne die Araber ihre Stuten verkaufen, und daß sie ihnen oft selbst zu noch höhern Preisen nicht feil sind, wenn sie von der besten Art sind, beweisen folgende Beispiele. Macdonald Kinneir (der im Jahr 1812 einen großen Theil von Asien durchreisete) schreibt: «Man erzählte mir von einem armen Araber, der in Antiochien 36000 Piaster (3600 Dukaten) für eine schöne edle Stute ausschlug» [45]. Desgleichen berichtet Damoiseau: »Als ich mich im Lager der Beduinen vom Stamme Fedhan befand, sah ich eine edle Stute, deren Anblick mich überraschte. Sie zählte kaum drei Jahre, und doch war dieses prächtige Thier weit stärker, als die bisher von mir gesehenen (arabischen) Pferde. Ich zeigte sie dem eben anwesenden Grafen Rzewusky. Er bat mich, den Eigenthümer aufzusuchen, und er bot dem Araber sogleich bis zu 80 Beutel (ungefahr 16000 Gulden); dieser schien annehmen zu wollen. Allein im Moment, als der Graf das Geld auszahlen wollte, sprang der Araber auf seine Stute und jagte davon, und ließ sich nachher nicht mehr sehen» [46].

---

*) Zu dieser Zeit waren zehn Piaster im Werthe gleich einem Dukaten.

Dergleichen Beispiele, daß Araber selbst zu den höchsten Preisen ihre Stuten nicht verkaufen mochten, sind gar nicht selten; ich werde im vierundzwanzigsten Kapitel noch mehr derselben anführen. —

---

[1]) Burkhardt's Reise in Nubien und Arabien, S. 416. [2]) Arvieux's Sitten der Beduinen, S. 59. [3]) Taylor voyage dans l'Indie, T. I. p. 269 und Samml. der Reisen, 11. Bd. S. 173. [4]) Bertuch's neue Bibliothek der Reisebeschreib., 27. Bd. S. 457. [5]) Jackson's Reise aus Ostindien nach Europa, S. 23. [6]) Buckingham's Reise in Mesopotamien, S. 282. [7]) Burkhardt's Bemerk. über die Beduinen, S. 348. [8]) Tagebuch eines neueren Reisenden durch Asien, S. 201. [9]) Bertuch's neue Bibliothek, 27. Bd. S. 457. [10]) Buckingham a. a. O., S. 175. [11]) Scott Waring's Reise nach Schirauz, 1. Bd. S. 182. [12]) Samml. der Reisebeschreib., 8. Bd, S. 73. 15. Bd. S. 198. [13]) v. Hochstetter's Monatschrift, 1832 1. Bd. 2s Hft. S. 101. [14]) Samml. der Reisebeschreib., 15. B. S. 191., dann Burkhardt, Mayer u. s. w. [15]) Burkhardt a. a. O., S. 349. [16]) Ebenda S. 168 u. 348. [17]) Ebenda S. 2. [18]) Burkhardt's Reise in Syrien und Palästina, 1. Bd. S. 476 u. 479. [19]) Arvieux a. a. O., S. 78. [20]) Niebuhr a. a. O., S. 163. [21]) Burkhardt a. a. O., S. 168. [22]) Arvieux a. a. O., S. 67. [23]) Mayer's Reise nach Jerusalem, S. 381. [24]) Arvieux a. a. O., S. 66. [25]) Fouche a. a. O., S. 191. [26]) Niebuhr a. a. O., S. 164. [27]) Ferriere's Reisen in die Türkei und Arabien, S. 163. [28]) Alibey's Reisen in Afrika und Asien, S. 481. [29]) Forbin's Reise in das Morgenland, 4te Lieferung S. 105. [30]) Zschokke's Ueberlieferungen, 1822 S. 49. [31]) Collard's Reise nach Aegypten und Syrien, S. 188. [32]) Minutoli's Bemerk. über die Pferdezucht in Aegypten, S. 67. [33]) Fouche a. a. O., S. 191. [34]) v. Hochstetter's Monatschrift 1829 1. Bd. 3s Hft. S. 23. [35]) Ferriere's a. a. O., S. 164. [36]) Arvieux a. a. O., S. 67. [37]) Voyage de M. de la Rocque p. 131. [38]) Ferriere's a. a. O., S. 164. [39]) Fundgruben des Orients, 3. B. S. 66. [40]) Buckingham's Reise in Syrien, 2. Bd. S. 84. [41]) Burkhardt's Bemerk. über die Beduinen, S. 419, [42]) Rousseau's Geschichte der Wahabiten, S. 81. [43]) Forbin a. a. O., S. 105. [44]) Volney's Reise in Syrien, 1. Bd. S. 115. [45]) Bertuch's neue Bibliothek der Reisebeschreib., 27. Bd. S. 456. [46]) v. Hochstetter a. a. O., 1831 2. Bd. 1s Hft. S. 35.

Zwanzigstes Kapitel.

Von der Behandlung, Wartung und Fütterung der Pferde.

Die Behandlung, Wartung und Fütterung der Pferde in Arabien ist nicht überall dieselbe; daher die scheinbaren Widersprüche in den Berichten derjenigen, welche dieses Land oder die angränzenden Länder bereiset haben.

Was zuvörderst die

Behandlung der Pferde

anbetrifft, so berichten die Reisenden darüber Folgendes. Nur die Araber, welche in Städten und Dörfern wohnen, haben Stallungen für ihre Pferde. Es sind aber diese Stallungen von unsern Pferdeställen sehr verschieden. Sie haben weder Stände, noch Krippen, noch Raufen, weil die Araber ihre Pferde nicht am Kopfe anbinden, und sie auch immer nur aus Futtersäcken fressen lassen. Ueberhaupt soll es, wie alle Reisende übereinstimmend versichern, im ganzen Morgenlande üblich seyn, die Pferde nicht am Kopfe anzubinden. Sonnini schreibt: « Alle Pferde haben hier im Stalle den Kopf ganz frei und fessellos; hierdurch wird dieser schöne Theil vor Gebrechen gesichert, die ihm oft in Europa die Schwere oder elende Form der Halfter verursacht. Sie werden im Stalle und im Freien mit den Füßen an einem Stricke festgehalten, den man an einem hinter ihren Rücken eingeschlagenen hölzernen Pfosten festgebunden hat» [1]).

Alle Beduinen in Arabien und den daran gränzenden Ländern Syrien, Palästina, Mesopotamien u. s. w. haben gar keine Ställe für ihre Pferde, weil sie solche wegen ihrer herumwandernden Lebensart nicht gebrauchen können. Sie selbst wohnen in Zelten und halten entweder ihre Pferde stets in der freien Luft, oder nehmen sie Nachts in ihre Zelte auf. Ersteres geschieht von der Mehrzahl der Beduinen; letzteres vornämlich nur von einigen Beduinen-Stämmen in Syrien, Palästina u. s. w., wie aus dem Folgenden hervorgehen wird. Von der Mehrzahl der Beduinen schreibt Burkhardt: «Die Beduinen lassen ihre Pferde das ganze Jahr über in der freien Luft *), und selbst während der Regenzeit habe ich niemals bemerkt, daß ein Pferd im Zelte seines Eigenthümers einen Platz bekommen hätte, was bei den Turkomanen häufig der Fall ist. Das arabische Pferd ist gleich seinem Herrn, an die Rauhigkeit aller Jahreszeiten gewöhnt und selten krank, obgleich sehr wenig Aufmerksamkeit auf die Gesundheit desselben verwendet wird. Von der Zeit an, wo ein Fohlen das erstemal geritten wird, (gewöhnlich nach Vollendung des zweiten Jahres) kommt der Sattel nur selten von seinem Rücken. Im Winter wird eine Sackleinewand über den Sattel geworfen, aber im Sommer bleibt das Pferd der heißen Mittagssonne exponirt» [2]).

---

*) Dieß bestätiget auch Hr. v. Minutoli in seinen Bemerk. über die Pferdezucht in Aegypten, S. 76.

Man ersieht hieraus, daß die Araber ihre Pferde ziemlich rauh behandeln. Nachstehendes, was Hr. v. Chateaubriand berichtet, giebt dieß noch deutlicher zu erkennen. «Die Stuten — sind seine Worte — werden von den Arabern mit mehr oder weniger Ehrbezeugung nach der Verschiedenheit ihrer Abstammung von edlen Geschlechtern, aber immer mit der äußersten Strenge behandelt. Man stellt sie nicht unter ein Obdach, sondern läßt sie mit allen vier Füßen an, in den Boden getriebene Pfähle gebunden, so daß sie sich nicht von der Stelle bewegen können, in der heftigsten Sonnenhitze stehen. Der Sattel wird ihnen nie abgenommen, und meistens bekommen sie in vierundzwanzig Stunden nur einmal zu saufen und etwas Gerste zu fressen. Bei dieser harten Behandlung werden sie nicht schwach, sondern im Gegentheil nur genügsam, abgehärtet und geduldig. Oft war so ein arabisches Pferd der Gegenstand meiner Bewunderung, wenn es auf diese Art im brennenden Sande angefesselt dastand, mit zerstreut herabhängenden Mähnen nnd Stirnhaaren, den Kopf zwischen den Vorderbeinen, um etwas Schatten zu suchen, und dann zuweilen aus seinem feurigen Auge einen Blick seitwärts auf seinen Herrn fallen ließ. Kaum aber hatte dieser es losgebunden, und sich auf dessen Rükken geschwungen, so war es lauter Feuer und Muth» [3]).

Ich habe oben gesagt, daß es in Syrien, Palästina u. s. w. auch Beduinen giebt, die ihre Stuten und Fohlen Nachts in ihre Zelte aufnehmen. Arvieux sagt darüber Folgendes: «Da die gemeinen Beduinen bloß ein Zelt zur Wohnung haben, so dient es ihnen auch zugleich zum Stalle. Menschen und Thiere liegen da des Nachts neben und durcheinander, und erhalten von einem Dache Schutz *). Man sieht die kleinen Kinder auf dem Bauche oder dem Halse der Stuten oder der Fohlen schlafen, ohne daß diese Thiere sie beunruhigen. Sie regen sich, so zu sagen nicht, aus Furcht ihnen Schaden zu thun und sind so daran gewöhnt, mit dem Menschen vertraut zu leben, daß sie alle Arten von Scherz dulden» [4]). Dasselbe berichten auch noch Mariti und Rousseau, welche wörtlich anzuführen überflüssig erscheint, indem es nur das Vorige wiederholen hieße.

Da die Beduinen mit ihren Nachbarn stets in Unfrieden leben, und in Folge dessen nie vor Ueberfällen sicher sind: so halten sie ihre Stuten stets gesattelt und gezäumt vor dem Eingange ihrer Zelte. Arvieux schreibt: «Bis ihre Pferde zwei oder dritthalb Jahre alt sind, bleiben sie frei, und werden nicht angebunden; hernach aber stehen sie vom Morgen bis zum Abend gesattelt und gezäumt vor der Thüre des Zeltes. Sie sind alsdann mittelst eines Strickes mit einem Fuße an die Lanze, (welche allemal vor der Thüre des Zeltes steckt) angebunden. Sie werden so gut an die Lanze gewöhnt, daß wenn diese in die Erde gesteckt ist und man sie unangebunden dabei stehen läßt, sie um dieselbe herumgehen, ohne sich davon zu entfernen» [5]). — Diejenigen Beduinen, welche ihre Pferde stets im Freien halten, nehmen beim Eintritte der Nacht eine lange eiserne Kette (Mereweb el Fers genannt), an deren einem Ende sich eine eiserne Schelle befindet, und bedienen sich derselben um einen Vorderfuß des Pferdes

---

*) Et pecus et dominum communi clauderet umbra. *Juvenal.*

festzuschließen. Das andere Ende befestigen sie an einen langen eisernen Nagel, den sie an der Stelle in ihren Zelten, wo sie sich zum Schlafen niederlegen, in den Boden schlagen. Es ist deßhalb sehr schwierig, die Pferde Nachts zu stehlen. Dennoch ist es manchmal Räubern gelungen, die Kette zu zerfeilen und ihre Beute fortzubringen.

Von der

Wartung der Pferde

in Arabien berichten die Reisenden sehr wenig. Arvieux schreibt: « Die Araber putzen und reinigen ihre Pferde mit vielem Fleiße. Sie haben große Striegel, welche sie mit beiden Händen führen; sodann reiben sie das Pferd mit einem Strohwisch, und hierauf mit einer wollenen Kehrbürste, bis nicht der geringste Schmutz oder Staub mehr auf der Haut ist. Zuletzt waschen sie ihm die Füße, die Mähne und den Schweif, welche beide sie fliegen lassen, und aus Furcht, ihnen die Haare auszureißen, selten kämmen » [6]. Was Arvieux hier sagt, bezieht sich wahrscheinlich nur auf die in Syrien in Städten und Dörfern ansäßigen Araber; denn von den Beduinen sagt Burkhardt: « Sie pflegen ihre Pferde niemals zu putzen oder zu reiben, sehen aber sehr darauf, langsam zu reiten, wenn sie nach einem Ritte zurückkehren » [7].

Diejenigen ansäßigen Araber (in Syrien, Palästina, Yemen, Hedschäs u. s. w.), welche ihre Pferde in Ställen stehen haben, machen denselben jeden Abend eine Streue aus ihrem eigenen Miste, der vorher an der Sonne getrocknet und hernach zwischen den Händen zerrieben worden ist. Sie glauben, daß diese Streu die bösen Dünste an sich ziehe, und die Pferde vor Ausschlagskrankheiten bewahre. Des Morgens setzt man diese Streu in einen Haufen und besprengt sie im Sommer, wenn es heiß ist, mit frischem Wasser, damit sich der Mist nicht erhitze, und in Fäulniß übergehe» *) [8]). — Wahrscheinlich bedient man sich dieser Streu aus Mangel an Stroh, oder weil sie dieses zur Fütterung ihres Viehes bedürfen, da sie kein Heu haben.

Sonderbar ist die Gewohnheit, die man hin und wieder bei den Arabern findet, den Pferden die Mähnen und Schweifhaare roth zu färben **). Arvieux sagt: «Sie färben zur Zierrath den Schweif und die Mähnen ihrer Schimmel roth» [9]). Dasselbe bezeugen auch Fouche d'Obsonville, Taylor und Andere mehr. Es muß ein wahrhaft lächerlicher Anblick seyn, wenn man einen solchen Schimmel mit rother Mähne und rothem Schweife zu Gesicht bekommt. Man bedient sich zu dieser Färbung der Henne- oder Chenneblätter (Lawsonia inermis L.), mit welchen auch manche arabische Stutzer und Damen ihren Bart und ihre Haare zu färben pflegen.

---

*) Auch in Persien und einem großen Theile der Türkei bekommen die Pferde keine andere Streu, als ihren eigenen Mist. Man trocknet ihn bei Tage in der Sonne, und diese zieht allen Gestank heraus, so daß es in den Ställen gar nicht stinkt. Der getrocknete Mist wird hernach zu Pulver gerieben, zwei bis drei Zoll hoch sehr locker auf den Boden gestreuet. (Samml. der Reisebeschreib., 16r Bd. S. 311.)

**) Dieß geschieht auch in Persien und in manchen Gegenden der asiatischen Türkei. Jourdain schreibt: «Auch die Koketterie mischt sich in Persien in den Putz der Pferde; denn die Henne, eine Art Schminke, wird gebraucht, um damit den Pferden die Füße, den Leib und die Brust zu bestreichen.» (Jourdain la Perse T. I. c. V.)

Auch die

Fütterung der Pferde,

ist in Arabien anders, als bei uns. Vom Haberfüttern weiß man hier nichts, weil diese Getreideart weder in Arabien, noch in den angränzenden Ländern gebauet wird. Auch bekommen die arabischen Pferde niemals Heu; alles Gras wird entweder abgeweidet, oder abgeschnitten und grün verfüttert, aber niemals gedörrt oder zu Heu gemacht *) [10]).

Das gewöhnlichste Pferdefutter in Arabien und im ganzen Morgenlande ist die Gerste **). In jenen Gegenden, wo Getreide gebaut wird (wie z. B. in Syrien, am Euphrat, in der Landschaft Nedsched u. s. w.), wird außer der Gerste auch noch gehacktes oder klein geschnittenes Gerstenstroh (eine Art fingerlanger Häckerling), doch nur in geringer Menge gefüttert. Fouche d'Obsonville schreibt: « Etwas Gerste, die sie (die Araber) ein oder höchstens zweimal des Tages ihren Pferden geben, und ein wenig Häckerling machen gewöhnlich ihre ganze Nah-

*) Olivier, Niebuhr und Andere sagen, daß in Arabien und im ganzen Morgenlande nirgends Heu gemacht wird. Das Stroh vertritt dessen Stelle. Pedro Nunnes behauptet zwar gesehen zu haben, daß man in Mekka Heu auf dem Markte feil hatte; aber dieß war höchst wahrscheinlich Klee oder Gras; denn er gesteht selbst ein, in der ganzen Umgegend von Mekka nichts gesehen zu haben, das einer Wiese ähnlich sah.

**) Man hat in Arabien und den daran gränzenden Ländern zweierlei Art von Gerste; nämlich die allgemein bekannte und eine schwarze. Letztere soll nicht nur den Pferden gesünder seyn, sondern auch in dem Acker, wo die erstere das fünfzehnte Korn giebt, wohl fünfzigfältig tragen. (Niebuhr Beschreib. von Arabien, S. 152.)

rung aus. Die Pferde so viel Stroh und Gras fressen zu lassen, als sie wollen, halten sie für ein Mittel, sie schwerfällig, dickbäuchig und krank zu machen» [11]. Alle Beduinen der Wüste füttern ihre Stuten gewöhnlich nur mit Gerste, und lassen ihre Fohlen mit dem übrigen Viehe sich ihre Nahrung auf der Weide suchen. Arvieux, de Pages, Taylor, Gollard, Burkhardt, Kinneir und Andere sagen, daß sie ihnen nur einmal des Tags zu fressen geben. Ersterer schreibt: «Die Pferde der Araber bekommen den ganzen Tag über nichts zu fressen. Jeden Abend bei Sonnenuntergang giebt man ihnen ungefähr sechs Pfund Gerste *), die ausgestäubt und gereinigt in ein Säckchen geschüttet wird **), welches man ihnen wie eine Halfter an den Kopf bindet. Die Nacht über fressen sie und erst des Morgens wird ihnen das Säckchen abgenommen, wenn es ganz ausgeleert ist. Die Nacht ist also die eigentliche Fütterungszeit in Arabien und bei Tage bekommen die Pferde gemeiniglich nichts, als zwei- oder dreimal zu trinken» [12]. Nur diejenigen Beduinen, welche sich in der Nähe von Ortschaften aufhalten, wo Stroh zu haben ist, geben ihren Stuten, wenn sie wegen irgend einer Ursache gerade vor dem Zelte stehen, zuweilen bei

---

*) Burkhardt sagt, daß man in Syrien auf Reisen den Pferden gewöhnlich einen halben Mud Gerste (welches ungefähr neun englische Pfund wiegt) täglich zu fressen giebt. (Siehe dessen Reise in Syrien, S. 459.) Das ist wahrlich eine reichliche Fütterung.

**) Wie Thevenot, Jourdain und andere Reisende sagen, läßt man im ganzen Morgenlande die Pferde nur aus Futtersäcken fressen, die von schwarzen Ziegenhaaren verfertiget sind. Ein solcher Futtersack heißt auf arabisch Alyke, und auf syrisch Makhlye.

Tage etwas gehacktes Gerstenstroh; aber nur sehr wenig; auch ist dieß nur eine Ausnahme von der Regel und geschieht selten.

Von der Fütterung der Pferde in der Provinz Yemen meldet Degrandpré Folgendes: «Die Pferde bekommen hier kein Heu, sondern man giebt ihnen im Stalle die zarteren Spitzen des Hirsenstrohes (Durra, kleiner Mais, Holcus sorghum, L.) zu fressen, woran sich noch die Aehren mit samt den Körnern befinden. Außerdem erhalten sie kein anderes Futter, als etwa noch ein wenig Gerste oder Bohnen anstatt des Habers» [13]).

Burkhardt schreibt: «In der Landschaft Nedsched füttern die Beduinen ihre Pferde regelmäßig mit Datteln *). In Derayeh (der Hauptstadt von Nedsched) und in der Landschaft El-Hassa pflegt man Datteln mit dem Birsim (getrockneter Klee **) zu vermischen und damit die Pferde zu füttern. Gerste ist indessen durch alle Theile Arabiens das gewöhnliche Futter. Die reichen Einwohner von Nedsched geben häufig ihren Pferden, Fleisch, sowohl roh, als gekocht, nebst allen Ueberbleibseln ihrer eigenen Mahlzeiten ***). Ich kenne einen Mann zu Hama

---

*) Die Datteln sind die Frucht des Dattelbaumes (Phoenix dactylyfera L.), die einen süßen honigartigen Geschmack hat, und eine sehr gesunde und höchst nahrhafte Speise ist. (Olivier.)

**) Dieser Klee ist von dem unsrigen verschieden. Er ist das Trifolium alexandrinum des L. Er blüht weiß, erreicht anderthalb bis zwei Fuß Höhe und wird während des Verlaufs von vier bis fünf Monaten dreimal geschnitten. Er soll sehr saftreich seyn, und doch kein Aufblähen verursachen. Man hält ihn für ein gutes und gesundes Pferdefutter.

***) Pilger erzählt, daß die Hühnerkrämer in England die Eingeweide des abgeschlachteten Geflügels ihren Pferden zu fressen

in Syrien, der mir die Versicherung gegeben hat, daß er seinen Pferden oft vor einer strapaziösen Reise gebratenes Fleisch gefüttert habe; damit sie desto besser die Strapazen aushalten könnten. Derselbe Mann erzählte mir auch, daß er in der Furcht gewesen sey, der Gouverneur der Stadt möge Geschmack an seinem Lieblingspferde finden, und daß er es deßhalb vierzehn Tage lang, bloß mit gebratenen Schweinefleisch gefüttert habe, wodurch der Muth und das Feuer desselben so gesteigert wurden, daß es ganz unlenksam geworden sey (??), und deßhalb dem Gouverneur nicht länger habe gefallen können» [14]).

Der Engländer Taylor (welcher die große arabische Wüste zwischen Damaskus und Bassora durchreiset hat) erzählt, daß die Beduinen ihre Pferde auf Reisen im Nothfalle auch mit Datteln, Kugeln aus Gerstenteig und manchmal auch mit Gerstenbrod füttern [15]). Thevenot schreibt: «Wenn die Beduinen durch die Wüste ziehen und Mangel an Futter haben, so geben sie ihren Pferden auch wohl bisweilen Kameelmilch, Butter, Käse, und in der Sonne getrocknetes Kameelfleisch zu fressen» [16]). Ferner sagt Fraser, daß die Araber, welche in der Provinz Oman an der Meeresküste wohnen, ihre Pferde bei Mangel an Gerste, zuweilen mit gedörrten Fischen und gestossenen Dattelkernen füttern *) [17]). —

---

geben. Auch der bekannte Reisende Schöpf erzählt: "Man hat vielmals in Amerika gesehen, daß die Pferde gesalzenes Fleisch fressen.» (Siehe Sebald's Naturgeschichte des Pferdes, S. 461.)

*) Auch in Kanada und in Island giebt man, bei Mangel an anderem Futter, den Pferden gedörrte Fische zu fressen. (Samml. der Reisebeschreib., 8r Bd. S. 83.)

Aus dem Allen geht hervor, daß die Fütterung der Pferde in Arabien zwar verschieden, überhaupt betrachtet aber, sehr mäßig und sparsam sey. Wahrscheinlich ist der große Futtermangel in der Wüste, und besonders der Umstand, daß die Beduinen alle für ihre Pferde nöthige Gerste aus den benachbarten kultivirten Ländern ankaufen müssen, daran Schuld. Auch scheint das arabische Pferd von Natur aus viel mäßiger im Futter zu seyn, als unsere europäischen Pferde. Degrandpré sagt: «Es ist unglaublich, wie wenig Nahrung die Pferde hier brauchen, um gesund und munter zu bleiben» [18]); und dieß bezeugen auch noch mehrere andere Reisende, die in Arabien waren, wie z. B. de la Rocque, Taylor, Fouche u. s. w.

Wie mäßig im Futter und doch dabei stark und ausdauernd die arabischen Pferde sind, ergiebt sich aus Folgendem. Ein ungenannter Reisender schreibt: «Ein Araber kann mit fünfzig bis sechszig Pfunden Gerste, die hinten auf sein Pferd gepackt sind, einen Weg von zehn Tagereisen in der Wüste zurücklegen. Seine Nahrung besteht in einem solchen Falle in Datteln und einigen Pfunden Waizenmehl, aus welchem er sein Brod in einem hölzernen Geschirre bereitet, das er zu dem Ende bei sich führt *). Aber auch das Wasser nimmt er mit, weil oft mehrere Tage lang in der Wüste keines zu finden ist. Ein Schlauch, der unter dem Bauche des Pferdes durchgeht und an bei-

*) Die Beduinen sind eben so mäßig, als ihre Pferde. Volney sagt, daß einer mit sechs Unzen Reis oder Mehl für einen Tag ausreicht; andere sollen mit sechs bis sieben Datteln, in zerlassene Butter getaucht, und etwas süßer und saurer Milch recht gut auskommen können.

den Seiten des Sattels befestiget ist, enthält für Mann und Roß das Getränke *). So durchreitet er ungeheuere von der Sonne ausgebrannte Wüsten, die oft weit und breit kein Gräschen zeigen; und was dabei noch das Merkwürdigste ist, so ist sein Pferd, trotz der sparsamen Kost und den großen Anstrengungen, doch stets munter und voll Muth» [19]).

Alle Araber, welche eine Gelegenheit dazu haben (und zwar besonders die in Syrien, Palästina und Mesopotamien) bringen im Frühjahre, wenn im Monat März das Gras gewachsen ist, ihre Pferde auf die Weide, und lassen sie eine Zeitlang Gras fressen. Dieß halten sie für sehr gesund, und gleichsam für eine Reinigungskur. Während dieser Zeit verschont man die Pferde, soviel als möglich ist, mit aller Arbeit und reitet sie nur, wenn es die Noth erfordert. Nach Verlauf von einem Monat, oder wenn das Gras anfängt dürr zu werden, nimmt man sie wieder von der Weide, und giebt ihnen von nun an das ganze Jahr hindurch weder Gras, noch sonst etwas anderes, als Gerste und zuweilen etwas gehacktes (fingerlanges) Stroh, wenn eins in der Nähe zu haben ist [20]).

Was das

Tränken der Pferde

betrifft, so sind die Araber sehr besorgt, ihre Pferde nicht

---

*) Dergleichen Wasserschläuche werden aus gegerbter Kameelshaut gemacht. Sie sind an vier Seiten zusammengenäht, so daß nur zwei Oeffnungen bleiben, die Hauptöffnung oben, und die andere an einer der untern Ecken. Letztere Oeffnung wird auf dem Marsche benützt, um aus dem Schlauche den Durst zu stillen.

ohne Noth Durst leiden zu lassen. Dieß rührt hauptsächlich daher, daß sie nach ihrem Gesetze (der Sunna) bei keinem Fluß oder Brunnen vorbeireiten dürfen, ohne ihre Pferde nach Willkühr trinken zu lassen, sollten sie auch erhitzt seyn. Da hier alles Wasser von der Sonnenhitze erwärmt ist, so soll dessen Genuß den Pferden zu keiner Zeit schädlich seyn. In der Regel reichen alle Araber ihren Pferden zwei bis dreimal des Tags Wasser zu trinken, wenn daran kein Mangel ist. Sonst müssen sie auch wohl vierundzwanzig Stunden und zuweilen noch länger Durst leiden, wenn die Reise gerade durch Wüsten geht, die Mangel an Wasser haben [21].

---

[1]) Sonnini a. a. O., 2. Bd. S. 81. [2]) Burkhardt's Bemerk. über die Beduinen, S. 171. [3]) Chateaubriand's Reise von Paris nach Jerusalem, 2. Thl S. 158. [4]) Arvieux, Sitten der Beduinen, S. 69. [5]) Ebenda, S. 71. [6]) Ebenda, S. 70. [7]) Burkhardt a. a. O., S. 171. [8]) Arvieux a. a. O., S. 70. [9]) Ebenda, S. 71. [10]) Taylor a. a. O., S. 81. [11]) Fouche a. a. O., S. 188. [12]) Arvieux, Gollard, de la Rocque u. s. w. [13]) Degrandpre's Reisen nach Indien und Arabien, S. 341. [14]) Burkhardt a. a. O., S. 355, [15]) Taylor a. a. O., S. 82. [16]) Thevenot voyage fait au Levant- T. I. c. 32. [17]) Fraser's Reise nach Chorasan, 1. Bd. S. 14. [18]) Degrandpre a. a. O., S. 341. [19]) Abhandlung von Aegypten, S. 76. und Gollard's Reisen, S. 121. [20]) Samml. von Reisebeschreib., 10. Bd. S. 182. [21]) Arvieux, Mariti u. s. w. —

Einundzwanzigstes Kapitel.

Von der Pferdekenntniß der Araber.

Arvieux schreibt: «Die Araber sind geschickte Leute im Pferdekauf, und würden unsern besten Roßhändlern etwas aufzurathen geben» [1]. Dieß ist wohl glaubwürdig; denn es ist meistens der Fall, daß große Pferdeliebhaber auch gute Pferdekenner sind.

Welche äußere Bildung des Pferdes sie für schön erkennen, ist nicht genau bekannt, weil die meisten Reisenden diesen Punkt unberührt lassen. Nur einer (Rousseau) bemerkt: «Bei den Arabern gehört zur vollendeten Schönheit eines Pferdes ein kleiner länglichter Kopf, gerade spitzige Ohren, große runde Augen, weitgeöffnete Nasenlöcher, ein schmales Maul, breite Ganaschen, ein gebogener Hals, nicht zu weiter Bauch, feine Beine, kurze Fessel, starke feste Hüfe, eine breite Brust und starke Kruppe. Ueber die beiden letztern Eigenschaften drücken sich die Aenäsee-Araber so aus: «Behaltet und liebet das Pferd, welches eine Löwenbrust und Wolfskruppe hat.» Bei den Stuten fordern sie jedoch, daß auch die Kruppe breit und ein wenig erhöhet sey. Uebrigens sehen sie ein Pferd, welches die drei Schönheiten des Kopfes, des Halses und der Kruppe vereinigt, als vollendet an [2].

In einem alten arabischen Buche findet sich ein Unterricht zur Pferdekenntniß, dem ich seiner Sonderbarkeit wegen, und weil er einigermassen zu erkennen giebt, welche Eigenschaften die Araber an den Pferden hochschätzen, hier eine Stelle einräumen will. Er lautet folgendergestalt:

«Es ist mit den Vorzügen der Pferde, wie mit den Vorzügen der Menschen beschaffen. Soviel Geld du auch für gute Menschen und für gute Pferde geben magst: so ist es nicht verloren; aber so wenig Geld du für schlechte Menschen und für schlechte Pferde zahlen wolltest, so würde es doch weggeworfen seyn. Die Weisen haben gesagt: Die Welt besteht durch Menschen, und Menschen bestehen durch Thiere, und das beste unter den Thieren ist das Pferd. Halte wohl dein Pferd und dein Kleid, damit dein Pferd und dein Kleid auch dich wohlhalten. Es ist aber unter den Pferden die guten und schlechten zu kennen, schwerer, als unter den Menschen die guten und schlechten zu unterscheiden; denn für die Forderung, den Menschen zu kennen, giebt es Deutungen, als: seine Reden, seine Handlungen, sein Umgang, sein Leben, sein Verstand, seine Tüchtigkeit, seine Wissenschaft, seine Erkenntniß. Aus diesen Dingen kann der Mensch erkannt werden. Aber Pferde lassen sich nur aus ihrem Körperbau erkennen und aus ihren Tugenden beim Reiten beurtheilen. Vor allem sey also auf des Pferdes Aussehen und Schönheit aufmerksam, um, wenn du auch seine Tugenden übersehen solltest, doch als Kenner seiner Schönheit erfunden werdest. Meistentheils werden schöne und in ihren Gliedern proportionirte Pferde gewiß auch Tugenden haben, während daß schlecht gebauete und häßliche Pferde meist ohne Tugenden sind.»

« Die Kennzeichen der Schönheit und Güte der Pferde sind von Kennern angegeben worden, wie folgt: Die Zähne des Pferdes müssen gleich, fein und weiß, seine Unterlefze herabhängend und länger als die Oberlefze, seine Nase hoch, weit und zurückgezogen, seine Stirne platt, die Ohren lang, der Hals von der Seite der Brust breit und an der Kehle schmal und fein, die Lenden stark und kurz, die Mähne mittelmäßig fein und weich, der Huf lang und schwarz, die Ferse rund, der Rücken fein, die Rippen klein, die Vorder- und Hinterfüße weit auseinanderstehend, der Schweif fein, die Hodenhaut schwarz, die Augen und Augenwimpern eben so, im Gange sanft, nicht scheu, die Haut glatt und die Keulen müssen inwendig voll und fleischig seyn, so daß die Keulen gleichsam zusammengewachsen und aus einem Stück zu seyn scheinen. Wenn der Reiter, der darauf sitzt, eine Bewegung macht; so muß das Pferd solche bemerken und gehorsamen. Diese Eigenschaften muß ein Pferd haben, wenn sein Werth über jeden Preis seyn soll. »

« Als Kennzeichen vorzüglicher Eigenschaften werden die Farben angesehen. Das kastanienbraune Pferd, welches dattelfarbig ist, ist gut und widersteht sowohl der Hitze, als Kälte und allen Strapazen. Schimmel sind meistentheils schwach und kraftlos. Wenn aber die Haut ihrer Hoden und das Inwendige der Keulen bis zur Schweifwurzel, auch ihr Huf und ihre Vorder- und Hinterfüße, ihre Mähne und Schweif sämtlich schwarz sind: so sind Schimmel mit diesen Merkmalen ebenfalls gut. Der Fuchs ist von guter Art, wenn er sehr roth ist, und wenn gleich, wie beim Schimmel, seine Vorder- und Hinterfüße, Hufe, Mähne und Schweif ganz schwarz sind. Der Falbe, welcher hochgelb ist, ist gut, wenn er rothe Augen hat. Das schwarze Pferd ist gut, aber seine Augen müssen nicht roth seyn; es wird selten gefunden. Das bunte Pferd oder der Schecke ist bisweilen gut, aber meistentheils schlecht, besonders aber, wenn seine Augen, Hoden nnd Hufe weiß sind. Das aschfarbe oder eisengraue Pferd ist ausserordentlich gut, besonders aber, wenn seine Füße, Hufe, Mähne und Schweif schwarz sind. Das Pferd mit gesprengelten Vorderfüßen, welches eine Art Schecke ist, darf nicht gelobt werden, da es selten gut gefunden wird.»

«Die Pferde haben viele Fehler. Es giebt aber darunter Fehler, die ihren Vollkommenheiten Abbruch thun, das heißt: es sind Fehler, wodurch das Pferd untauglich wird. Es giebt Fehler, welche an Pferden, wo sie sich finden, unglücklich sind, und ihren Herrn tödten. Einige Fehler lassen sich heilen, andere sind unheilbar. Wenn ein Hengst bei Ansicht einer Stute die Ruthe nicht heraushängt, und nicht wiehert: so ist es ein Fehler. Nachtblind seyn, das heißt: bei Nacht nicht sehen können, ist eine schlimme Krankheit. Taube Pferde sind ebenfalls nicht gut. Ein links antretendes Pferd ist böse; es ist meistentheils stolperig und tritt fehl. Es giebt ferner Tagblinde Pferde, das heißt: welche bei Tag nicht wohl sehen, sondern bei Nacht. Es giebt auch Pferde, die nur ein Auge haben, und bei Tage nicht sehen. Ob dieß gleich äusserlich ein Fehler ist: so sind doch die arabischen Pferdekenner darin einig, daß solche Pferde glückliche Läufer sind. Düldül, ein Pferd, welches Mohammed in der Schlacht von Horai geritten hat, soll einäugig gewesen seyn. Pferde mit weissen Hinterfüßen sind unglücklich. Aus diesem

Grunde schimpfen sich die Türken, wenn sie sich Weißhinterfuß heißen. Weisse Vorderfüße, die bis ans Knie reichen, sind gleichfalls unglücklich. Trübäugige Pferde, wenn sie es an beiden Augen sind, sind nicht böse. Aghreb heissen die Pferde, deren Augensterne und Augenwimpern weiß sind; sie sind nicht gut. Fehlerhaft sind alle Pferde, die steifhälsig, krummfüßig, ohne Mähnen, kalkhufig, blätterhufig sind. Pferde, deren Vorder- oder Hinterfüße länger sind, schiefschweifige, ruthenhängende, engschrittige und überschrittige, stetige und rabenäugige Pferde sind unbrauchbar. Wenn du übrigens ein Pferd kaufst, so nimm ein großes, oder eins, was mehr als mittelmäßig ist. Auch nimm ein Pferd, was an der rechten Seite eine Rippe mehr, als ein anderes Pferd hat. Sollte es aber auf beiden Seiten eine Rippe mehr haben: so kauf es über seinen Preis, indem es wenig Pferde geben wird, die so laufen, wie dieß» [3]).

---

[1]) Arvieux's Nachrichten, 3. Thl. S. 204. [2]) Fundgruben des Orients, 3. Bd. S. 66. [3]) Goli lexicon arabic. Nach der Uebersetzung des ehemaligen Königl. preußischen Gesandten, Herrn von Dietz.

Zweiundzwanzigstes Kapitel.

Von der Reitkunst und dem Pferderennen der Araber.

Alle Araber sind große Liebhaber vom Reiten; ja die Beduinen sollen sogar das Fußgehen für schimpflich halten [1]. In den Grundsätzen, wie man am besten zu Pferde sitzen und diese Thiere zureiten müsse, weichen sie sehr von uns ab; jedoch sollen sie in ihrer Art zu reiten geschickt seyn, und auch die Pferde gut abzurichten wissen.

Schon ihr

Reitzeug

ist von dem unsrigen verschieden. Das der Bewohner der Wüste (Beduinen) ist besonders einfach, und besteht gewöhnlich nur in einem Sattelkissen und einer Halfter. Pedro Nunnes schreibt: «Die Beduinen reiten auf Sattelkissen ohne Steigbügel, und so fliegen sie mit ihren Pferden in Blitzesschnelle dahin. Alle Wahabiten, selbst der Sohn des Sultans Saud, haben nichts als Sattelkissen ohne Steigbügel» [2]. Burkhardt bemerkt: «Diejenigen Araber, welche keine Sättel haben, reiten auf einem ausgestopften Schaaffell und ohne Steigbügel. Sie reiten alle ohne Zaum und lenken das Pferd mit einer Halfter» [3]).

Ebengesagtes gilt jedoch nur von den Beduinen der Wüste; denn die ansäßigen Araber (d. h. diejenigen, welche in Städten und Dörfern wohnen) bedienen sich beim Reiten der Zäume und Sättel, wie wir; nur sind solche von anderer Beschaffenheit, als die unsrigen. Ihre Stangenzäume haben sehr scharfe Gebisse und sind mit unbeweglichen Kinnketten versehen; dieses macht sie bei einer groben und harten Hand leicht verderblich und drückt stark die Zunge und die Laden. Auch machen dergleichen scharfe Gebisse das Maul unempfindlich; daher es auch kommen soll, daß viele arabische Pferde hartmäulig sind [4]).

An ihren Sätteln sind die Bäume weit höher, als an den unsrigen. Sie sind ein bloßes, festes, leichtes Stück Holz oder Brett, das mit einem einfachen Leder überzogen ist. Ausgestopfte Kissen, wie unsere Sättel, haben sie nicht, sondern nur ein großes weiches gestopftes Stück Filz, das zwischen den Sattel und des Pferdes Rücken gelegt wird, so daß es ungefähr einen halben Fuß breit über das Kreuz hervorragt. Dieser Filz legt sich allemal fest gegen die Haut des Pferdes an, und macht, daß der Rücken, selbst auf den beschwerlichsten und längsten Reisen, nicht leicht gedrückt wird *) [5]).

---

*) Degrandpré sagt von den Arabern in der Provinz Yemen: "Sie legen so viele Kissen und Decken zwischen den Sattel und das Pferd, daß der Reiter wenigstens einen halben Schuh höher sitzt, als er eigentlich sollte, und daß er mit den Fersen kaum die Seiten des Thieres berühren und in dieser Lage die Hülfen nur unvollkommen anwenden kann. Die Sättel haben vorne und hinten große Bauschen und Erhöhungen, so daß

Die Steigbügel an diesen Sätteln haben einen großen platten, viereckigen, den ganzen Fuß umgebenden Fußtritt, dessen Ecken scharf sind; daher sie gleich statt der Spornen dienen und sehr empfindlich stechen. Arvieux sagt: «Die Winkel an diesen Steigbügeln sind spitzig und schneidend; die Araber bedienen sich derselben statt der Spornen, das Pferd anzutreiben, daher die Haut an diesem Orte ganz zerfetzt ist. Diese Wunden machen das Pferd ungemein empfindlich an diesen Stellen, und wenn man es nnr ganz wenig daselbst kitzelt, so thut es gleich alles, was von ihm verlangt wird» [6]).

Hasselquist schreibt: «Ihre (der Araber) Sättel haben keine Bauchriemen *), welches Geschicklichkeit erfordert aufzusteigen und darauf zu reiten. Indessen wissen die Araber stets das Gleichgewicht zu halten, und wenn sie aufsteigen wollen, schwingen sie sich, auf ihre Lanze **) stützend, auf das Pferd» [7]).

So unbehülflich auch der Reitzeug der Araber ist, so zeigen sie doch im

Reiten

eine große Fertigkeit und Gewandtheit. Man sieht dieß vorzüglich im sogenannten Dscheridspiel oder Stockwer-

---

der Reiter wie in einem Kahne sitzt und durch nichts herausgehoben werden kann.» (Dessen Reise nach Indien und Arabien, S. 281.)

*) Andere Reisende sagen hievon nichts.

**) Jeder reitende Araber führt stets eine Lanze bei sich. Diese Lanze besteht aus einem Bambus, der knotig, leicht, elastisch, zwölf Schuh lang und mit einem spitzigen scharfen Eisen versehen ist, unter welchem ein Quast von schwarzer Seide hängt.

fen *), worin sie sehr geschickt sind, und wodurch sie sowohl sich gewöhnen, fest zu Pferde zu sitzen, als auch nach einem bestimmten Ziele zu werfen; auch zeigen sie in Gefechten viele Gewandtheit auf ihren Pferden. Um den Dscherid von dem Boden aufzunehmen, oder um dem Angriffe des Feindes auszuweichen, werfen sie sich im schnellsten Laufe des Pferdes auf die eine Seite desselben, so daß nichts, als ein Fuß im Sattel bleibt [8]). Arvieux sagt: «Die Beduinen können sich auf ihren Pferden verstecken, wenn diese auch in vollem Laufe sind, indem sie den linken Fuß fest an den Steigbügel anschließen, mit der einen Hand die Mähne, mit der andern den Zügel halten, und mit dem rechten Fuß den Sattel umfassen, so daß man sie in einiger Entfernung nicht sehen kann» [9]). Ferner erzählt Hasselquist, daß die arabischen Jünglinge im Reiten ihren Leib stets im richtigsten Gleichgewicht zu halten wissen, und daß sie so geschickt sind, daß

Die Araber wissen mit dieser Waffe gut umzugehen; sie werfen sie vorwärts, indem sie sie durch die Hand gleiten lassen, ohne sie ganz fahren zu lassen.

*) Dieses Spiel besteht darin, daß einige Reiter sich ins Freie begeben und je zwei und zwei sich daselbst verfolgen, und mit einem etwa vier Fuß langen Stock von Dattelholz zu werfen suchen. Die Reiter sind dabei in beständiger Bewegung, theils um den Stock auf ihre Gegner abzuwerfen, theils dem gegenseitig abgeworfenen auszuweichen. Volney sagt: "Die Pferde müssen dabei viel laufen und sind durch diese Uebung so gut abgerichtet, und erleichtern ihrem Reiter diese Uebung so sehr, daß man sagen könnte, es macht ihnen beinahe eben soviel Vergnügen, als ihren Herrn.» Uebrigens ist dieses Spiel nicht ohne Gefahr; denn wenn der, nach dem der Stock geworfen wird, sich nicht wohl in Acht nimmt, kann ihm bisweilen ein Knochen zerbrochen werden. Auf die Erziehung und Abrichtung der Pferde hat jedoch dieses Spiel einen vortheilhaften Einfluß.

sie, während das Pferd mit größter Schnelligkeit läuft, sich aufheben, im Sattel aufrecht stehen, ihre Lanzen werfen und sich vor- und rückwärts kehren. Andere werfen sich im vollen Jagen um, und stehen im Sattel auf dem Kopfe [10]).

Mariti berichtet von dem Reiten der Araber Nachstehendes: «Wenn sie im Schritte reiten, lassen sie den Pferden gerne alle Bequemlichkeit; sie legen alsdann mehrentheils die Zügel auf ihren Hals und lassen sie langsam fortgehen *). Wollen sie das Pferd zum Laufen bestimmen, so nehmen sie den Zügel in die Hand, und beugen nur ihren Leib vor, welches das Zeichen zum Rennen ist, wornach das Pferd sogleich mit größter Schnelligkeit auszieht. Während dem Laufen legen sie sich stark vor gegen den Kopf des Pferdes» [11]).

Von der Art, wie die Araber (und andere Morgenländer) ihre Pferde abrichten, berichten die Reisenden Folgendes. Fouche schreibt: «Immer sieht man sie beschäftigt, ihren Pferden einen edlen und ausgezeichneten Anstand zu geben, und sie besonders zu gewissen Uebungen abzurichten, die für einen Krieger von wesentlichem Nutzen sind. Sie gewöhnen Hengste und Stuten friedlich beisammen zu leben; sie arbeiten ihnen die Schenkel und die Schultern aus; sie lehren sie folgsam auf die Hülfe oder bloß auf die Stimme zu achten; sie üben sie, einen langgestreckten Schritt zu gehen, rasch anzusprengen, auf jedem

---

*) Darüber, sagt Burkhardt, wird sich der europäische Leser nicht wundern, wenn er erfährt, daß das Pferd des Beduinen äußerst gutartig und frei von allen Untugenden, und dabei mehr der Freund, als der Sklave seines Reitees ist.

Boden und jedem Erdreich sich zu tummeln; über Hecken und Gräben zu setzen, mitten im schnellsten Laufe kurz zu pariren, oder die halbe Pirouette zu machen; furiose Passaden zu prästiren u. s. w.; und alles dieses mit Schnelligkeit und Genauigkeit zu leisten. Sie gewöhnen sie ferner, zu schwimmen; sich ohne Furcht dem Feuer, den Kameelen oder wilden Thieren zu nähern; dem Reiter, wenn er abgestiegen ist, nachzufolgen, oder vor seiner Lanze stehen zu bleiben, und gleich Halt zu machen, wenn er abfällt. Sie müssen überdieß Hunger, Durst und alle Abwechselungen der Witterung ausdauern, und die Nächte hindurch ohne Buschwerk gesattelt und gezäumt stehen bleiben können, um, wenn plötzliche Gefahr eintritt, gleich parat zu seyn. So suchen sie durch sorgfältige und kluge Abrichtung alle Kräfte des Körpers und des Instinkts ihrer Pferde geschickt zu entwickeln, vielleicht selbst zu vervollkommnen» *) [12]).

Mariti berichtet: «Vorzüglich suchen sie ihre Pferde zum scharfen Laufen abzurichten. Dieses geschieht auf die Art, daß sie das Pferd im vollen Rennen fortschießen lassen, auf einmal aber aufhalten, und rechts oder links wenden, damit sie es dadurch gewöhnen, gleich nachdem die Lanze geworfen ist, vom Feinde zurück zu fliehen, weil es ihre Weise ist, auf den Feind rasch anzusprengen und hernach die Flucht zu nehmen. Sie gewöhnen sie ferner in die Runde zu laufen und hängen sich dabei stark auf die eine

*) Was Fouche hier von der Art, wie die Araber ihre Pferde abrichten, sagt, bezieht sich wahrscheinlich nur auf die Bewohner der Städte; denn von den rohen Beduinen läßt sich eine kunstgemäße Abrichtung der Pferde nicht erwarten.

Seite; diese Uebung ist deßwegen nöthig, damit sie, ohne abzusteigen, ihre Lanze von der Erde aufheben können. Bei allen diesen Uebungen brauchen sie niemals weder Peitsche noch Ruthe, sondern bloß die Steigbügel, welche hinten eine scharfe Spitze haben, womit sie das Pferd anstossen und in die Seite stechen» [13]).

Ueber die Art, wie die Araber zu Pferde sitzen, lauten die Berichte der Reisenden folgendermassen. Arvieux sagt: «Ihre Steigriemen sind sehr kurz, so daß sie auf dem Pferde, wie auf einem Stuhle sitzen» [14]). Mariti berichtet: «Sie reiten mit ganz gebogenen Knieen und schließen damit fest an, welches seinen Grund in der Höhe ihrer Sättel hat. Diese Art zu Pferde zu sitzen, läßt sehr ungeschickt, obwohl sie sehr sattelfest sind» [15]). — Fouche d'Obsonville bemerkt: «Ueber diesen Punkt sind alle Asiaten und Afrikaner vollkommen einerlei Meinung. Sie behaupten nämlich, daß sie in dieser Stellung (den kurzen Sitz) mit mehr Nachdruck und Bequemlichkeit einen Säbelhieb oder Lanzenstoß führen, oder pariren können. Diese Art zu reiten, wenn man ein wenig daran gewöhnt ist, greift außerdem weniger an; was aber noch mehr zu ihrem Vortheile redet, sind die oft ernstlichen Zufälle, denen sie vorbeuget. Erstlich riskirt man weniger die Beine durch einen Schlag oder einen Sturz mit dem Pferde zu brechen; und zweitens ist es ausgemacht, daß man alsdann wirklich festsitzt und zufälligen Brüchen weit seltener ausgesetzt ist» [16]).

Ferner bemerkt noch Burkhardt: «Die Araber sind mit der Reitkunst der Türken und mit den Schwenkungen, worauf sich letztere soviel einbilden, gar nicht bekannt.

Aber ihre Gewohnheit ohne Steigbügel zu reiten, die schwere Lanze im vollen Galopp zu werfen, und von früher Kindheit an sich auf dem nackten Rücken eines trabenden Kameeles im Gleichgewichte zu erhalten, giebt dem Beduinen einen festeren Sitz auf seinem Pferd, als ein Türke sich rühmen kann, obgleich letzterer vielleicht eine schönere Haltung behauptet» [17]).

Schlüßlich muß noch angemerkt werden, daß alle Araber gewöhnlich nur Stuten reiten. Selten sieht man Jemand, der einen Hengst reitet, und geschieht dieß ja, so muß es ein Hüssan seyn, d. h. ein solcher, der noch nicht beschält hat. Indessen sieht man auch dieses nur in Städten; alle Araber der Wüste (Beduinen) reiten nur Stuten (Farast). Warum sie diesen den Vorzug geben, wissen sie durch viele Gründe zu rechtfertigen. Erstlich wollen sie aus langer Erfahrung wissen, daß die Stuten die Beschwerlichkeiten besser ausstehen, und Hitze, Hunger und Durst länger ertragen können, als die Hengste. Zweitens sollen sie mit eben soviel Schnelligkeit mehr Zierlichkeit, Athem und Gelehrigkeit verbinden. Drittens sollen sie weniger wild und unbändig seyn. Viertens wiehern die Stuten seltener, als die Hengste, welches kein geringer Vortheil für Leute ist, die in ihren öftern Fehden ihre Feinde stets nur durch Ueberfall zu verderben suchen, und oft Tage lang im Hinterhalt auf ihre Feinde oder Reisende lauern. Und endlich fünftens, was noch eine Hauptsache ist, bringen ihnen die Stuten auch alle Jahre ein Fohlen, das sie alsdann entweder verkaufen, oder wenn es schön und von guter Art ist, für sich zu ihrem Gebrauche aufziehen können. [18]). «Diese Vorzüge — sagt Fouche — und dieser

Zusammenfluß von trefflichen Eigenschaften wird den Stuten, sonderlich in Arabien so wenig streitig gemacht, daß das Wort: Faras, welches buchstäblich eine Stute bedeutet, der eigentliche und vorzügliche Geschlechtsname geworden ist, dessen man sich allein bedient, wenn man von dem Reitpferde eines Mannes von irgend einigem Ansehen spricht» [19].

Daß das

Pferde-Rennen

oder das Wettrennen mit Pferden ehemals in Arabien stark üblich gewesen sey, wurde schon früher bemerkt *). Gegenwärtig findet es selten mehr Statt, und zwar gewöhnlich nur als eine Lustbarkeit zur Verherrlichung feierlicher Tage, wie z. B. zu Medina während des Opferfestes auf dem Berge Arafat, dann zuweilen an dem Feste der Beschneidung, am Ramazan u. s. w. [20]. Von welcher Art diese Rennen dann sind, und ob auch Gewinnste dabei Statt finden, ist unbekannt, weil die Reisenden davon schweigen.

An dem Feste der Beschneidung werden zuweilen auch

Kriegsspiele zu Pferde

abgehalten. Burkhardt beschreibt diese Spiele mit folgenden Worten: «Eine Anzahl Reiter ordnet sich zu beiden Seiten des Zeltes, wo die Feierlichkeit Statt finden soll, in einem Abstande von 200 bis 300 (englischen) Ellen in zwei Linien und beginnen ihre kriegerischen Evolu-

*) Siehe das dritte Kapitel S. 93.

tionen. Ein Reiter galoppirt nach der andern Parthei hin und fordert einen von ihnen heraus. Letzterer naht sich ihm augenblicklich, und sucht vor der Stute desselben den Vorsprung zu gewinnen. Ist er bei der andern Linie angelangt, so fordert er seinerseits einen heraus, und so dauert das Kriegsspiel hinüber und herüber länger, als eine Stunde zu Ehren des Zeltes, wo die Beschneidung Statt gefunden hat. Die weiblichen Zuschauer singen die ganze Zeit über den Asamer (Lobgesang), und preisen den besten Reiter, oder den Besitzer der flüchtigsten Stute» [21]).

---

[1]) Arvieux's Sitten der Beduinen, S. 81. [2]) Alibey's Reisen in Afrika und Asien, S. 294. [3]) Burkhardt a. a. O., S. 172. [4]) Berenger, Mariti u. s. w. [5]) Arvieux a. a. O., S. 73 u. Fouche S. 194. [6]) Arvieux a. a. O., S. 74. [7]) Hasselquist's Reise nach Palästina, 1. Bd. S. 89. [8]) Kunde von Asien, 1. Bd. S. 204. [9]) Arvieux a. a. O., S. 88 [10]) Hasselquist a. a. O., S. 90. [11]) Mariti a, a. O., S. 223. [12]) Fouche a. a. O., S. 200. [13]) Mariti a. a. O., S. 221. [14]) Arvieux a. a. O., S. 74. [15]) Mariti a. a. O., S. 223. [16]) Fouche a. a. O., S. 198. [17]) Burkhardt a. a. O., S. 172. [18]) Arvieux, Mariti, Burkhardt u. s. w. [19]) Fouche a. a. O., S. 198. [20]). Burkhardt a. a. O., S. 72. [21]) Ebenda, S. 71.

Dreiundzwanzigstes Kapitel.

Von der Pferdearzneikunst, dem Hufbeschlage und der Kastration der Pferde.

Obgleich die Araber mehrere veterinärische Werke besitzen *), so ist doch ihre

Pferdearzneikunst

sehr mangelhaft. Ordentliche, wissenschaftlich gebildete Pferdeärzte giebt es bei ihnen nicht. Niebuhr versichert, in Yemen Menschenärzte gesehen zu haben, die zugleich Pferdärzte, Wundärzte, Apotheker und Laboranten waren, und die dennoch ihren nothdürftigen Unterhalt kaum verdienen konnten [1]. Wenn Arvieux sagt: «Die Araber sind gute Pferdeärzte und kennen die Krankheiten ihrer Pferde eben

*) Der Araber Abu Hsantsa mit dem Zunamen El-Daimuri schrieb, wie Casiri bemerkt, Bücher über die Landwirthschaft und Thierarzneikunst. Er lebte bis in das Jahr Christi 902. — Abubekr ben al Bedr al Beithar (Stallmeister des Sultans Malek el Nasser, welcher ums Jahr Christi 1179 regierte) schrieb über Reitkunst und Pferdekrankheiten. Sein Werk führt den Titel: Kamel el Sanôtein. — Ein anderes solches Werk hat den Titel: Grundsätze der Reitkunst und Veterinärwissenschaft, und die Araber schreiben es dem Ali, dem Schwiegersohne Mohammeds, zu. Hr. Rousseau, ehemals französischer General-Consul in Aleppo, besaß ein Exemplar davon, und wollte es übersetzen.

so gut, als die Mittel, die man dagegen gebrauchen muß» [2]); so soll dieß wohl nicht mehr heißen, als sie wissen viele sogenannte Hausmittel mit Nutzen in den Krankheiten ihrer Pferde anzuwenden.

Die gewöhnlichsten Krankheiten, welche an den Pferden in Arabien vorkommen, sind:

1) Die Kolik. — Hasselquist sagt: «Die arabischen Pferde sind diesem Uebel häufig unterworfen. Die Araber gebrauchen zu dessen Heilung die gedörrte Galle von einem Bären, welche sie zu Pulver stoßen und hernach den Pferden mit Kaffee vermischt eingeben. Sie kaufen diese Galle theuer, wenn sie solche haben können, und bewahren sie als einen kostbaren Schatz auf» [3]).

2) Die Druse. — Burkhardt sagt von der Art, wie die Araber diese Krankheit behandeln, Folgendes: «Sie verbrennen Stücke blauer Leinwand, welche mit Indigo gefärbt ist, und lassen den Rauch dem kranken Pferde in die Nase ziehen. Dieß bewirkt einen sehr kopiösen Ausfluß. Sie reiben die (Drüsen) Knoten mit einem Teige aus Gerstenspreu und Butter ein» [4]).

3) Die Rehe. — Burkhardt sagt: «Entsteht die Krankheit dadurch, daß das Pferd nach heftiger Anstrengung zu viel kaltes Wasser gesoffen hat (Wasserrehe), so verzweifeln die Araber an der Wiederherstellung. Ist sie durch zu reichliche Fütterung entstanden (Futterrehe) *), so lassen sie dem Pferde am Fuße zur Ader und wickeln die Haut eines frisch geschlachteten Schafes um den Bauch

*) Diese Art Rehe möchte wohl in Arabien, wo die Fütterung so sparsam ist, äußerst selten vorkommen.

desselben. Sie nehmen auch einige Eier, wenn dergleichen zur Hand sind, und schlagen sie auf die Stelle, wo das Pferd am meisten zu leiden scheint, und reiben diese Stelle mit dem Inhalte der Eier ein» [5]).

4) Die Räude. — Zur Heilung dieser Krankheit bedienen sich die Araber eines gelblichen Steines, der ein etwas weiches Gewebe hat und im arabischen Tuff heißt; sie stoßen ihn zu Pulver, verwandeln dieses mit Wasser in einen Teig und bestreichen hernach damit die räudigen Stellen. Gewöhnlich lassen sie diesen Teig drei Tage lang liegen, wornach sie ihn wieder wegwaschen *) [6]).

5) Hautwurm oder Wurmbeulen. — Diese Krankheit halten die Araber fast für unheilbar.

6) Die Kopfgeschwulst. — Sie brennen das Fleisch um die Geschwulst herum mit einem glühenden Eisen.

7) Der Hodenbruch. — Für diese Krankheit haben sie kein Mittel.

8) Der Satteldruck. — Burkhardt sagt: «Sie öffnen die Geschwulst und legen auf dieselbe Charpie aus aufgedrehten Stricken. Diesen Verband erneuern sie öfter, waschen dann die Wunde mit Seife und Wasser, und reiben sie gut mit Salz aus, bis das Blut, welches aus der Wunde kommt, trocken wird. Alsdann waschen sie die Wunde nochmals, und legen nun ein trocknendes Pflaster aus zerstoßenen Granatäpfelschaalen und den Blättern des Hennekrautes (Lawsonia inermis L.) auf» [7]).

---

*) Die Araber in Aegypten bedienen sich gegen die Räude ihrer Pferde einer Salbe aus sublimirtem Schwefel und Olivenöl. (Olivier's Reisen, 1. Bd. S. 181.)

9) Die Hirschkrankheit, die Dämpfigkeit, sulzige Geschwülste am Bauche des Pferdes u. dgl. mehr. —

Uebrigens ist das Brennen mit einem glühenden Eisen das allgemeinste Heilmittel der Araber in den Krankheiten ihrer Pferde. Sie wenden es nicht bloß gegen äußerliche, sondern auch gegen innerliche Krankheiten an, und besonders häufig gegen die an den Füßen vorkommenden verschiedenen Knochen- und andern Geschwülste, wie z. B. Spat, Schaale, Ueberbeine, Flußgallen *), Köthengallen u. s. w., daher findet man auch so viele arabische Pferde, welche am Kopfe, am Halse, unter der Brust, an den Füßen u. s. w. allerlei Brandzeichen haben **). Auch sollen die Araber bisweilen das glühende Eisen gebrauchen, um an irgend einem kranken Theile eine Art von Haarseil anzubringen. Burkhardt berichtet darüber Folgendes: «Statt die Haut bloß zu brennen, ziehen die Araber dieselbe manchmal zwischen zwei Fingern empor, durchbohren sie mit einem dünnen rothglühenden Eisen und ziehen einen Faden durch die Oeffnung, um die Supuration zu erleichtern» [8]).

---

*) Um die Flußgallen zu vertreiben, sollen sie solche mit einem glühenden Eisendraht durchbrennen.

**) Der französische Thierarzt Damoiseau schreibt: "Die Araber gebrauchen das glühende Eisen als allgemeines Heilmittel für Menschen und Thiere. Wenn ein Araber Kolikschmerzen verspürt, schnell das Feuer auf den Bauch. Gegen Bruſtschmerzen Feuer auf die Rippen; gegen Kopfschmerzen Feuer auf die Hirnschaale u. s. w. Auch haben die Beduinen, alt und jung, überall Narben und Schrunden vom Brennen am Körper. Ihre Pferde desgleichen. Die Kauterisation wird aus dem Grund angewendet, um den schwachen Theil zu stärken.» (v. Hochstetter's Monatschrift, 1831 2r Bd. S. 37.)

Alle Araber haben einen großen Glauben an sogenannte

Angehänge, Amulette, Talismane.

Sie halten dafür, daß diese nicht nur Krankheiten vorbeugen, sondern auch höchst wirksam gegen Bezauberungen sind, und zugleich gegen den bösen Blick des Neiders und gegen andere Zufälle schützen. Dergleichen Angehänge bestehen gewöhnlich aus geheimen arabischen Schriftzügen, oder in gewissen Sprüchen aus dem Koran, die von einer frommen Person (etwa einem Derwisch) ins Geheim auf Papier geschrieben werden, welches Papier hernach in der Form eines Triangels zusammengelegt und in einen ledernen Beutel von der nämlichen Figur gethan, den Pferden um den Hals gehängt wird *). Niebuhr sagt: «Schöne kostbare Pferde haben ganze Schnüre davon anhängen, wovon das eine verhüten soll, daß das Pferd sich nicht verhitze, ein anderes soll ihm Appetit zum Fressen geben u. s. w.» [9]). Die Kraft solcher Zettel soll gerade ein Jahr dauern; sie müssen unter mancherlei Vorsichtsmaßregeln abgeholt und angehängt werden, und wenn eine derselben vernachlässiget wird, so ist die ganze Kraft des Wundermittels verloren. Eine sehr pfiffige Erfindung! — die den Verkäufer solcher Thorheiten stets gegen Vorwürfe schützt. Außerdem pflegen die Araber ihren Pferden auch noch zuweilen wilde Schweinsklauen, die durch einen silbernen Kreisbogen in der Form eines zunehmenden Mon-

---

*) Bisweilen legen sie auch noch allerhand Kräuter und Wurzeln bei, und nähen sie in dem Beutelchen mit ein.

des zusammengehalten werden, um den Hals zu hängen; dieß soll sie vor dem Wurm sichern [10]).

In der

Hufbeschlagskunst

sind die Araber nicht sonderlich geschickt; auch giebt es bei ihnen nur wenig Hufschmiede *), weil viele ihre Pferde unbeschlagen reiten. Letzteres ist besonders der Fall bei den Beduinen der Wüste. Rousseau sagt: «Die Beduinen lassen ihre Pferde niemals beschlagen, weil die Wüste nur ebene Flächen darbietet und wenig steiniges Erdreich hat» [11]). Auch Degrandpré sagt: «In der Landschaft Yemen werden die Pferde nicht beschlagen; das Horn an ihren Hufen ist so hart, daß es sich nicht abnützt; nur zuweilen ist man genöthiget, die Hufe auszuwirken» [12]).

Demnach wird sich also wohl das Beschlagen der Pferde allein auf die bergigten Gegenden in Nedsched und im steinigen Arabien, sowie auf Syrien und Palästina beschränken. Von der Beschlagkunst der Araber schreibt Arvieux: «Ihre Hufeisen verfertigen sie aus einem weichen und geschmeidigen Eisen, hämmern sie kalt und machen sie allemal um zwei Finger breit kürzer, als der Pferdehuf ist. Sowie das Eisen aufgenagelt ist, schaben sie alles vorragende Horn sorgfältig ab, damit sich die Pferde im Laufen nicht mit den Hufen streichen» [13]). Nach Sonnini's Versicherung sind die Hufeisen der Ara-

*) Burkhardt sagt jedoch, daß man bei allen größern Beduinen-Stämmen zwei oder drei Hufschmiede für den Beschlag der Pferde findet.

der groß und von einer halbzirkelrunden Form, ohne Erhöhung oder Stollen; sie sind leicht, aber hinreichend, den Huf gegen Verletzungen zu schützen, da es hier weder viel Koth, noch gepflasterte Straßen giebt [14]).

Das

Kastriren oder Wallachen der Pferde,

ist sowohl in Arabien, als im ganzen Morgenlande wenig üblich, weil hier (wie mehrere Reisende versichern) die Hengste viel sanftmüthiger und weniger unbändig, als in Europa sind. Niebuhr bemerkt: «Das Verschneiden der Hengste ist wahrscheinlich in den heißen Ländern nicht so nothwendig, als in den kältern, weil die stärkere Ausdünstung ihnen den Muth zu benehmen scheint. Ein französischer Offizier, welcher verschiedene Jahre auf der Küste von Koromandel und in Bengalen gewesen war, versicherte, daß man daselbst Hengste für die Cavallerie gebrauche, und er wollte bemerkt haben, daß diese im Winter schwerer zu bändigen sind, als im Sommer» [15]). Dem seye, wie ihm wolle! Soviel ist gewiß, daß die ächten Araber (d. h. die der Wüste) äußerst selten, oder (wie Arvieux behauptet) niemals einen Hengst verschneiden lassen, wahrscheinlich weil sie keine Wallachen, sondern bloß Stuten reiten. Dagegen aber sollen die Araber in Syrien und Palästina öfter Hengste kastriren lassen, und zwar auf folgende Art: «Man faßt mit starken Zangen die Hoden des Hengstes oberhalb den Nebenhoden, hierauf zerdrückt man das Scrotum, ohne es aufzuschneiden mittelst eines hölzernen Klöpfels, den man umdreht. Diese barbarische Methode veranlaßt gewöhnlich eine schwere

Entzündung, welche zuweilen den Brand und den Tod, zuweilen aber nur eine große Geschwulst zur Folge hat»[16].

---

[1]) Niebuhr a. a. O., S. 130. [2]) Arvieur's Sitten der Beduinen, S. 71. [3]) Hasselquist's Reise nach Palästina, S. 505. [4]) Burkhardt's Bemerk. über die Beduinen, S. 175. [5]) Ebenda. [6]) Wittmann's Reise durch die Türkei, 2. Bd S. 132. [7]) Burkhardt a. a. O., S. 176. [8]) Ebenda. [9]) Niebuhr a. a. O., S. 127. [10]) Arvieux a. a. O., S. 72. [11]) Fundgruben des Orients, 3. Bd. S. 276. [12]) Degrandpre's Reise nach Indien und Arabien, S. 288. [13]) Arvieux a. a. O., S. 72. [14]) Sonnini a. a. O., 2. Bd. S. 89. [15]) Niebuhr a. a. O., S. 82. [16]) Damoiseau's Reise in Syrien und Arabien. Steht in Hochstetters Monatschrift rc. 1831 1. Bd. 2. Hft. S. 113.

Vierundzwanzigstes Kapitel.

Von der Liebe der Araber zu ihren Pferden.

Mehrere Reisende erzählen von der großen Liebe der Araber zu ihren Pferden. Rousseau schreibt: «Man darf sagen, sie lieben ihre Pferde, wie ihre Weiber, und es ist vielleicht nicht einer unter ihnen, der nicht seine Stute in seinem Zelte liegen läßt, mitten unter seiner Familie, welche auf solche eben so viel Sorge verwendet, wie auf ein zärtlich geliebtes Kind» [1]). Seetzen bemerkt: «Das Pferd ist der Abgott des Arabers, fast immer steht es vor seinem Zelte, wo er es streichelt, koset und manchen Dialog mit ihm hält» [2]). Auch Arvieux sagt: «Die Araber schlagen ihre Pferde niemals, sondern behandeln sie sanft, streicheln und liebkosen sie *), unter-

*) Arvieux sagt: "Durch diese Tändeleien nehmen die arabischen Pferde bisweilen allerhand Sonderbarkeiten an. Man hat welche gesehen, die, wenn sie angebunden waren, beständig mit dem Kopfe schüttelten, welches die Araber für ein Zeichen von Nachdenken halten. Andere grüßen gleichsam die Vorbeigehenden durch eine Kopfbewegung. Manche sind große Liebhaber vom Tabaksrauche. Ich habe arabische Pferde gesehen, die den Tabaksrauch so sehr liebten, daß sie denen nachliefen, die Tabak rauchten. Wenn man ihnen den Rauch in die Nase bließ, so erhoben sie den Kopf, und wiesen die Zähne, so wie sie thun,

halten sich mit ihnen und sind sehr für sie besorgt. Jeder spricht mit seinem Pferde, als wenn es seine Rede verstände, und dieses hört aufmerksam zu: so daß es wirklich wahre Anhänglichkeit und Dankbarkeit ausdrückt» [3]). Ungefähr dasselbe berichten auch noch de la Rocque, Fouche, Mariti und Andere mehr.

Diese Liebe der Araber zu ihren Pferden hat nicht allein ihren Grund in der Nutzbarkeit dieses Thieres, das ihnen bei ihrer unstäten und kriegerischen Lebensart höchst unentbehrlich und wichtig ist, als vielmehr in der altherkömmlichen Ansicht, daß die Pferde mit edlen und hochherzigen Gesinnungen begabt und eines höhern Verstandes fähig sind, als die übrigen Thiere. Deßhalb pflegen die Araber auch zu sagen: «Nach dem Menschen ist das herrlichste Geschöpf das Pferd; die ehrenvollste Beschäftigung besteht in seiner Erziehung; die anmuthigste Haltung ist die eines Reiters zu Pferde; die verdienstvollste Handlung ist, dem Pferde Nahrung zu geben.» Hiezu fügen sie auch das Wort ihres Propheten: «Soviel Gerstenkörner du täglich deinem Pferde giebst, so viele Abläße wirst du dafür dir erwerben.» Auch sagte Mohammed zu seinen Schülern: »Vorzüglich lege ich Euch die Sorge für die Zuchtstuten ans Herz; ihr Rücken ist ein Ehrensitz, und ihr Bauch ein unerschöpflicher Schatz.» Die Schöpfung des Pferdes erzählt der Prophet so: «Als Gott das

---

wenn sie eine Stute wittern, zugleich lief ihnen das Wasser aus den Augen und den Nasenlöchern.» (Arvieux's Nachrichten u. s. w. 3r Bd. S. 205). Dieß Letztere bestätiget auch der französische Thierarzt Damoiseau. (Siehe von Hochstetter's Monatschrift &c. Jahrg. 1831 2r Bd. S. 34.)

Pferd schaffen wollte, rief er den Südwind und sprach zu ihm: «Ich will aus Dir ein neues Wesen gestalten; verdichte Deinen Körper und lege ab Deine Flüssigkeit.» Und der Wind gehorchte. Dann nahm Gott eine Hand voll von diesem nun greifbar gewordenen Stoffe, hauchte ihn an, und das Pferd gieng daraus hervor. Und der Herr sprach: «Du wirst für den Menschen eine Quelle des Vergnügens und des Reichthums seyn, und er wird Dich herrlich vor allen Thieren machen, indem er Deinen Rücken besteigt» [4]).

Nachstehende Beispiele geben die Liebe und Anhänglichkeit der Araber an ihre Pferde noch besser, als das Vorgesagte, zu erkennen.

Arvieux, der Augenzeuge von den folgenden zwei Begebenheiten war, erzählt, wie folgt: «Hr. Souribe, ein Kaufmann aus Marseille, der sich zu Rama in Syrien niedergelassen hatte, hatte einst von einem Araber, Namens Ibrahim Abu Vouasses, eine Stute, die Touysse hieß, gekauft; doch so, daß der Araber noch Antheil daran hatte *). Außerdem, daß diese Stute schön und jung war, und zwölfhundert Piaster kostete, war sie auch von der edelsten Art. Ibrahim kam oft nach Rama, um dieses Pferd zu besuchen, welches er außerordentlich liebte. Ich hatte oft das Vergnügen, ihn aus Zärtlichkeit in Thränen ausbrechen zu sehen, wenn er es liebkosete und streichelte. Er umarmte es, trocknete ihm die Augen mit seinem Schnupftuche, wischte es mit seinem Hemdeärmel ab, überhäufte es mit Segenswünschen, und sprach oft ganze Stun-

*) Ein solcher Verkauf kommt bei den Arabern öfter vor, wie im neunzehnten Kapitel S. 294. ausführlich erzählt worden ist.

den mit ihm: «Mein Augapfel, meine Liebe, mein Herz, warum mußte ich so unglücklich seyn, dich zu verkaufen und nicht bei mir zu haben! — Ich bin arm, meine Gazelle, Du weißt es wohl, mein Schätzchen; ich hab' Dich in meinem Haus wie meine Tochter erzogen, hab' Dich weder geschlagen noch ausgescholten. Gott erhalte Dich, gutes, schönes, liebenswürdiges Thier,» — und was dergleichen Liebkosungen mehr waren. Er umarmte sodann sein Pferd, küßte ihm die Augen, und indem er rücklings fortging, nahm er in den zärtlichsten Ausdrücken Abschied von ihm» [5]).

«Ein anderer Araber — fährt Arvieux fort — konnte sich nicht entschließen, seine Stute abzuliefern, obgleich wir sie ihm für den Marstall des Königs von Frankreich abgekauft hatten. So oft er eine Hand voll Geld in den Sack steckte, warf er auch die Augen auf sein Pferd und fing an, zu weinen. «Ist's möglich» — rief er aus — «nachdem ich Dich bei mir so sorgfältig erzogen und deine Dienste genossen habe, soll ich Dich zur Vergeltung an die Franken verkaufen, welche Dich anbinden, schlagen und elend machen werden? Nein, gutes Thier, ich kann es nicht übers Herz bringen» — und hier warf er das Geld auf den Tisch, umarmte und küßte sein Thier, und behielt es» [6]).

Der englische General Malcolm, welcher im Jahr 1809 als Gesandter seiner Regierung nach Persien reisete, erzählt folgende zwei Beispiele von der Liebe der Araber zu ihren Pferden. «Als der Gesandte auf dem Rückwege von seiner Sendung an den persischen Hof, unweit Bagdad gelagert war, ritt ein Araber eine außerordentlich schöne hellbraune Stute vor seinem Zelte herum, bis sie die Aufmerksamkeit des Gesandten auf sich zog. Als dieser fragte, ob sie zu verkaufen sey, erwiederte der Araber: «Was wollt Ihr mir geben?» — «Das hängt von ihrem Alter ab; sie ist wohl fünf Jahre alt gewesen?» — «Rathet noch einmal» — war die Antwort. «Vier?» — »Seht Ihr ins Maul,» — sagte der Araber lachend. Es fand sich, daß sie erst ins dritte Jahr ging. Dieser Umstand gab dem Thiere bei seiner Größe und seinem vollkommenen Ebenmaaße einen desto höheren Werth. Der Gesandte sagte: «Ich will Dir fünfzig Tomans *) geben.» — «Ich dächte, Ihr leget etwas zu,» — erwiederte der Araber, den dieses Gebot nicht wenig belustigte. Der Gesandte bot 30, 100, 200 Tomans. Der Araber schüttelte lächelnd den Kopf und sagte: «Ihr braucht Euch weiter keine Mühe zu geben; Ihr seyd ein reicher Herr, habt schöne Pferde, Kameele und Maulthiere, und wie man hört, ganze Lasten Silbers und Goldes, aber Ihr seyd nicht reich genug, um mir meine Stute zu bezahlen.» Mit diesen Worten ritt er in die Wüste, woher er gekommen war. Der Gesandte erkundigte sich bei einigen Offizieren des Pascha's von Bagdad nach dem jungen Manne. Sie kannten ihn nicht, vermutheten aber, daß er, trotz seines schlichten Aeußeren, der Sohn oder Bruder eines Häuptlings (Scheikhs) oder vielleicht selbst ein Familienhaupt seyn möchte, und wären solche Araber, sagten sie, wohlhabend, so könnten keine Geldgebote sie verleiten, ein Pferd, wie das Beschriebene, zu verkaufen» [7]).

---

*) Ein Toman ist ungefähr 10 bis 11 Gulden rhein.

Die nachstehende Geschichte erzählte Abdulla Aga (ehemaliger Statthalter von Basra) dem General Malcolm, und versicherte dabei, daß er den darin erwähnten Scheikh selbst gekannt habe. «Ein arabischer Scheikh, der etwa fünfzig (englische) Meilen von Basra lebte, hielt außerordentlich viel auf seine Pferde. Er verlor eine seiner besten Stuten, und konnte nicht ausmitteln, ob sie gestohlen sey, oder sich verlaufen habe. Einige Zeit darauf entführte ein junger Mann von einem andern Stamme, der die Tochter des Scheikhs öfters zur Ehe begehrt hatte, aber immer vom Vater abgewiesen worden war, das Mädchen. Der Scheikh verfolgte mit seinen Leuten die Flüchtigen, aber diese, welche auf einem Pferde ritten, entkamen durch die wunderbare Schnelligkeit desselben. Der Alte schwur darauf, der Entführer habe entweder auf seiner verlornen Lieblingsstute, oder auf dem Teufel selbst geritten. Das Erstere war der Fall, denn der Liebhaber hatte die Stute gestohlen, um die Tochter in Sicherheit bringen zu können. Es freute den Scheikh wenigstens, daß kein Pferd von einer andern Zucht es dem seinigen zuvor gethan hatte, und er söhnte sich gerne mit dem jungen Manne aus, um nur seine Stute wieder zu erhalten, an welcher ihm viel mehr gelegen zu seyn schien, als an seiner Tochter» *) [8]).

---

*) General Malcolm erzählt auch noch folgende Anekdote von der Liebe der Araber zu ihren Pferden. — Einem Araber ward während der Anwesenheit des genannten Generals zu Abuschir von einem Esel ein Bein abgeschlagen. Der Arzt, welcher dem Araber das Bein eingerichtet hatte, erzählte: "Der Kranke klagte über sein Unglück mehr, als es sich nach meiner

Auch die folgende von einem Engländer, Namens Smith, erzählte Anekdote beweißt, wie höchst ungerne die Araber sich von ihren Stuten trennen. Als er (Smith) sich einst auf dem Euphrat befand, während ein Haufe Beduinen gerade seinem Schiffe gegenüber ein Dorf überfiel und plünderte, begab er sich, im Vertrauen auf die gastfreundschaftlichen Gebräuche der Araber, einzig um deren Pferde zu sehen, zu ihnen. Sie ritten sämmtlich Stuten meist von grauer Farbe, die schönsten und edelsten Thiere, die ihm jemals vorgekommen waren. Mehrere der Reiter redeten ihn an, und er ließ sich mit zweien, die länger, als die übrigen blieben, in ein Gespräch ein. Nachdem er ihre Stuten bewundert, fragte er den einen, ob er seine Stute verkaufen wolle, und bot ihm sogleich einen höhern Preis, als er je vorher für eine Stute gegeben. Der Araber lächelte und fragte, ob er nichts zulegen wolle, und wo denn das Geld sey. Hr. Smith sagte ihm, er habe kein Geld bei sich, aber er könne welches von dem Schiffe holen lassen, und er wolle noch einmal soviel geben, als er zuerst geboten, worauf der Araber sich mit den Worten: «Wir wollen machen, daß wir fortkommen, sonst beredet mich dieser Ungläubige, meine Stute zu verkaufen» zu seinem Begleiter wandte und schnell den Weg nach der Wüste einschlug» [9]).

Meinung für Einen seines Stammes geziemte. Ich sagte ihm dieß, und seine Antwort war in der That spaßhaft:» "Glaube nicht, daß ich ein klagendes Wort ausstoßen würde, wenn mein edles Pferd mit einem muntern Schlage mir beide Beine zerschmettert hätte, aber daß ein dummer Esel mir ein Bein zerschlagen hat, das ist zu arg, und ich muß darüber klagen.» —

Auch folgendes Beispiel bestätiget die Liebe der Araber zu ihren Pferden. «Ein Araber, welcher über achtzig Jahre alt geworden war, ohne einen einzigen Tag krank gewesen zu seyn, besaß eine vorzüglich schöne Lieblingsstute, welche ihn seit fünfzehn Jahren in manchem heißen Gefechte, auf manchem langen Marsche getragen und mehrere treffliche Fohlen geboren hatte. Da er jetzt nicht mehr reiten konnte, so schenkte er diese Stute und einen Säbel, den schon sein Vater geführt, seinem ältesten Sohne, empfahl ihm, deren Werth zu schätzen, und sich nie schlafen zu legen, bevor er beide so blank, wie einen Spiegel geputzt. In dem nächsten Scharmützel wurde der junge Mann getödtet und die Stute vom Feinde erbeutet. Als der Alte dieß hörte, rief er aus: «Was soll mir nun das Leben, da ich nicht nur meinen Sohn, sondern auch den Liebling meines Herzens verloren habe? Ich traure um beide gleich stark, und wünsche mir nun den Tod, da das Leben keinen Reitz mehr für mich hat. Bald darauf erkrankte er und starb» [10]).

Der bekannte Reisende Burkhardt schreibt: «Die Verehrung, welche die Beduinen gegen ausgezeichnete Pferde hegen, gränzt an Vergötterung. Von vielen Beispielen, die Europäern unglaublich scheinen müssen, nur das Folgende: Eine Abtheilung berittener Drusen griff im Sommer 1815 eine Anzahl Beduinen in der Landschaft Hauran an, und trieb sie in ihr Lager, wo jene ihrerseits von überlegener Macht angegriffen und sämmtlich erschlagen wurden, bis auf einen, welcher entfloh. Er wurde von mehrern der am besten berittenen Beduinen verfolgt; aber seine Stute, obwohl bereits ermüdet, rannte mehrere Stunden lang in gleicher Schnelligkeit fort, und konnte nicht eingeholt werden. Ehe seine Verfolger ihre Jagd aufgaben, riefen sie ihm zu: «sie versprächen ihm Erhaltung seines Lebens und freien Abzug, wenn er ihnen nur erlauben wolle, seiner herrlichen Stute die Stirne zu küssen. Auf seine Weigerung standen sie von der Verfolgung ab, und riefen ihm nach: «Geh' und wasche die Füße deiner Stute, und trinke das Waschwasser.» — Dieses Ausdruckes bedienen sich die Beduinen, um ihre große Liebe für solche Stuten und ihren Sinn für die Dienste zu bekunden, welche sie geleistet haben» [11]).

Der Königl. preußische Generallieutenant Hr. v. Minutoli erzählt, daß, als Ibrahim Pascha (Sohn des Mehemed Ali Pascha von Aegypten) vor einigen Jahren einem Araber in der Landschaft Hedschas seine Stute abkaufen wollte, sie dieser schlechterdings um keinen Preis ablassen wollte. Er erklärte vielmehr mit nassem Auge: daß ihm der Pascha lieber sein Land, seine Frauen und selbst seine Kinder fortnehmen möchte, als seine Stute, die ihm bei mehreren Gelegenheiten durch ihre Schnelligkeit das Leben gerettet habe, und von welcher ihn nur der Tod trennen könnte. [12]).

Es hegen aber die Araber nicht nur eine große Liebe zu ihren Pferden, sondern sie wollen auch in ihnen Hülfsmittel jeder Art finden. Fouche d'Obsonville schreibt: «Hat ein Araber sein Vermögen verloren, muß er für sein Leben oder seine Freiheit besorgt seyn, hat er eine gefährliche Wunde erhalten, so tröstet man ihn mit dem gemeinen Sprichworte: «Laß den Muth nicht fallen, Deines Pferdes Huf bleibt Dir doch noch übrig.»

Damit spielt man auf die Flüchtigkeit seines Pferdes an, und deutet hin, daß ihm sein Pferd wieder zu neuem Glücke förderlich seyn könne» *) [13]).

Nun zum Schluß noch des Arabers Omaja, Sohn des Abu-Agez, Loblied auf sein Pferd. Die Uebersetzung aus dem Arabischen ist von Schubart, und lautet wie folgt:

"Da stehst du, Roß, du edles Roß,
Weiß und zum Fluge gerüstet,
Wie ein Sonnenstrahl.
Die Locken, die auf deiner Stirne flattern,
Gleichen dem seidenen Haare des Mädchens,
Das der Westwind zaust.
Deine Mähne ist fliegendes Mittagsgewölke,
Dein Rücken ein Fels,
Den ein sanft schleichender Bach glättet.
Dein Schweif ist schön, wie die Schleppe der Fürstenbraut.
Den Seiten des schleichenden Leoparden gleich,
Schimmern deine Seiten.
Dein Hals ist ein hoher Palmbaum,
Unter dem der müde Wanderer rastet.
Deine Stirne ein Schild,
Den der Künstler rund und eben geformt.
Deine Nasenlöcher gleichen den Hölen der Hyänen,
Deine Augen den Zwillingsgestirnen.
Dein Schritt ist geflügelt, wie der des Rehbocks,
Der des schlauen Jägers spottet.
Dein Galopp ist eine Gewitterwolke,
Die über die Thäler streicht,
Hier donnert und dort donnert.
Deine Gestalt gleicht der grünen Heuschrecke,
Die sich aus dem Sumpfe hebt.
Komm liebes Roß, Omaja's Wonne!
Trinke Milch des Kameels,

*) Wahrscheinlich, indem er damit auf den Raub ausreitet, was alle Araber gerne thun.

Pflücke duftende Kräuter.
Und stirbst du — so stirb mit mir.
Nicht unterwärts, aufwärts fleugt auch Deine Seele;
Dann jag' ich mit Dir durch die Räume des Himmels„ [14]).

---

[1]) Fundgr, 3. Bd. S. 89. [2]) Ebenda, 2. Bd. S. 276. [3]) Arvieux's Nachrichten, 3. Bd. S. 226. [4]) Das Ausland; eine Zeitschrift, 1833 Nr. 175. [5]) Arvieux's Sitten der Beduinen, S. 68. [6]) Ebenda. [7]) Skizzen von Persien, 1. Thl. S. 40. [8]) Ebenda, S. 41. [9]) Smith on breeding fo the Turf p. 51. [10]) Ebenda. [11]) Burkhardt's Bemerk. über die Beduinen, S. 353. [12]) v. Minutoli's Bemerk über die Pferdezucht in Aegypten, S. 68. [13]) Fouche a. a. O., S. 215. [14]) Bouwinghausen's Taschenb. für Pferdeliebhaber 1792 S. 62.

Anhang.

Vorbemerkung.

Bei dem Aufsuchen der Materialien zu dem vorliegenden Werke über die Pferdezucht der Araber kamen mir öfter auch Notizen über die Pferde und Pferdezucht der übrigen Morgenländer zur Hand. Den Werth dieser Notizen erkennend, sammelte ich sie mit Fleiß und Sorgfalt, und bearbeitete sie hernach zu einem Ganzen, woraus dann der jetzt folgende Anhang entstand. In diesem Anhange findet der Leser Nachrichten von der Pferdezucht in Persien, Turkomanien und der Berberei. Anfangs war ich Willens, auch noch einiges von der Pferdezucht in Nubien, Dongola und Aegypten beizufügen; allein später unterließ ich dieß aus folgenden Gründen.

Ueber die Pferdezucht in Nubien und Dongola haben die Herren Graf von Veltheim, von Minutoli, und von Hochstetter Alles gesagt, was nur darüber gesagt werden kann *). Auch ist in diesen beiden Ländern

*) In nachstehenden Werken:

Graf v. Veltheim, Abhandlung über die Pferdezucht Englands. Braunschweig 1833 S. 328 u. folg. v. Minutoli, Nachträge zu seinem Werke: Reise zum Tempel des Jupiter Ammon in der libyschen Wüste und nach Oberägypten, Berlin 1827 S. 52 u. folg. v. Minutoli, Bemerkungen über die Pferdezucht in Aegypten und insbesondere über die Pferderace in Dongola. Berlin 1832 S. 15 u. folg. v. Hochstetter's

in der neuesten Zeit die Pferdezucht so herabgekommen, daß es nicht wohl der Mühe lohnt, weiter etwas über ihren frühern Zustand zu sagen. Hr. Rüppel, der in den Jahren 1826 und 1827 in diesen Ländern war, schreibt: «Jeder Araber-Stamm (in Nubien) besitzt eine geringe Anzahl Pferde. Ehemals waren es meistens schöne Stuten von der Dongola-Race, aber die türkischen Truppen (d. h. die Soldaten des Mehemed Ali Pascha von Aegypten) haben ihnen solche beinahe alle abgenommen, und ihnen dagegen syrische Pferde verkauft» *). Derselbe sagt von der zu Nubien gehörigen Provinz Shendy: «Einen besondern Luxus suchten sonst die Bewohner dieser Provinz in dem Besitz von Pferden, die wegen ihrer Schönheit und Güte den dongolaischen vorgezogen wurden. Aber auch die hiesige Race ward durch die Invasion der Türken (Soldaten des Mehemed Ali) so zu sagen vernichtet» **). Und endlich sagt er von Dongola: «Pferde findet man so zu sagen nirgends mehr. Im Jahre 1814 oder 1815 fiel deren eine große Anzahl an einer Seuche, und die übriggebliebenen kamen während der Anwesenheit der türkischen Truppen nach und nach beinahe alle in die Hände der Soldaten, so daß die noch unlängst mit Recht berühmte dongolaische Pferderace nun als erloschen anzusehen ist» ***).

Zeitschrift für Gestüte und Reitbahnen, Jahrg. 1830 1r Bd. 2s Heft, S. 113 u. folg,

*) Rüppel's Reise in Nubien, Kordofan und dem peträischen Arabien. Frankfurt 1829 S. 65.

**) Ebenda, S. 108.

***) Ebenda, S. 68.

Nicht viel besser sieht es mit der Pferdezucht in Aegypten aus. Schon vor sechszig Jahren schrieb ein Engländer, Namens **Berenger**: «Der Despotismus der (ägyptischen) Regierung ist so groß, daß die Pferdezüchter edle Pferde zu halten, furchtsam und muthlos werden, da sie beinahe gewiß sind, sie nur erzogen zu haben, um **ihrer, ohne Kaufpreis oder Ersatz zu erhalten, beraubt zu werden**; deßwegen machen die Besitzer edler Pferde dieselben oft lahm, oder schänden sie gar, damit sie den (Mamelucken) Beys nicht gefallen und sie ihnen mit Gewalt abnehmen möchten» *). — In Folge dieser Unsicherheit des Besitzstandes ist in Aegypten die Pferdezucht gänzlich in Verfall gerathen. Was von der Herrschaft der Mameluken her noch an guten (edlen) Pferden im Lande übrig geblieben war, das hat seitdem die tyrannische Regierung des Pascha Mehemed Ali vollends vernichtet. Seine Kriege mit den Wahabiten, Nubiern, Griechen und mit seinem eigenen Herrn (dem türkischen Sultan), haben eine Menge Pferde hinweggerafft, und da er stets die besten Pferde für seine Armee aushob, so ist dadurch die gute (edle) Art von Pferden in Aegpten beinahe gänzlich ausgerottet worden. Wie es gegenwärtig daselbst mit der Pferdezucht steht, ersieht man aus einem Schreiben aus Alexandrien, welches vor zwei Jahren in der allgemeinen Zeitung stand. Es heißt darin unter andern: «**Die Pferdezucht ist in Aegypten ganz untergegangen**; man läßt jetzt die Pferde für die Kavallerie mit großen Kosten aus Syrien und der Berberei kommen. Das Land ist für die

*) **Berenger's** Geschichte des Reitens. Aus dem Engl. von Heubel. S. 152.

Pferdezucht sehr geeignet, aber man findet kein einziges (Privat-) Gestüte. Die türkische Sorglosigkeit hat die schönen (edlen) Racen aussterben lassen. Es fehlt dem Ackerbau an Pferden u. s. w.» — Unter diesen Umständen würde Alles, was ich über die Pferdezucht in Aegypten aus ältern Quellen mittheilen könnte, auf ihren jetzigen Zustand nicht mehr passen; deßhalb schweige ich lieber davon, und lege die gesammelten Notizen bei Seite. Hr. v. Minutoli sagt zwar, daß der Pascha Mehemed Ali bei Cairo eine Art von Landgestüte habe errichten lassen. Allein, was kann eine solche Anstalt dem Lande nützen, wenn das Eigenthum nicht geachtet wird, und wenn der Pascha dem Landmanne seine besten Pferde zur Remontirung seiner Kavallerie wegnimmt, ohne ihn dafür hinlänglich zu entschädigen, oder auch wohl zuweilen ohne irgend eine Entschädigung? Wo so etwas Statt findet, ist an eine Verbesserung der Pferdezucht nicht zu denken.

Erstes Kapitel.

Von der Pferdezucht in Persien.

In Persien blühte die Pferdezucht schon in den frühesten Zeiten. Die persischen Pferde waren schon berühmt, als die arabischen noch gar nicht existirten, oder wenigstens man von ihnen noch nichts wußte. Wie die alten Schriftsteller Herodot, Strabo, Arrian u. s. w. berichten, gaben die Alten den persischen Pferden den Vorzug vor fast allen andern Pferden in der Welt. Vegez beschreibt sie, wie sie zu seiner Zeit (im vierten Jahrhundert nach Christi) waren, mit folgenden Worten: «Fast vor allen Ländern ausgezeichnet liefert Persien die besten Reitpferde, nur sind sie wegen edler Art kostbar. Sie haben von Natur aus einen stolzen, aber sanften und leichten Gang, der dem Reiter zur Ergötzung und Erholung dient und ihn nicht leicht ermüdet. Ihre Bewegung ist lebhaft und geschwind, der Schritt aber ist etwas kurz; er wird ihnen nicht durch Kunst gegeben, sondern die Natur giebt ihn von selbst. Ihr Gang hält das Mittel zwischen Trab und Galopp. Sie haben überhaupt auf einem kurzen Ritte viel Angenehmes, aber auch auf weiten Reisen viel Ausdauer und Muth, welcher, wenn er nicht durch immerwährende Arbeit in Schranken gehalten wird, leicht in

Unbändigkeit gegen den Reiter ausartet. Doch ist ihr Temperament gut und klug, und ihre Hitze und ihr Zorn leicht zu besänftigen. Bei allem ihrem Feuer sind sie stets für Zierde besorgt; in einem Bogen gekrümmt, wird der Hals von ihnen getragen, so daß ihr Kinn beinahe auf der Brust aufzuliegen kommt» [1]).

So waren die persischen Pferde vor vierzehn Jahrhunderten beschaffen. In einigen Provinzen sind sie noch zum großen Theil eben so; in andern haben sie sich seitdem durch Vermischung mit fremden, und besonders mit arabischen Pferden, sehr verändert. Die erste Einführung der arabischen Pferde fällt in das siebente Jahrhundert nach Christi Geburt, wo Persien auf 585 Jahre unter die Herrschaft der Araber gerieth *). Seit dieser Zeit sind fortwährend bis auf den heutigen Tag arabische Pferde in Persien eingeführt und zur Verbesserung der einheimischen Racen angewender worden, besonders in den südlichen Provinzen: Farsistan, Duschistan, Kerman u. s. w. Daher tragen auch gegenwärtig viele persischen Pferoe in ihrem Aeußern mehr oder weniger von dem Gepräge der arabischen Pferde an sich. Uebrigens ist bemerkungswerth, daß noch immer Manche, wie z. B. Chardin, Jourdain, von Freygang u. Andere den persischen Pferden den Vorrang — besonders in Hinsicht auf Schönheit — vor allen andern Pferden einräumen wollen.

Indessen findet in Persien, wie in allen großen Ländern, eine Verschiedenheit unter den Pferden Statt. Beinahe jede Provinz besitzt einen andern Schlag von Pferden,

*) Die Araber eroberten Persien im Jahr 636 und beherrschten es bis zum Jahr 1220.

und besonders ist dieß der Fall mit den Provinzen, die zunächst an den Gränzen liegen. Die alte ächtpersische Pferderace giebt es nur noch im Innern des Landes, und zwar vornämlich in den Provinzen Irak-Adschemi, Massanderan, Kandahar u. s. w.; jedoch ist sie auch hier nicht mehr ganz rein und unvermischt anzutreffen. Wie die Pferde in den verschiedenen Provinzen beschaffen sind, ergiebt sich aus dem Folgenden:

In der großen Provinz Irak-Adschemi *) giebt es nicht nur viele, sondern auch sehr schöne Pferde. Die

*) Die Provinz Irak-Adschemi begreift den größten Theil vom alten Medien, das schon vor mehr als zweitausend Jahren seiner Pferde wegen berühmt war. Der alte Schriftsteller Aelian sagt von den medischen Pferden: "Man kann sagen, daß sich diese Pferde durch ihre Größe und Schönheit des Körpers, so wie auch durch stolze Haltung auszeichnen. Aeußerliche Zierde findet bei ihnen Wohlgefallen und sie scheinen es gleichsam zu fühlen, daß sie groß, schön und geschmückt sind. (Aelian III. c. 2.) Auch lag in Medien das große nisäische Gefilde, welches die alten Könige von Persien ganz der Pferdezucht widmeten, und aus dem sie die meisten und schönsten Pferde für sich und ihren Hof (und vielleicht auch für ihre zahlreiche Reiterei) erhielten. So unglaublich auch die Angaben der alten Schriftsteller von der Zahl dieseer Thiere auf einer einzigen Strecke Landes sind (Diodor, Strabo, Arrian, und Andere sprechen von 150 bis 160,000 Pferden, oder welches eine noch größere Anzahl voraussetzt, von 50,000 Zuchtstuten), so werden sie doch wahrscheinlich, weil mehrere Zeugnisse dafür sprechen, und weil auch Alexander der Große bei seiner zweiten Reise durch Medien noch 50 bis 60,000 Pferde daselbst antraf (Arrian VII. §. 10., Diodor XX. §. 100). Es war also hier die größte Gestüts-Anstalt älterer und neuerer Zeit. Von den in derselben gezogenen Pferden sagt Oppian: "Unter allen Pferden ganz ausgezeichnet durch Schönheit ist das nisäische; es ist nicht nur schön anzusehen, sondern auch sanft zu reiten und folgsam im Zügel. Es hat einen kleinen trockenen Kopf, und eine lange honiggelbe

Reisenden schildern sie folgendermaßen: Sie haben gewöhnlich eine mittelmäßige Größe (4 Fuß 10 Zoll bis 5 Fuß 2 Zoll), einen meistens etwas langen, gebogenen Kopf, einen schlanken, hochaufgerichteten Hals, einen scharfen Wiederrüst, oftmals eine schmale Brust, einen geraden Rücken, eine lange, schön geformte Kruppe, einen hochangesetzten Schweif, und wohlproportionirte, doch auch bisweilen etwas zu feine oder zu hohe Beine. Dabei sind sie geschwind, stark, dauerhaft und voll Feuer, wenn es erfordert wird, und im Gegentheil wieder die geduldigsten Thiere. Ihre feine Haut und ihre feinen seidenartigen Haare deuten eine edle Race an [2]). — Ohne Zweifel gleichen diese Pferde noch am meisten der alten ursprünglichen Landesrace, wenn auch in ihnen sich schon (wie General Malcolm behauptet) arabisches Blut befindet. Sie und die Pferde der Provinzen Farsistan, Kerman und Kandahar (von denen weiter unten die Rede seyn wird) sind

---

Mähne, die zierlich auf beiden Seiten hinabwallt.» (Oppian I. §. 310) Uebrigens rühmen auch noch andere alte Schriftsteller die ansehnliche Größe, den regelmäßigen Wuchs und die Geschwindigkeit, Stärke und Dauerhaftigkeit dieser Pferde. Merkwürdig ist auch, daß alle diese Pferde entweder Isabellen oder Schimmel waren. Wie Favorinus erzählt, waren sie alle von hochgelber Farbe (gilvus), also Goldisabellen. Indessen ist es zuverlässig, daß der größte Theil aus Schimmeln bestand. Palemon und Philostratus bezeugen dieß ausdrücklich, und auch Herodot stimmt damit überein. Man hält dafür, daß diese Schimmel der Urstamm der weißgeborenen Pferde sind. — Doch dem sey, wie ihm wolle; so viel ist wahr, daß das nisäische Gefilde seiner Pferde wegen im Alterthume sehr berühmt war. Wie Chardin sagt, gingen noch zu seiner Zeit (im siebenzehnten Jahrhundert) auf den grasreichen Ebenen von Asa-Agach dreitausend der schönsten persischen Pferde auf die Weide.

diejenigen, welche wir in Europa gewöhnlich unter dem Namen persischer Pferde begreifen. — Da in dieser Provinz viele vornehme und reiche Perser wohnen, so giebt es hier auch große und kostbare Stutereien, aus welchen die schönsten und besten der eben beschriebenen Pferde kommen. Die gemeine Landeszucht ist natürlich, wie überall, von geringerm Werthe.

Auch in der Provinz Massanderan giebt es viele Pferde, und darunter nicht wenige von großem Wuchse und starkem Gliederbaue; sie sollen aber mehrentheils schwere Köpfe, hochaufgesetzte starke Hälse, breite Kreuze und häufig zu hohe Beine haben. Die Perser gebrauchen diese Pferde theils zu Reitpferden für ihre Kavallerie, theils behufs ihrer schweren Artillerie. Indessen sollen die dortigen Grossen und Reichen auf ihren Besitzungen (wie Oberst Trezel versichert) auch schönere Pferde haben, die aus der Paarung turkomanischer Hengste mit einheimischen Stuten hervorgehen [3]. — Da diese Provinz die schönsten und fruchtbarsten Weiden in ganz Persien hat, so unterhält hier der König große Stutereien, von denen die Fohlen an das Militär vertheilt werden, sobald sie brauchbar sind. Der Aufseher über diese Stutereien, ein Offizier von bedeutendem Range, führt den Namen Elkhi-tschi oder Stutenmeister, und wohnt zu Asterabad, wo er sein Büreau hat und jedes Fohlen einträgt, wie es fällt; auch hat er mehrere Untergebene, von denen jeder über zwanzig Stuten die Aufsicht führt [4].

Die Pferde der Provinz Ghilan gleichen denen von Massanderan. Sie sind ebenfalls groß, gestreckt und stark gebaut; doch giebt es auch hier sehr wenig schöne

Pferde. Letztere findet man nur bei den Großen und Reichen, welche auf ihren Landgütern von arabischen und turkomanischen Hengsten und einheimischen oder turkomanischen Stuten, mitunter sehr vorzügliche Pferde züchten» [5]).

Die Pferde der Provinz Karabach *) werden von Mehreren z. B. Gamba, Bennigsen, Gmelin u. s. w. sehr gerühmt. Ersterer schreibt: «Die Pferde von Karabach stehen in großem Rufe, und nehmen den ersten Rang unter den persischen Pferden ein. Die vorzüglichsten Stutereien befinden sich in den Gebirgen dieser Provinz. Diese Pferde haben weiter keinen Fehler, als daß sie zart (fein?) sind, und nach langen Ritten, wozu sie sich eignen, viel Sorgfalt und Vorsicht erfordern. Sie lassen sich schwerlich an anderes Futter als Gerste und Heckerling gewöhnen» [6]). — Hr. v. Bennigsen (ein guter Pferdekenner) schildert diese Pferde mit folgenden Worten: «Die Pferde der Provinz Karabach nehmen mit den ersten Rang unter den persischen Pferden ein. Sie haben aber nicht viel Aehnliches mit den ächtpersischen Pferden aus dem Innern des Landes, sondern eine in den Formen gänzlich abweichende Gestalt. In ihrem Gebäude kommen sie den arabischen Pferden sehr nahe, nur daß sie etwas größer sind und etwas weniger feine Beine haben. Die flache Stirne, die Ganaschen, das große feurige Auge, haben sie wie die Araber; nur fehlt es ihnen an den schönen, steifgespitzten Ohren, an der Schönheit des Halses und an der Biegung desselben (encolure); Brust, Kruppe und Gang, nebst Feinheit der Haut und der Haare, ist aber beiden

---

*) Diese Provinz gehört seit einigen Jahren den Russen.

gemein» [7]). Hr. v. Bennigsen meint, daß sich in diesen Pferden viel arabisches Blut befindet, und daß früher die ursprüngliche Race müsse mit arabischen Hengsten gekreuzt worden seyn. Man findet unter diesen Pferden viele mit schönen lebhaften Farben, wie z. B. Goldfüchse, Isabellen, Schimmel von allerlei Art u. dgl. *).

Eine ganz eigene Race von Pferden besitzt auch die Provinz Kurdistan **). Hr. v. Bennigsen sagt von diesen Pferden: «Sie haben einen schönen Kopf, sind etwas breit vom Halse, nicht so hoch aufgesetzt, doch übrigens von derselben Größe und demselben Gebäude, wie alle übrigen persischen Pferde. Von den Türken in Constantinopel werden diese Pferde sehr gesucht und theuer bezahlt. Die besten Stutereien in dieser Provinz findet man auf der östlichen Seite des Sees Wan» [8]). Auch Heude sagt: «Die Bewohner der Provinz Kurdistan ziehen vortreffliche Pferde, die nicht, wie die gewöhnlichen

*) Mein Bruder der Königl. preußische Gestüts-Inspektor G. G. Ammon sah auf seiner Reise in Rußland zwei Pferde von der Karabacher-Race. Diese hatten sehr gewölbte Stirnen, etwas verkehrte Hälse, und vortreffliche Rücken mit hochangesetzten Schweifen (S. dessen Magazin für Pferdezucht S. 86). In dem Privatgestüte des Königs von Würtemberg befanden sich vor einigen Jahren mehrere Hengste und Stuten von dieser Race, und diese sollen große und sehr schöne Pferde gewesen seyn. Ein Hengst, Namens Achwerdow, hatte 5 Fuß 4 Zoll Höhe, und man hielt ihn vermöge seiner correkten Formen, seines starken Knochenbaues und lebhaften Temperaments von großem Werthe für besagtes Gestüte. Zwei Stuten, Namens Derbendisch und Dscheran-Bassan, waren ebenfalls verhältnißmäßig groß (erstere hatte 5 Fuß 4 Zoll und letztere 5 Fuß 2 Zoll Höhe), und zugleich sehr schön gebaut.

**) Von der Provinz Kurdistan gehört die westliche Hälfte zur asiatischen Türkei, die östliche zu Persien.

Bergracen, klein und schwach, sondern groß, schöngebaut und sehr stark und dauerhaft sind. Im Erklettern der Berge und Herabgaloppiren von den Abhängen übertreffen sie alle Pferde in der Welt» [9]). Ferner bemerkt Ker-Porter: «Die Kurden von dem Stamme Schassiwanni haben so schöne Pferde, daß man in ganz Persien ihres Gleichen nicht findet. In den persischen Stutereien ist dieser Pferdeschlag sehr gesucht, und vornehme Männer kaufen sie um jeden Preis» [10]).

Eben so soll auch die Provinz Farsistan sehr schöne Pferde haben, die in der Gestalt und in den Eigenschaften denen von Irak-Adschemi nahe kommen. Ein ungenannter Engländer schildert diese Pferde folgendermaßen: «Sie haben gewöhnlich 14 bis 15 Fäuste Höhe, eine sehr schöne Gestalt und ein feines Haar, wie Seide. Ihr Kopf ist trocken und meistens gerade, selten etwas gebogen, ihr Hals ist schlank und hochaufgerichtet, die Brust bisweilen etwas schmal, der Rücken zwar gerade, aber doch nicht so gerade und stark, wie bei den arabischen Pferden, die Kruppe ist schön und gutgerundet, und der Schweif hoch und gut angesetzt. Die Füße sind zwar kräftig und festgebaut, aber doch öfter in den untern Theilen etwas zu dünne, oder zu fein von Knochen. Uebrigens stehen diese Pferde keinen andern persischen Pferden an Geschwindigkeit, Stärke und Dauerhaftigkeit nach» [11]). Wie Malcolm Fraser und Andere versichern, soll sich in diesen Pferden viel arabisches Blut befinden, weil ihre Race in älterer und neuerer Zeit vielfältig mit arabischen Pferden gekreuzt worden ist *) [12]).

*) Dieß ist sehr glaubwürdig, da diese Provinz am persischen Meerbusen den Küsten von Arabien gegenüber liegt, und weil auch

Die Pferde der Provinz Duschistan (oder Khusistan) sind von den Reisenden sehr verschieden beurtheilt worden; deßhalb theile ich ihre Berichte mit, wie ich sie vorfinde. Morier schreibt: «Ehemals war die Provinz Duschistan ihrer schönen Pferde wegen berühmt, da der damals herrschende Scheikh Nasir schöne arabische Pferde von Nedsched kommen und sie mit den einheimischen (persischen) Racen vermischen ließ. Gegenwärtig sind diese Pferde nicht mehr so gut; viele sind groß, schmal, schlechtgebaut und gewöhnlich tükisch» [13]). Desgleichen berichtet Scott Waring: «In dieser Provinz werden auch Pferde von der ächten arabischen Race gezogen. Diejenigen (edlen Pferdegeschlechter), welche man eingeführt hat, heißen: Humdanie, Huzmee, Shameyti, Motyran und Buree-Daghee. Indessen kommen diese Pferde doch denen, von welchen sie abstammen, an Schönheit und Güte nicht gleich. Ihre Köpfe sind gemeiniglich größer, — in der That es giebt einen Unterschied in ihrem Aeußern; auch sind sie heftiger und halsstarriger, als die arabischen Pferde» [14]). Dagegen bemerkt Macdonald Kinneir: «In der Provinz Duschistan ist auch die arabische Zucht eingeführt *). und ich habe Pferde von dieser Art gesehen, die in Rücksicht auf Ebenmaß und Geschwindigkeit mit den bewunderten Rennern der Race Nedsched wetteifern konnten» [14]). Und endlich sagt auch noch Fraser: «Die Einwohner

---

in derselben viele Araber (mehr als hunderttausend Seelen) wohnhaft sind.

*) Ungefähr der vierte Theil der Einwohner dieser Provinz besteht aus Arabern, die sich hier vor sehr langer Zeit niedergelassen haben. Diese Leute sind es, welche in Duschistan die Zucht von arabischen Pferden eingeführt haben, und sie noch fortpflanzen.

dieser Provinz (Duschistan) besitzen eine Menge Pferde, die, wenn sie auch nicht so berühmt sind, als die arabischen der Race Nedsched, doch sehr geschätzt werden» [15]).

Von den Pferden der großen Provinz Chorasan berichten die Reisenden sehr wenig *). Jourdain schreibt: «Die Chorasaner-Pferde sind groß, und haben Aehnlichkeit mit den normännischen Pferden in Frankreich, und wenn gleich stark, schwer und ungelehrig, sind sie doch dauerhaft und fähig, die Beschwerden der längsten Reisen zu ertragen» [16]). Nach den Berichten anderer Reisenden sind diese Pferde groß und starkgebaut, haben gewöhnlich lange, etwas gebogene Köpfe, meistens Hirschhälse, ein abschüssiges Kreuz, oft hohe Beine, und sind halsstarrig und ungelehrig [17]). Indessen giebt es in dieser Provinz auch schönere und bessere Pferde, wie z. B. in der Umgegend der Städte Musched und Herat. Von den letztern sagt Elphinstone: «Sie sind sehr schön und gut; ich habe mehrere gesehen, die an Gestalt den arabischen gleich sehen, aber bedeutend größer waren» [18]). General Malcolm versichert, daß diese bessern Pferde von arabischen Hengsten und Chorasaner-Stuten abstammen und daß sie sich besonders gut zum Gebrauche für die Kavallerie eignen, und deßhalb auch von dem persischen Militär sehr geschätzt werden.

Auch von den Pferden der Provinz Kandahar fehlen ausführliche Nachrichten. Es ist von diesen sonst nichts

---

*) Diese Provinz begreift das alte Parthien, das im Alterthume wegen seiner geschwinden und starken Pferde berühmt war. Wie Lucius Florus sagt, waren die parthischen Pferde groß, stark, kräftig und abgehärtet, so daß sie nicht nur große Strapatzen ausstehen, sondern auch lange ohne Futter und Getränke arbeiten konnten (Luc. Flor. histor. rom. c. 49).

bekannt, als was Hr. v. Bennigsen berichtet: »Die Pferde von Kandahar — sind seine Worte — sind zwar nicht so groß, als die aus der Provinz Irak-Adschemi; sie geben aber denselben rücksichtlich der Schönheit nichts nach und übertreffen sie noch in Feinheit der Beinknochen und der Hufe. An Dauer und Stärke werden sie allen andern persischen Pferden vorgezogen. In der Hauptstadt dieser Provinz findet man stets viele Pferde, weil die Einwohner aus Spekulation sie aufkaufen und hernach an die durchgehenden Karawanen-Kaufleute verhandeln» [19]).

Von den Pferden der Provinz Laristan (oder Luristan) sagt Hr. v. Bennigsen: «Sie kommen im Bau denen von Kandahar gleich, sind aber nicht völlig so groß als die aus Irak-Adschemi; auch sieht man daselbst nicht so große Stutereien, als in jener Gegend» [20]).

Wie die Pferde in den übrigen Provinzen z. B. Aderbitschan, Kerman u. s. w. beschaffen sind, ist nicht genau bekannt. Von ersterer sagt Hr. v. Bennigsen: «In der Provinz Aderbitschan findet man selten ein besonders schönes Pferd; nur hinter Ardebil auf der südlichen Seite des Sees Urmia sind einige Stutereien, wo gute Pferde gezogen werden» [21]).

Aus dem bisher Gesagten ersiehet man, daß in Persien die Pferde in Hinsicht auf Größe, Figur und Eigenschaften sehr verschieden sind. Der Grund hievon liegt theils in der verschiedenen Lage und Beschaffenheit der Provinzen, theils in der Abstammung und Vermischung der einheimischen Racen mit fremden Pferden. Man theilt auch hier, wie in den übrigen Morgenländern, die Pferde in edle und gemeine ein. Erstere werden vornämlich von den Vornehmen nnd Reichen in ihren, zum Theil großen Gestüten und von wohlhabenden Landleuten gezogen; letztere, welche die Mehrzahl ausmachen, von dem gemeinen Volke. Unter den wandernden Stämmen (Ils oder Ilats genannt), namentlich unter den Afscharen, Kadscharen, Kurden, Turkomanen, Arabern u. s. w. haben besonders die Häuptlinge oft viele und herrliche Pferde von der edelsten Zucht, wie wir weiter unten sehen werden *).

Von den Grundsätzen, welche die Perser bei ihrer Pferdezucht beobachten, ist wenig bekannt. Nur soviel ist außer Zweifel, daß die Perser mehr als jedes andere Volk des Orients (die Türken vielleicht ausgenommen) geneigt sind, Pferde von verschiedenen Racen miteinander zu vermischen. Mehrere Reisende bezeugen dieß, wie z. B. Jourdain, Ker-Porter, Fraser, Scott Waring u. s. w. Ersterer schreibt: «Obgleich die persischen Pferde von einigen Reisenden für die schönsten in der Welt gehalten werden, so gilt in Persien doch ein Pferd von der arabischen Race Nedsched, dessen reine Abkunft mit unzweideutigen Zeugnissen bekräftiget ist, am meisten, und wird zu ungeheuern Preisen gekauft. Dieser Race folgt im Werthe das Pferd von gemischter Race, aus der Paarung des arabischen und turkomanischen Pferdes gebildet **). Man

*) Es ist gar nichts Seltenes, daß ein solcher Häuptling 6 bis 800 Zuchtstuten unterhält. Der früher erwähnte Scheikh Nasir hinterließ bei seinem Tode 600 Zuchtstuten ohne seine übrigen Pferde, und Fraser und Ker-Porter gedenken Häuptlinge, die 7 bis 800 Zuchtstuten besaßen.

**) Auch Morier sagt: "In Persien wird die Race, welche aus einer turkomanischen Stute und einem arabischen Nedsched-Hengste herstammt, allen andern vorgezogen (Reise nach Persien S. 183).

verdankt die Vermischung dieser Racen dem Wekil (Regent) Kerim Khan. Diese Art Pferde ist sehr beliebt. Verschiedene Personen, erfahren in der Wahl und Paarung dieser Thiere, haben aus der Vermischung von arabischen, kurdischen, persischen und andern Pferden besöndere Racen (Schläge) gebildet, denen sie ihre eigene Namen beigelegt haben, wie z. B. die Sadic-Khanis, Scheikh-Ali-Khanis, Diafar-Khanis u. s. w. Alle diese Pferde unterscheiden sich von den arabischen durch einen größern Wuchs, durch einen breitern Kopf und weniger feine Beine. Noch schätzt man unter einer großen Menge Racen, die es in Persien giebt, die Isak-Khanis, Mamusch-Khan-Kurdis, die Kalgoumis, die Kurd-Djoulis u. s. w.» [22]. Ferner schreibt M a l c o l m (der mehrmalen in Persien war): «Die Einwohner der am persischen Meerbusen gelegenen Provinzen (Duschistan, Farsistan u. s. w. *) haben jene Pferdegeschlechter, welche ihre Vorfahren vom gegenüberliegenden Ufer Arabiens einbrachten, bis auf den heutigen Tag rein erhalten. Der Pferdeschlag in Fars und Irak (Farsistan und Irak-Adschemi) ist aus einer Kreuzung mit Arabern entstanden, und zwar etwas stärker, als der arabische; aber im Verhältniß zu den Chorasaner- und turkomanischen Pferden, welche vom persischen Militär am meisten geschätzt werden, immer noch klein. D i e s e b e i d e n l e t z t e r n R a c e n b e s i t z e n e b e n f a l l s v i e l a r a b i s c h e s B l u t» [23].

Man ersieht hieraus, daß die persischen Pferde nicht als eine für sich bestehende reine Race betrachtet werden können, und daß die gegenwärtig in Persien am meisten

*) In allen diesen Provinzen wohnen Araber, die hier schon während der Herrschaft der Khalifen eingewandert sind, und die

schätzten Pferde von vermischter Zucht sind. In Folge dieser Neigung der Perser die Pferderacen zu kreuzen, findet man in den Gestüten ihrer Oberhäupter (Khans) und Vornehmen immer eine große Anzahl Pferde von ganz verschiedenen Racen, wie aus folgenden Berichten der Reisenden klar hervorgehet. Fraser besuchte auf seiner Reise durch die Provinz Chorasan ein Oberhaupt (Khan) der Ils (wandernden Stämme) und erzählt von diesem Besuche Folgendes: «Bei diesem Besuche hatte ich Gelegenheit einen Theil seiner (des Khans) Stuterei zu sehen, die er sich eben vorführen ließ. Ich habe schon früher bemerkt, daß er außer einer Zahl von etwa tausend Pferden, die er regelmäßig in seinen Ställen hat, auch noch 7 bis 800 Zuchtstuten besitzt, von denen er jedes Jahr ziemlich eben soviel Fohlen erhält, und außerdem kauft er noch beständig viele Pferde von den, in der Wüste lebenden Turkomanen. Er wählte diesen Abend die Beschäler für seine Stuterei aus, wobei er auf zwanzig Stuten immer einen Hengst rechnete, und sie während des Frühjahrs und im Sommer in Brusthohem Grase weiden läßt. Unter diesen Pferden waren viele außerordentlich schöne Thiere, und zwar von allen Racen als persische, arabische, kurdische und turkomanische, alle aber ausgezeichnet durch ihr Vollblut, ihren Knochenbau, oder wegen einer andern guten Eigenschaft» [24]).

Ein andere Reisender Namens Ker-Porter, erzählt von einem Besuche, den er bei Ali Khan, einem Häuptlinge der (persischen) Kurden abgestattet. Er schreibt:

Pferderace ihres ursprünglichen Vaterlandes fortpflanzen, wie bereits oben bemerkt worden ist.

»Ali Khan führte mich in seine Ställe, und ich sah daselbst mehrere Pferde, die zu den schönsten in Persien gehören, und theils von kurdischer, theils von persischer, theils von arabischer oder turkomanischer Race waren. Die turkomanischen waren durch Kreuzung mit persischen erhalten worden (d. h. aus der Paarung turkomanischer Hengste mit persischen Stuten hervorgegangen), wodurch zwar die Gestalt gewinnt, aber nicht die übrigen guten Eigenschaften. Das turkomanische Pferd ist mager am Leibe, hat lange Beine, sehr oft einen Schafhals (?) und immer einen großen Kopf; aber das Fohlen, welches von einem turkomanischen Hengste und einer persischen Stute fällt, giebt ein Pferd voll Kraft und Elastizität und zwar von kräftigerer Gestalt, als das arabische Pferd von Nedsched, welches die beste Race des Landes ist« [25]).

Es ist sonach außer Zweifel, daß das Kreuzen der Racen in den persischen Gestüten eben so üblich ist, als wie in den unsrigen, und daß man auch dort gefunden hat, daß bei zweckmäßiger Paarung die Mängel der einen Race durch die guten Eigenschaften der andern verbessert werden können. Und es deutet diese Erfahrung in Persien abermals darauf hin, daß das Kreuzen der Racen, wenn es auf die gehörige Weise geschieht, keineswegs so verwerflich ist, wie noch vor Kurzem einige Pferdezüchter haben behaupten wollen.

Was den Preis der persischen Pferde anbelangt, so berichten die Reisenden darüber Folgendes: Scott Waring schreibt: «Es ist eine irrige Meinung, daß es nicht gestattet wäre, Pferde aus Persien zu führen. Im Gegentheil sind hier die Pferde sehr wohlfeil und selten kommen sie höher zu stehen, als vierzig Pfund Sterling (440 Gulden)» [26]). Von diesen Pferden gehen alljährlich eine Menge nach Indien und die Türkei. Olivier meint, daß nach ersterm Lande jährlich dreitausend, und nach letztern zweitausend gehen. Von den erstern soll im Durchschnitte das Stück zu 350 Piaster (35 Dukaten) und von letztern zu 300 Piaster (30 Dukaten) geschätzt werden können [27]). — Indessen gilt dieß alles nur von den Pferden der ordinären Landeszucht; gute, auserlesene edle Pferde sind, wie Fraser, Malcolm, von Bennigsen und Andere bezeugen, um Vieles theuerer und nicht leicht unter 150 bis 200 Pfund Sterling (1650 bis 2200 Gulden) das Stück zu haben. Ja zuweilen sind ausgezeichnet schöne edle Pferde, schon mit 3 bis 400 Tomans (3 bis 4000 Gulden *) bezahlt worden [28]). Daher schreibt auch Hr. v. Bennigsen: «Zum Beweis, in welchem hohen Preise die schönen Pferde jetzt in Persien stehen, brauche ich nur anzuführen, daß Mirza Ali Khan, der ehemalige Beherrscher der Provinz Ghilan ein Pferd besaß, für welches er den Werth von viertausend Dukaten bezahlt hatte» [29]). Der englische Capitain Christie, welcher im Jahre 1814 in Persien war, sagt in seinem Tagebuche, daß schöne Pferde aus der Umgegend von Herat (in der Provinz Chorasan) gewöhnlich zwischen 125 bis 500 Pfund Sterling (1375 bis 5500 Gulden) kosten [30]).

Der Grund, warum vorzügliche Pferde so hoch im Preise stehen, ist die geringe Anzahl derselben in Folge der sehr in Verfall gerathenen Pferdezucht. Als Ursache

*) Der Toman ist eine Goldmünze von 10 bis 11 Gulden rhein. im Werthe.

dieses Verfalls, wird die jetzige schlechte Regierung und besonders die Unsicherheit des Eigenthums angegeben. Fraser schreibt: «Ein Beispiel, das zur Erläuterung der Habsucht der Fürsten und Statthalter in Persien dienen kann, erfuhren wir zu Brauzejoon. Wir wünschten Pferde zu kaufen und der Scheikh dieses Orts ließ unter seinen andern Pferden, die er uns theils zeigte, theils zum Verkaufe anbot, ein ungewöhnlich schönes, ganz weißes Pferd von arabischer Race vorführen. Wir bewunderten den Bau und die Gestalt dieses Thieres, und da wir bemerkten, daß es an den beiden Vorderfüßen Spuren des glühenden Eisens hatte, so drückten wir dem Besitzer unser Bedauern aus, daß ein so schönes Pferd doch nicht ganz gesund wäre. Der Scheikh lächelte, ohne zu antworten, aber einer von seinen Leuten sagte uns, das Pferd sey jung und vollkommen gesund, aber der Besitzer wünschte es gerne für sich zu behalten, und hätte jene Stellen bloß deßhalb gebrannt, um sein Pferd vor der Habsucht des Fürsten Statthalters zu schützen, der, sobald er von einem so schönen, ganz fehlerfreien Pferde hören würde, sich ganz gewiß unter irgend einem Vorwande desselben zu bemächtigen wissen würde» [31]).

Von der Behandlung, Wartung und Fütterung der Pferde in Persien berichten die Reisenden Folgendes. Jourdain schreibt: «Die Perser verwenden auf die Wartung und Verpflegung ihrer Pferde viele Mühe und Sorgfalt. Zweimal des Tages werden sie gestriegelt, gewaschen und mit einem wollenen Tuche gerieben; und zugleich schützt man sie mit ängstlicher Achtsamkeit vor allzu großer Hitze und Kälte, und belegt sie stets mit einer wollenen Decke. Kommt das Pferd von einer Reise zurück und ist es erhitzt, so führt man es herum, bis es zu ruhigen Athem gekommen ist, und der Sattel wird ihm nicht eher abgenommen, als bis die Erhitzung und der Schweiß vorüber sind. Bei Tage erhalten die Pferde gewöhnlich nichts als gehacktes oder geschnittenes Stroh, und nur des Abends bekommen sie eine Portion Gerste. Während einer Reise weiden sie frei auf den Feldern, und im Frühjahr füttert man sie acht Tage lang mit frischem Grase, welches ihnen Reinigung und Erfrischung gewährt» [32]). — Ker-Porter bemerkt: «In Persien werden die Pferde allgemein nur bei Sonnenaufgang und Sonnenuntergang gefüttert, getränkt und geputzt. Sie erhalten gewöhnlich Gerste und Heckſel, welche den gesattelten Pferden in einem an dem Kopfe hängenden Sacke gegeben werden; den im Stalle stehenden aber wird das Futter in ein kleines, zu diesem Endzweck in der Lehmmauer vertieftes viereckiges Loch vorgeschüttet, welches sich aber weit höher befindet, als unsere Krippen. Heu kennt man hier zu Lande nicht. Das Pferd bekommt eine Streu von seinem eigenen Miste, der an der Sonne getrocknet und zerfallen, ihm alle Nachts untergestreuet wird, und kaum mit dem Körper in Berührung kommt, da dieser von den Ohren bis zum Schweife bei kalter Witterung mit einer schweren, bei warmer mit einer leichten Decke (dem sogenannten Numud) bedeckt wird, die man mittelst eines langen Riemens dicht an den Körper zieht. Am Tage sorgt man dafür, daß wenn die Pferde im Freien sind, sie beständig im Schatten stehen» [33]). Ferner berichtet De la Valle: «Das gewöhnliche Pferdefutter in Persien ist nichts anderes, als Gerste und Stroh, weil man dort weder Haber noch Heu hat. Die Perser geben ihren Pferden das Futter nicht auf der Erde oder in einer Krippe vor, sondern jedes Pferd hat ein Säckchen an den Kopf gebunden, aus welchem es fressen kann. Und in dieses Säckchen thun sie nicht allein die Gerste, die sie ihnen geben, sondern auch das Stroh, das jederzeit gehackt und nicht so lang ist, wie es aus der Scheune kommt. Im Monat Mai lassen die Perser ihre Pferde meist alle auf die Weide gehen, oder geben ihnen im Stalle Gras oder grüne Gerste. Sie achten sehr darauf, ihre Pferde nicht zu viel zu füttern, und glauben, daß sie davon krank werden; nur bei schwerer Arbeit geben sie ihnen etwas mehr zu fressen, als gewöhnlich» [34]).

Zum Schluß muß ich nun auch noch der Pferderennen in Persien gedenken, welche dort von jeher für eine große Lustbarkeit gegolten haben. Sie werden alljährlich nicht nur in der Hauptstadt, sondern auch in allen größern Städten des Landes gehalten. Die Distanzen richten sich nach dem Alter der Pferde, betragen aber selten weniger, als sieben oder einundzwanzig englische Meilen. Der Zweck dabei ist weniger die Geschwindigkeit, als die Dauer der Pferde zu prüfen und diejenigen ausfindig zu machen, auf die man sich bei anhaltenden forcirten Märschen verlassen könne. Die Rennpferde werden jederzeit von zwölf bis vierzehnjährigen Knaben geritten und Stuten nicht dazu verwendet, da man sich dieser im Kriege nicht bedient. Ker-Porter beschreibt ein persisches Pferderennen mit folgenden Worten: «Meine Neugierde war ganz auf das Pferderennen gerichtet, da sich erwarten ließ, daß man nur die ausgesuchtesten Pferde vor dem König prüfen werde. Sie wurden, um das Vergnügen zu verlängern, in drei Parthien getheilt. Man hatte sie bereits mehrere Wochen auf der Rennbahn probiert, und als ich sie zu Gesichte bekam, fand ich sie so ausgeschwitzt und abgemagert, daß ihre Knochen beinahe die Haut durchschnitten. Die für das Rennen abgesteckte Distanz betrug vierundzwanzig englische Meilen, und damit der König nicht lang auf die Entscheidung zu warten brauche, waren die drei Abtheilungen mit kurzen Zwischenzeiten, lange vor dessen Ankunft ausgeritten, so daß sie wenige Minuten, nachdem der König eingetroffen, anlangen mußten. Die verschiedenen Abtheilungen langten in regelmäßiger Ordnung, doch so am Ziele an, daß sich die Pferde nur in kurzem Galopp vor dem Könige vorüber bewegen konnten. Ich weiß nicht recht, wie es zugieng, aber die Pferde des Königs, welche bei dem Rennen waren, gewannen gewöhnlich. Ich habe gehört, daß, wenn dieß nicht der Fall sey, der Eigenthümer des glücklichen Pferdes es dem König schenkte. Die armen Thiere wurden von Knaben von allen Altern, Größen und Gewichten geritten; einige waren im Hemde, andere in ihrem gewöhnlichen Anzuge, so, daß man auf keine Gleichheit der Last sah; die ganze Gesellschaft, ohne Unterschied, suchte unter jedem Nachtheile die Bahn zu durchrennen. Mein Mitleid für die armen Thiere, welche man auf eine so offenbar unvernünftige Art behandelt hatte, war eben so groß, als meine Täuschung. Als ich aber nachdachte, fand ich, daß die Schnelligkeit des Laufes über einen gewissen Theil des Bodens hin in einer bestimmten Zeit nicht, wie bei uns (in England) der Zweck eines persischen Rennens sey. Die Absicht geht hier vielmehr dahin, einen Schlag von Pferden zu besitzen, der so erzogen ist, daß er unter Entbehrungen einen schnellen regelmäßigen Schritt halten und jede Last viele Stunden hintereinander tragen kann; eine Art von Pferden, welche in diesem Lande für die Verrichtung von Geschäften, den schnellen Marsch der Armeen und in Fällen von Unglück im Kriege, für die Rettung des Lebens der Großen wesentlich nothwendig ist. — Sobald die dritte Abtheilung vorbei war, stand der König auf und kehrte in seinen Pallast zurück. Er ritt ein außerordentlich schönes Pferd, das von Natur völlig weiß (also ein Weißschimmel), aber mit einem besondern Kennzeichen der Königlichen Würde, an dem ganzen untern Theile seines Körpers in einer geraden Linie von der Erhöhung der Brust bis an den Schweif, mit einer prächtigen Orangenfarbe gefärbt war» [35]).

---

[1]) Veget. IV. 6. [2]) Bibliothek der Reisebeschreib., 33. Bd. S. 201. u. Samml. der Reisen, 10. Bd. S. 58. [3]) Ebenda. [4]) Morier's Reisen in Persien, S. 221. [5]) Samml. der Reisebeschreib., 10 Bd. S. 83. [6]) Gamba's Beschreib. von Georgien u. s. w., S. 60. [7]) v. Bennigsen a. a. O., S. 140. [8]) Ebenda, S. 141. [9]) Heude Voyag up the persian gulf. etc. London 1818. p. 181. [10]) Ker-Porter's Reise durch Persien, Armenien u. s. w., 2. Bd. S. 476. [11]) Samml. der Reisebeschreib., 10. Bd. S. 85 u. 19. Bd. S 71. [12]) Morier a. a. O., S. 187. [13]) Scott Waring's Reise nach Shirauz, 1. Bd. S. 185. [14]) Rühs nnd Spiker's Zeitschrift für Völkerkunde, 1814 4s Hft. S. 305. [15]) Fraser's Reise nach Chorasan, 1. Bd. S. 139. [16]) Jourdain la Perse T. I. c. V. [17]) Samml. der Reisebeschreib., 10. Bd. S. 85. [18]) Elphinstone's Reise nach Kabul, 1. Bd. S. 226. [19]) Bennigsen a. a. O., S. 143. [20]) Ebenda, S. 145. [21]) Ebenda, S. 141. [22]) Jourdain a. a. O., c. V. [23]) Malcolm's Skizzen von Persien, 2. Bd. S. 183. [24]) Fraser's Reise nach Chorasan, 2. Bd. S. 341. [25]) Ker-Porter's Reise in Persien, Armenien u. s. w., 2. Bd. S. 470. [26]) Scott Waring a. a. O., S. 186. [27]) Olivier's Reise nach Persien, 2. Bd. S. 106. [28]) Samml. der Reisebeschreib., 10. Bd. S. 88. [29]) v. Bennigsen a. a. O., S. 146. [30]) Pottinger's Reise nach Beludschistan, S. 469. [31]) Fraser a. a. O., 1. Bd. S. 111. [32]) Jourdain a. a. O., c. V. [33]) Ker-Porter a. a. O., 2. Bd. S. 471. [34]) de la Valle T. I. c. X. [35]) Ker-Porter a. a. O., 1. Bd. S. 397.

komanen, welche in der Steppe hinter Asterabad's sich aufhalten, gezogen werden. Diese Pferde weichen von den zuerst gedachten gänzlich ab; sie sind viel größer, viel besser aufgesetzt, viel gestreckter, mit einer längern Kruppe. Bei dem ersten Anblick sieht man gleich, daß sie aus der reinsten persischen Race herstammen (?) *), und die schöne Proportion ihrer Gliedmassen, so wie auch ihre äußerst feine Haut und feinen Haare, zeigen eine edle Race an. Diese Pferde werden gut gehalten; sie haben die nämlichen Wohnungen, wie ihre Herren, nämlich Zelte von Gitterwerk mit Kuhhaarfilz überzogen. Diese Race ist selbst in Persien sehr geschätzt» [1]).

So weit Hr. v. Bennigsen. Das, was er uns hier mittheilt, haben spätere Nachrichten vollkommen bestätiget, wie sich aus dem nun Folgenden ergeben wird. Zuvörderst muß ich jedoch bemerken, daß die Turkomanen zwei Arten von Pferden besitzen; nämlich eine kleine, wahrscheinlich gemeine Art, Jabuts genannt, und dann ihre große edle Pferderace. Von der erstern Art sagt Fraser: «Ihre Jabuts oder Klepper sind eben so dauerhaft, als ihre großen Pferde. Es sind starke, feurige, gedrungene Thiere, die zwar nicht die Race (das edle Blut) der grössern Art haben, aber in Hinsicht der Preise für die ärmern Klassen leichter zu erlangen und daher auch mehr im Gebrauche sind, als die vorzüglichern, kostbarern Pferde» [2]). Es machen sohin die Jabuts die Mehrzahl der turkomani-

---

*) Ich bin der Meinung, daß diese Pferderace aus der Vermischung von persischen und tatarischen Pferden hervorgegangen ist; denn sie hat von diesen beiden Vieles in ihrem Aeußern und in ihren Eigenschaften.

schen Pferde aus, und die größere, edlere Art befindet sich allein in den Händen der Reichen und Wohlhabenden.

Von der letztern Art berichtet Fraser, wie folgt: «Die Turkomanen besitzen eine Race Pferde, deren Vortrefflichkeit in ganz Asien anerkannt wird *). Die von dem Stamme Tekeh **) gezogenen stehen gegenwärtig im größten Rufe, aber meiner Meinung nach bloß, weil dieser Stamm die meisten Pferde zieht und man folglich bei ihm die größte Auswahl hat; die Race ist überall dieselbe. Größe und Knochenstärke werden an ihnen hochgeschätzt, aber das Blut, wenn es durch die Eigenschaft der Ausdauer erwiesen ist, noch höher geachtet. Die Größe und den Knochenbau scheinen sie ihrem Vaterlande zu verdanken, die Gestalt und das (edle) Blut aber der arabischen Race; besonders hat sich Nadir-Schah bemüht, die Pferdezucht der Turkomanen durch Ankauf der schönsten arabischen Pferde von der Race Nedsched zu verbessern. Wer übrigens an den symmetrischen Bau der arabischen oder selbst nur der englischen Pferde gewöhnt ist, dem werden die turkomanischen anfangs nicht besonders gefallen. Auf den ersten Anblick bemerkt man einen Mangel an Gedrängtheit; der Leib ist im Verhältniß zur Breite und Dicke sehr lang und oft nicht gut gewölbt in den Ribben; die Füße sind lang und dem Anscheine nach nicht muskulös genug,

*) Auch Muravieu schreibt: «Diese Pferde sind in ganz Asien ihrer Schönheit, ihres Feuers und ibrer Dauerhaftigkeit wegen berühmt.» (S. dessen Reise nach Turkomanien, S. 154.)

**) Fraser schreibt: «Tiukeh, alle andere Reisende aber: Tekeh; darin kommen sie jedoch alle überein, daß dieser Stamm die schönsten und besten Pferde besitzt.

da sie gewöhnlich unter den Knieen abfallen *); die Brust ist oft schmal, und die Breite des Thieres überhaupt nicht bedeutend; der Hals ist lang, der Kopf öfter groß und dick **). Das war der erste Eindruck, den ich beim Anblick dieser Pferde hatte. Vielleicht trug die große Magerkeit, in welcher sie von ihren Herren gehalten werden, das Meiste dazu bei ***). Erst nach einiger Zeit verschwand diese Wirkung, und ich erkannte allmählich die schönen und trefflichen Eigenschaften dieser Thiere. Sie haben große kräftige Hintertheile, wie die englischen Pferde; die Schultern sind meistens schön geformt; die Füße

*) Dagegen sagen Malcolm, Kinneir, Morier und Andere, daß sie einen kräftigen starken Fußbau haben.

**) Daß obengedachte Fehler wirklich öfter an den turkomanischen Pferden vorkommen, bestätigen auch Kinneir, Keppel und andere Reisende; allein dessenungeachtet scheint es gewiß, daß sie nicht allgemein sind und die Pferde von der bessern Zucht sie nicht besitzen. Daß manche etwas dicke schwere Köpfe haben, sagt auch der General Malcolm, wobei er zugleich folgende Anekdote erzählt: "Ich wünschte ein sehr schönes Pferd von einem Turkomanenhäuptling zu kaufen, konnte mich aber nicht entscheiden, da der Kopf des Thieres etwas groß und häßlich war. Eines Tages, als ich dem Häuptling letzteres zu erkennen gab, verlor er alle Geduld. Zum Teufel! — rief er aus — reitet ihr in euerm Lande auf dem Kopfe des Pferdes, daß ihr über seine Größe und Schönheit so eigensinnig seyd!" — Ist es bei uns anders? Oft scheuet sich Jemand ein gutes Pferd zu kaufen, weil der Kopf nicht schön ist, und kauft dagegen ein mangelhaftes Thier, bloß weil es einen schönen Kopf hat. —

***) Daß das magere Aussehen dieser Pferde viel Schuld daran ist, daß sie schmal und hochbeinig zu seyn scheinen, behaupten auch andere Reisende wie z. B. Kinneir u. s. w. Elphinstone sagt, daß die Pferdehändler sie deßhalb, ehe sie sie auf die Märkte bringen, beleibt machen. Sie reinigen sie zuerst mit Kopfklee und geben ihnen hernach Luzerne bis sie ein gutes Aussehen erlangen. (Elphinstone's Reise nach Kabul, 1. Bd. S. 466.)

gerade gestellt und stark; und ob sie gleich nicht viel Fleisch haben, so ist dieß doch fest und gut. Ich will sohin keineswegs behaupten, daß der Mangel an Schönheit bei ihnen allgemein sey; im Gegentheil: ich habe selbst mehrere ungemein schöne Pferde bei den Turkomanen gesehen, und bin überzeugt, daß wenn sie gut gehalten und gut gefüttert werden, sie auch gewiß eine ansehnlichere Figur bekommen; denn im Ganzen nähern sie sich der englischen Race weit mehr, als irgend eine andere im Oriente» [3]).

Noch günstiger beurtheilt der englische General Malcolm, der zweimal als Gesandter in Persien und ein anerkannter Pferdekenner war, die turkomanischen Pferde. Er schreibt: «Ich war sehr darauf bedacht, Nachrichten über die Zucht und Behandlung der turkomanischen Pferde einzuziehen, die in Persien so sehr geschätzt werden. Sie sind von ansehnlicher Größe, sechszig bis vierundsechszig englische Zoll (also 15 bis 16 Fäuste) hoch, an Gestalt den englischen Wagenpferden gleich, langgestreckt, von starkem Gliederbau, von unvergleichlichem Temperamente und sehr muthig. Die Turkomanen behaupten, daß ihre besten Pferde von arabischen Hengsten abstammen; und deßhalb sind sie sehr darauf bedacht, sich schöne arabische Beschäler zu verschaffen. Roman Beg und sein Bruder (beide Turkomanen-Häuptlinge) boten dem Gesandten viel Geld für einen trefflichen arabischen Hengst, den er von Bushir mitgebracht hatte, und waren sehr mißvergnügt, daß er ihn nicht verkaufen wollte. Die Größe ihrer Pferde schreiben die Turkomanen der guten Weide zu, auf der sie gezogen werden; und ihre bewunderungswürdige Fähigkeit Strapatzen auszuhalten, ihrem feurigen Muthe und der Art ihrer Abrichtung» [4]).

Ein dritter bekannter Reisender, der Engländer Ker-Porter, schreibt: «Für den positiven Dienst sind die turkomanischen Pferde vorzüglicher, als die von der persischen Race. Sie sind größer und haben gewöhnlich eine Höhe von 15 bis 16 Fäuste; dabei sind sie stärker von Knochen und durch Strapatzen nicht zu erschöpfen. Ihre Schnelligkeit ist ebenfalls sehr groß. Nur sind sie öfter mit Fehlern im Baue behaftet, wie z. B. mit einem etwas großen Kopfe, einem Schafhalse (?), langen Beinen und großer Magerkeit. Man paart in Persien sehr häufig turkomanische Hengste mit persischen Stuten, weil dadurch die Nachzucht in der Gestalt sehr gewinnt, und oft Pferde von prächtigem Ansehen erzeugt werden» [5]).

Auch verdient hier noch eine Stelle, was der französische Consul Ritter Gamba von diesen Pferden sagt: «Unter den turkomanischen Pferden — sind seine Worte — nehmen die vom Stamme Tekeh den ersten Rang ein [*]). Bloß die arabischen von der Race Nedsched haben den Vorzug vor ihnen; dann kommen die vom Stamme Jamut in der Umgegend von Bastan oberhalb Asterabad, und endlich jene vom Stamme Gocklan in derselben Gegend. Diese Pferde zeichnen sich durch die Höhe ihrer Gestalt und die Stärke ihrer Gliedmaßen aus; hierdurch kommen sie jenen von Chorasan, den größten, gleich. — Sie haben mehr

---

[*]) Die Turkomanen theilen sich in drei Hauptstämme ab, nämlich: Tekeh (oder Tukeh), Jamut und Gocklan. Deßhalb pflegt man auch ihre Pferde in Tekehs, Jamuts und Gocklans zu unterscheiden.

Stolz (Anstand), sind stärker, ertragen besser Mühseligkeiten, und laufen schneller und stärker, als alle bekannten Pferde. Sie sind voll Feuer und Muth, sehr gelehrig, wenn sie gut abgerichtet werden, und so mäßig, daß sie einen ganzen Weg marschieren, indem sie sich mit ein wenig Gerste begnügen, und mit eben so wenig Nahrung ihre Reise mehrere Tage lang fortsetzen können» [6]).

Hinsichtlich der ebenerwähnten guten Eigenschaften der turkomanischen Pferde, sind alle Reisenden einverstanden. So z. B. schreibt Fraser: «Die Ausdauer dieser Pferde ist wirklich fast unglaublich. Wenn sich die Turkomanen auf Tschappohs (Raubzüge) begeben, so tragen sie außer ihrem Reiter auch noch den Mundvorrath und legen täglich immer zwanzig bis dreißig Fursungs (wenigstens 80 bis 100 englische Meilen *) zurück, und dieß oft acht bis zehn Tage hintereinander **). Die Art, wie sie ihre Pferde dazu vorbereiten, hat mehr Aehnlichkeit mit der Abrichtung unserer Equilibristen und Fußkämpfer, als mit der Behandlung der Rennpferde. Wann sie eine Unternehmung in

*) Ein Fursung enthält vier englische Meilen, und fünf von diesen Meilen machen eine geographische Meile aus. Dieß sagt Ker-Porter in seiner Reisebeschreibung, 2. Bd. S. 613.

**) Fraser selbst macht hiezu noch folgende Bemerkung: "Viele Schriftsteller sprechen von den außerordentlichen Eigenschaften der turkomanischen Pferde. Unter den neuern erzählen namentlich Sir John Malcolm und Macdonald Kinneir mehrere Beispiele von ungeheuren Strecken, die diese Pferde zurückgelegt haben. Freilich wird ein Europäer nur selten Gelegenheit haben, in eigener Person solche Erfahrungen zu machen, aber diese Thatsachen sind in Persien so allgemein bekannt, und werden so gleichmäßig betheuert, daß wir ihnen unsern Glauben nicht wohl versagen können.» (Reise nach Chorasan, 1. Bd. S. 430 Anmerkung.)

die Ferne beabsichtigen, die große Anstrengung und Eile erfordert, so jagen sie zuerst ihre Pferde täglich mehrere Meilen weit herum. Sie füttern sie sodann nur kärglich mit Gerste, und belegen sie während der Nacht mit mehrern Decken, um sie in Schweiß zu bringen, und dieses Verfahren setzen sie so lange fort, bis alles Fett verschwunden und das Fleisch hart und zähe geworden ist. Sie erkennen dieß durch Befühlen der Muskeln, namentlich der am Kamm des Halses, auf dem Rücken und an den Schenkeln, uud wenn diese Stellen gehörig fest und hart sind, dann sagen sie das Fleisch sey wie Marmor, was den Werth des Thieres sehr erhöhet. Nach dieser Vorbereitung läuft das Pferd mit außerordentlicher Schnelligkeit und Ausdauer fast so lange, als der Reiter will, ohne entkräftet zu werden oder zusammen zu brechen, während die Pferde, die beim Abmarsch wohl beleibt waren, die Anstrengung selten aushalten. Kurz vor meiner Ankunft in dieser Gegend hatten einige königliche (persische) Kavalleristen mit einer Anzahl Jamuts und Gocklans *) einen Zug gegen den Tekehstamm unternommen, und hatten dabei fast alle ihre wohlgenährten Pferde verloren, während die Turkomanen mit ihren magern, aber kräftigen Pferden den ganzen beschwerlichen Marsch ohne Verlust überstanden. — Sie gehen einen raschen Schritt, einen leichten Trab oder eine Art von Paß, mit dem der Reiter ohne Beschwerde sechs englische Meilen in einer Stunde zurücklegt; aber sie laufen auch vierzig bis fünfzig englische Meilen weit in einem kurzen Galopp, ohne daß man die Zü-

*) Die Jamuts und Gocklans sind, wie schon erwähnt, Turkomanen-Stämme, welche treffliche Pferde haben.

gel aufzunehmen braucht, und ohne die geringste Ermüdung zu zeigen. Ein Turkoman, mit dem ich hievon sprach, erbot sich jederzeit mit seinem eigenen Pferde längstens in sechs Tagen von Musched nach Teheran oder nach Bokhara zu reiten, obgleich diese Städte über fünfhundert englische (oder einhundert deutsche) Meilen von einander entfernt sind, und die Möglichkeit dieses Rittes wurde von hunderten, sowohl Persern als Turkomanen, bestätiget; übrigens beweisen auch ihre Raubzüge, die sich oft auf unglaubliche Entfernung erstrecken, nur zu sehr die Wahrheit jener Angabe » [7]).

Dasselbe bezeuget auch der oben schon gedachte General Malcolm, indem er schreibt: « Die Turkomanen richten ihre Pferde so gut ab, wie wir unsere Renner und Jagdpferde. Ehe sie auf eine große Unternehmung ausziehen, setzen sie ihre Pferde in den besten Stand, und dann machen sie damit unglaubliche Märsche. Glaubt man ihren Angaben, so haben einige vierzig Fursungs oder 160 englische Meilen in 24 Stunden gemacht; und es hat sich aus den sorgfältigsten Nachforschungen ergeben, daß Streif-Partheien täglich zwanzig bis dreißig Fursungs oder 80 bis 100 englische Meilen, und zwar zwölf bis fünfzehn Tage hintereinander, ohne Ruhetag geritten sind. Ehe sie einen Raubzug beginnen, kneten sie eine Menge kleiner harter Klöße von Gerstenmehl zusammen, die sie beim Gebrauche im Wasser aufweichen, und diese dienen dann sowohl dem Reiter als dem Pferde zur Nahrung » [8]). Derselbe sagt an einem andern Orte: « Es giebt wohl keine Pferde in der Welt, die so große Strapatzen aushalten können, als die turkomanischen. Ich überzeugte mich, daß die kleinen Turkomanen-Haufen, welche sich oft mehrere hundert Meilen weit in das persische Gebiet hinein wagten, sowohl bei dem Vorrücken, als auf dem Rückzuge täglich hundert englische (oder zwanzig deutsche) Meilen zurücklegten. Sie bereiten auf solche Raubzüge ihre Pferde in der Art vor, daß, wie die Turkomanen sich ausdrücken, ihr Fleisch zu Stein wird» [9]).

Alles dieses bestätigen auch noch andere Reisende wie z. B. Murawiew, Macdonald Kinneir u. s. w. Ersterer schreibt: «Man kann sich kaum vorstellen, was diese Pferde aushalten; sie laufen in acht Tagen tausend Werste (ungefähr 143 deutsche Meilen) *) durch wasser- und kräuterlose Steppen, wobei sie nur eine kleine Quantität Djogan (eine Art Hirse), die der Reiter bei sich führt, zu fressen und manchmal vier Tage nacheinander, nichts zu saufen bekommen» [10]). Macdonald Kinneir bemerkt: «Man kennt Beispiele, daß turkomanische Pferde neunhundert englische (ungefähr 180 deutsche) Meilen in eilf Tagen hintereinander gemacht haben» [11]).

Was nun noch den Preis der turkomanischen Pferde betrifft, so berichten die Reisenden hierüber Folgendes. Fraser sagt: «Man ist im Irrthum, wenn man glaubt, daß in diesen Gegenden (Turkomanien) die Pferde zu geringen, ja selbst zu mäßigen Preisen zu haben wären. Pferde von der besten Art kann man nicht unter 150 bis 200 Pfund Sterling (1600 bis 2200 Gulden) haben, und ausgezeichnet schöne von vorzüglicher Abstammung sollen mit 350 bis 400 Pfund Sterling (3850 bis 4400 Gulden)

---

*) Sieben Werste machen eine deutsche Meile aus.

bezahlt werden. Ein nur einigermaßen gutes Pferd, das die gehörige Größe und Gestalt hat, wird man nie unter 50 bis 100 Pfund Sterling (550 bis 1100 Gulden) erhalten. Gewöhnliche Pferde, die man als Lastthiere gebrauchen kann, und die zu keiner von den Turkomanen geschätzten Art gehören, kann man allerdings wohlfeil kaufen; aber selbst gute Jabuts (kleinere Art turkomanischer Pferde), die in der Wüste gezogen werden, kosten 30 bis 40 Pfund Sterling (330 bis 440 Gulden). Der Grund dieser hohen Preise, ist theils die Abnahme der Pferdezucht in vielen Gegenden, als Folge der beständigen Unruhen und der Unsicherheit des Eigenthums überhaupt, theils die starke Nachfrage nach diesen Pferden. Nicht nur der Hof von Teheran (der persische Hof), sondern auch die meisten Vornehmen in den westlichen und nördlichen Provinzen Persiens, wie in Chorasan, beziehen ihre Leibpferde von dieser Race; außerdem werden auch noch viele nach Bokhara, Kandahar, Kabul und Indien ausgeführt, was natürlich den Preis derselben sehr erhöhen muß» [12]).

Was Fraser hier von dem hohen Preise der turkomanischen Pferde sagt, wird auch von andern Reisenden bestätiget. So z. B. schreibt Morier: «Auserlesene turkomanische Pferde sind sehr theuer, besonders wenn sie von der Zucht des Stammes Tekeh sind. Für ein solches Pferd haben vornehme Perser schon oft 3 bis 400 Tomans (3 bis 4000 Gulden) bezahlt» [13]). Ferner bemerkt Ker-Porter: «Ein schönes turkomanisches Vollblutpferd ist nicht unter 2 bis 300 Tomans (2 bis 3000 Gulden) zu haben» [14]).

Nachträgliche Bemerkung. Es ist schon lange der Wunsch vieler Gestütsvorsteher und anderer großen Pferdezüchter, daß doch einmal eine große, starke, edle Pferderace aufgefunden werden möchte, die man anstatt der kleinen arabischen Pferde zur Veredlung unserer Gestüts- und Landes-Pferdezucht gebrauchen könnte, um durch sie mit der Schönheit, Schnelligkeit und Gewandtheit des orientalischen Pferdes zugleich auch eine ansehnliche Größe und Knochenstärke zu erlangen. Vielleicht, daß die turkomanischen Pferde diesen Anforderungen entsprechen und unsere Wünsche befriedigen. Daß viele dieser Pferde mit Mängeln im Körperbaue, z. B. großem Kopfe, schmaler Brust, langen Beinen u. dgl. behaftet sind, darf uns nicht abschrecken; denn es sind ja die ganz Vollkommenen überall die wenigsten *). Fraser und Malcolm sagen, daß sie in der Größe und dem Wuchse den englischen Kutschenpferden (oder der sogenannten englischen Halbrace) nahe kommen, und daß sie einen starken, kräftigen Fußbau haben. Sie besitzen sohin vor den arabischen Pferden den Vorzug, daß sie größer und stärkergebaut sind, ohne daß sie deßhalb ihnen in der Schönheit der Gestalt und in den Eigenschaften nachstehen; wenigstens scheint dieß mit den bessern unter ihnen der Fall zu seyn. Sollten nun diese Bessern nicht geeignet seyn, uns zu einem großen und starken Schlage von edlen Pferden zu verhelfen, und besonders zu großen edlen Landbeschälern? Ich glaube, ja; wenigstens glaube ich es so lange, bis Jemand das Gegen-

*) In der englischen Vollblutrace giebt es auch viele mangelhafte Individuen, und dessenohngeachtet sind die bessern aus dieser Race für unsern Zuchtgebrauch von größtem Werthe.

theil unzweifelhaft darthut. Uebrigens versteht sich's von selbst, daß bei dem Ankaufe von dergleichen Pferden mit Kenntniß und Vorsicht zu Werke gegangen werden müßte, damit nur ganz fehlerfreie Pferde ausgewählt würden. Daß diese Pferde für die Zucht von großem Werthe sind, beweißt schon der Umstand, daß man sie in Persien, in der Türkei, in Afghanistan, Beludschistan, Ostindien u. s. w. häufig zur Verbesserung der einheimischen Racen anwendet. —

---

[1]) von Bennigsen a. a. O., S. 132. [2]) Fraser's Reise nach Chorasan, 1. Bd. S. 432 und Journal der Reisen, 32. Bd. S. 266. [3]) Ebenda. [4]) Malcolm's Skizzen von Persien, 2. Bd. S. 181 und Journal der Reisen, 35. Bd. S. 207. [5]) Ker-Porter a. a. O., 2. Bd. S. 470. [6]) Gamba's Beschreibung von Georgien u. s. w. [7]) Fraser a. a. O., S. 430. [8]) Malcolm a. a. O., 2. Bd. S. 131. [9]) Malcolm's Geschichte von Persien, 2. Bd. S. 289. [10]) Murawiew's Reise nach Turkomanien und Chiva, S. 56. [11]) Rüh's und Spikers Zeitschrift für Völkerkunde, 1814 S. 305. [12]) Fraser a. a. O., S. 432. [13]) Morier's zweite Reise nach Persien, S. 185. [14]) Ker-Porter a. a. O., S. 471.

Drittes Kapitel.

Von der Pferdezucht in der Berberei *).

Die Berberei (welche die fünf Reiche Marokko, Fez, Algier, Tunis und Tripolis in sich begreift) war schon zur Zeit der alten Griechen und Römer ihrer Pferde wegen berühmt. Mehrere alte Schriftsteller, wie z. B. Livius, Nemesian, Aelian u. s. w. gedenken der Pferde von Mauritanien und Numidien, als der geschwindesten und dauerhaftesten ihrer Zeit **). Als später (in der Mitte des siebenten Jahrhunderts) die Araber die Berberei eroberten, und sich in großer Anzahl in derselben wohnhaft niederließen, wurden viele arabische Pferde eingeführt, und theils rein fortgepflanzt, theils mit der ursprünglichen Landeszucht vermischt. Die Folge hievon war, daß die Pfer-

*) Die Berberei führt ihren Namen von dem darin wohnenden Volke der Berber; daher ist die ehemals gewöhnliche Benennung Barberei unrichtig.

**) Zu jener Zeit bestand die Berberei aus den zwei großen Reichen Mauritanien und Numidien. Aelian sagte von den Pferden dieser Länder: "Sie sind klein und nicht schön, aber ungemein schnell und stark und dabei so zahm, daß sie ohne Zügel und Gebiß mit der bloßen Gerte regiert werden können, so, daß an ihrer Halfter nichts als ein Leitzaum befindlich ist." (Aelian c. V.)

dezucht nach einiger Zeit zu so großem Flor gelangte, daß die berberischen Pferde während des ganzen Mittelalters zu den schönsten und besten in der Welt gezählt und in den Marställen und Gestüten aller Fürsten und Großen in Afrika und Europa gefunden wurden. Noch zu Ende des sechszehnten Jahrhunderts schrieb Marx Fugger (ein guter Pferdekenner): «Die berberischen Pferde sind gar köstliche adeliche Roß; sie sind schnell, stark und können große Strapatzen aushalten, und hätten sie die Größe, wie die europäischen Pferde, so könnte man keine bessern Pferde zum Gebrauche im Kriege finden. Auch haben die Alten viel auf diese Pferde gehalten, und noch werden sie überall, und besonders von den Türken in großen Würden gehalten» [1].

Gegenwärtig sind diese Pferde bei weitem nicht mehr das, was sie früherhin waren, obwohl es noch immer in einigen Theilen der Berberei sehr vortreffliche Pferde giebt. Man unterscheidet gegenwärtig daselbst vornämlich zwei Arten von Pferden; nämlich erstlich die Pferde der gemeinen Landeszucht, die sich durch nichts Besonderes auszeichnen, und wie die gemeinen Pferde anderer Länder beschaffen sind; und dann diejenigen edlen Pferde, welche wir in Europa berberische (unrichtig barbarische) nennen. Leo Afrikanus schreibt: «Gewisse Pferde nennt man in Europa berberische, weil sie aus der Berberei kommen, und eine eigene daselbst gezogene Gattung ausmachen sollen. Allein diese Meinung ist ohne Grund. Denn die gewöhnlichen Pferde der Berberei sind gerade wie alle andern (gemeinen) Pferde; aber die gesuchten geschwinden Rennpferde sind arabische, d. h. sie werden von den in

Afrika wohnenden Arabern gezogen, und stammen aus Arabien ab» [2]).

Es sind sohin diejenigen Pferde, welche wir berberische nennen, arabischen Ursprungs; das heißt: sie stammen von den, im siebenten Jahrhundert bei der Eroberung des Landes durch die Araber eingeführten arabischen Pferden ab. Die schönsten und besten dieser Pferde findet man gegenwärtig (wie Jakson, Riley und andere Reisende versichern) in dem zum Königreiche Marokko gehörigen, jenseits des Atlasgebirges gelegenen Provinzen Dara, Tafilet und Segelmessa, dann in der Provinz Sus und in der großen Landschaft Biledulgerid, die theils zu Algier, theils zu Tunis gehört. Sie werden in diesen Provinzen von den daselbst herumwandernden Beduinen-Arabern gezüchtet, die auf ihre Pferdezucht eine fast eben so große Sorgfalt verwenden, wie ihre Stammes-Brüder in der großen arabischen Wüste *).

In den übrigen Theilen der Berberei ist die alte edle Zucht von arabischem Blute theils ausgeartet, theils ganz verloren gegangen. Daher schreibt auch Poiret: Durch die Nachlässigkeit der Einwohner haben die ehemals so berühmten Pferde der Berberei sehr viel von ihrem alten

---

*) Bei der Eroberung der Berberei ließen sich daselbst viele Araber wohnhaft nieder. Ein großer Theil derselben blieb der nomadischen Lebensart seiner Väter (der arabischen Beduinen) getreu, und die Abkömmlinge von diesen ziehen noch immer mit ihren Heerden in gewissen Distrikten des Landes umher. Diese Leute sind es, welche die schönen Pferde züchten, die wir in Europa berberische nennen. Die übrigen bei der Eroberung eingewanderten Araber ließen sich in Städten und Dörfern nieder, und vermischten sich mit den Ureinwohnern; man nennt sie gegenwärtig gewöhnlich Mauren.»

Ruhme verloren, und die vormals mit so vieler Sorgfalt erhaltenen Racen sind jetzt fast gänzlich vernichtet.» [3]. Auch Lempiere sagt: «Die Pferde der Berberei sind nicht mehr so gut, als ehemals, und haben auch keinen solchen Werth mehr, weil man nicht aufmerksam genug ist, die Zucht rein zu erhalten; doch giebt es noch immer einige wenige gute in einigen Provinzen, und diese sind schön, muthig und stark» [4]. Ferner sagt Pananti: «Die Pferde der Berberei würden noch die Schönheit und Güte besitzen, wie früherhin, wenn man mehr Sorgfalt und Fleiß auf ihre Zucht und Auferziehung verwendete. Aber wer kann für ein Eigenthum Sorgfalt und Liebe haben, das man unter einem grausamen Despotismus nie mit Sicherheit besitzt» [5]?

Die obengedachten bessern unter den berberischen Pferden (d. h. die noch von reiner arabischen Abstammung sind) besitzen gewöhnlich folgende Bildung und Eigenschaften. Sie haben kaum die Größe der arabischen Pferde; denn die größten von ihnen messen gewöhnlich nur 4 Fuß 8 Zoll, selten haben sie einen oder ein paar Zoll mehr. Ihr Kopf ist gewöhnlich klein, trocken und von oben herab bis auf die Nasenspitze etwas gebogen (ein sogenannter Schafskopf), die Ohren sind fein, gut angesetzt und schön, der Hals ist dünne und lang, die Schultern sind mager und flach, der Leib schlank, der Rücken gerade und schön, die Lenden kurz und stark, die Kruppe etwas lang, und der Schweif hoch und gut angesetzt. Die Füße sind zwar meistens etwas fein und langgefesselt; aber dabei doch stark und festgebaut und mit kräftigen Muskeln und Sehnen versehen. Wie alle Pferde heißer Länder haben auch sie eine zarte und glatte mit feinen und weichen Haaren besetzte Haut, und von ähnlicher Beschaffenheit sind auch ihre Mähnen und Schweifhaare. Wie Pedro Nunnes versichert, soll man diese Pferde von allen Farben finden; jedoch bemerkt er zugleich: «Die meisten sind weiß oder weißgrau und diese sind die größten, die dunkelbraunen und die Füchse aber gewöhnlich die schönsten» [6]).

Hinsichtlich ihrer guten Eigenschaften und Tugenden sind alle Reisenden einverstanden. Wie mehrere derselben z. B. Jakson, Riley u. s. w. versichern, sollen sie Leichtigkeit, Geschwindigkeit, Stärke und Ausdauer in hohem Grade besitzen, und den arabischen der Wüste hierin wenig oder gar nicht nachstehen. Golberry sagt: «Vermittelst der Stärke und Schnelligkeit dieser Pferde gelingt es den Arabern die Strauße zu jagen, zu ermüden und zu fangen» [7]). Dasselbe berichtet auch Leo Afrikanus mit folgenden Worten: «Den stärksten Beweis, den ein berberisches Pferd von seiner Geschwindigkeit geben kann, besteht darin, daß es einen Strauß oder das Thier Lant (eine Art Antilope — ein ungemein flüchtiges Thier) einholet; gelingt ihm das eine oder das andere, so gilt es tausend Dukaten oder hundert Kameele; aber von dieser Art giebt es nicht viele» [8]). Höst erzählt, daß er einst mit einem berberischen Pferde dreiundzwanzig Tage von früh am Morgen bis zum Abend geritten sey, ohne mehr als einen Tag auszuruhen, und dennoch sey sein Hengst am letzten Tage eben so rasch und munter, als am ersten gewesen» [9]). Uebrigens sind diese Pferde voll Feuer und Muth und dabei doch sanft, lenksam und sehr gelehrig.

Von den gemeinen und halbedlen Pferden, welche bei weitem die Mehrzahl ausmachen, ist im Allgemeinen wenig zu sagen. Wie mehrere Reisende (z. B. Windus, Pananti, Rehbinder u. s. w.) berichten, ist die Schönheit der Form selten an ihnen zu finden. Sie sind gewöhnlich klein, haben einen etwas starken Kopf und Hals, einen langen schlanken Leib, einen starken Rücken, einen gutangesetzten Schweif und feingebaute, obwohl übrigens kräftige Füße. Dabei sind sie schnell, stark, arbeitsam, geduldig, sehr genügsam im Futter, und erreichen oft ein hohes Alter [10]).

Von der Pferdezucht in dem Königreiche Marokko berichten die Reisenden Folgendes. Graberg von Hemsö (welcher sechs Jahre schwedischer Consul in Marokko war) schreibt: « Die Gesammtzahl der Pferde im Sultanat Marokko übersteigt nicht die von 400,000 Köpfen *). Wie in allen, von Arabern bewohnten Ländern, ist auch hier unter den Hausthieren das Pferd das edelste, befreundetste, gepflegteste und dasjenige, dem man die größte Aufmerksamkeit widmet. Es ist von vortrefflicher Race und häufig arabischen Ursprungs. Uebrigens sind diese Pferde im Durchschnitte klein, indem die größten fünfzehn Händebreiten (5 Fuß) nicht überragen. Sie haben einen kleinen, hochgetragenen Kopf, schlanken Wuchs und etwas magere (dünne) Beine; aber ihr Aussehen, namentlich vom Kopfe bis zu den Schultern und der Brust, ist schöner, als bei

*) Da das Reich Marokko 13,700 Quadratmeilen enthält, so kommen im Durchschnitte kaum 30 Pferde auf eine Quadratmeile, was äußerst wenig ist, da bei uns in Bayern 245 Pferde auf die Quadratmeile gerechnet werden können.

den arabischen Pferden. Die aus Tingitana werden ihres Muthes und ihrer Raschheit wegen sehr geschätzt, und da sie voll Feuer und kräftig sind, häufig als Beschäler gebraucht. Uebrigens dazu erzogen, Beschwerden zu ertragen und Wärme, Kälte, Hunger und Durst zu widerstehen, werden die Pferde von Marokko zu den vorzüglichsten der bekannten Welt gerechnet. Es ist bewiesen, daß man dreißig und mehr Tage nacheinander mit ihnen reisen kann, vom Morgen bis Abend, ohne ihnen andere als die Nachtruhe zu gönnen, und sie am Ende der Reise lebhaft und kräftig sind, wie beim Anfange. Bei allem diesen sind auch in Marokko die wahrhaft schönen Pferde selten, wovon der Grund ist, daß die Mauren nicht gleich den Arabern auf die Erhaltung der Reinheit und Vervollkommnung der Race große Sorgfalt verwenden. Wie aber könnte man auch einem Gegenstande, den man unter dem grausamsten Despotismus nicht mit Sicherheit besitzt, viele Sorge widmen? Der Sultan von Marokko besitzt verschiedene Gestüte in mehrern Provinzen, und einige Gouverneurs haben deren ebenfalls; aber dieser Industriezweig ist meist wenig befördert. Die Ausfuhr der Pferde ist übrigens streng verboten *), während der Sultan das Eigenthumsrecht über das Beste dieser Gattung behauptet, weßhalb die Bewohner weit entfernt sind, sich auf Vervollkommnung der Pferde zu legen, da diese ihnen wenig nützen würde. — In den südlichen Provinzen, wo das Volk etwas freier ist, und namentlich in der Landschaft

*) Auch Höst und Haringmann sagen, daß es bei Todesstrafe verboten sey, ohne Erlaubniß des Sultans, die äußerst selten ertheilt wird, Pferde aus Marokko auszuführen.

Sus, wo es unabhängig genannt werden kann, findet man die besten Pferde, indem die schönsten gewöhnlich aus den Distrikten Hahha, Abda und Erhammena kommen.» —

«Uebrigens sind die Pferde in Marokko geduldig, arbeitsam, voll Feuer und Kraft und behalten oft bis zum zwanzigsten und dreißigsten Jahre ihre Stärke. Uebt man sie von den ersten Jahren, und bisweilen schon in einem Alter von 12 bis 15 Monaten, mit losem Zügel zu galoppiren und dann plötzlich im schnellsten Laufe auf einmal stille zu stehen, so verdirbt man ihnen die Schultern und sie bleiben meist buglahm, so daß sie nach sieben bis acht Jahren zu gar nichts mehr taugen. — Im Allgemeinen sind sie wenig biegsam und zu kriegerischen Evolutionen wenig geeignet (?); ruhig beim Besteigen, aber störrisch unter dem Reiter, haben sie ein hartes Maul, und bedürfen eines viel stärkern Gebisses, als das bei uns gewöhnliche ist *); der Zaum ist dabei lang und dient zugleich als Peitsche. Die Araber (d. h. die Beduinen in Marokko) reiten am liebsten die Stuten, weil sie am leichtesten sind, nie wiehern, und deßhalb bei plötzlichen Angriffen und nächtlichen Ueberfällen bei einem von bürgerlichen Streitigkeiten und Privatfehden zerrissenen Volke geeigneter sind. Stuten und Fohlen kommen des Nachts unter die Zelte, und schlafen mit den Kindern und andern Familiengliedern unter einem Obdach. Diese Art der Erziehung dieser edlen Thiere bewirkt eine besondere Neigung zu ihren Herren und Vergnügen an Liebkosungen. — Die Marokkaner schneiden der Verzierung wegen alles Haar an den

*) Das harte unempfindliche Maul ist wohl bloß Folge der starken oder scharfen Gebisse.

Schweifen ihrer Pferde ab, und ziehen die Weißen und die Goldfüchse den Dunkelbraunen vor. Da sie aber über Alles die Orangen- und Safranfarbe lieben, so färben sie damit den Pferden die Füße und die Köpfe. Da der Haber nicht gebaut wird, so giebt man den Pferden Gerste, die sie aus, am Halse hängenden Säcken fressen; aber auf der Reise erhalten sie erst dann Futter, wenn das Tagwerk gethan ist. Die Pferde werden nie mißhandelt und geschlagen, sondern mit Liebkosungen gelenkt und geführt, weßhalb sie auch ihren Herren sehr zugethan sind. Sie gehen nie im Trab, sondern immer im Schritt oder Galopp. Oft läßt ein Araber sein Pferd frei mitten auf einem Felde oder an dem Eingange einer Wohnung, den Zügel über den Sattel geworfen, stehen und er ist versichert, es nach mehreren Stunden an demselben Orte und fast in der nämlichen Stellung zu finden, wenn nicht eine andere Person es weggeführt hat» *) [11]. —

*) Graberg von Hemsö sagt auch noch Folgendes von den Maulthieren in Marokko: "Ein gutes Maulthier wird höher geschätzt, als ein gutes Pferd, und während man für 200 spanische Piaster (480 Gulden) den besten Hengst kauft, kostet ein vierjähriges Maulthier oft 300 Piaster. Eine Gattung von Eseln, welche die Christen des Landes Burros nennen, und die aus den Umgebungen von Fez kommt, erreicht eine außerordentliche Größe, welche die der Maulthiere und vieler Pferde überragt. Wir selbst besaßen einen, der 4 Fuß 11 Zoll (englischen Maßes) von den Vorderfüßen bis zum ersten Rückenwirbelmaß. Diese Esel zeugen mit den Stuten die besten Maulthiere des Landes. Die gewöhnlichen Maulthiere sind die von einem Esel und einer Stute erzeugten; die Burdunen (von einem Pferd und einer Eselin entstanden) sind seltener, kleiner, schwächer und wenig geschätzt. Noch seltener und vielleicht erdichtet, sind die sogenannten Jumarren, (Maulochsen) aus der Verbindung eines Stiers mit einer Stute, oder eines Hengstes mit

Ein anderer neuerer Reisender, Namens Riley, beschreibt die Pferde in dem südlichen Theile des Königreichs Marokko, und besonders die in der Provinz Sus, mit folgenden Worten: «Ich fand, daß dasjenige, was ich von der Schönheit und den guten Eigenschaften der berberischen Pferde von arabischer Abkunft gehört und für übertrieben gehalten hatte, noch weit unter der Wahrheit stand. Denn sie sind zugleich die kühnsten, muthvollsten und die lenksamsten Pferde, die es giebt. Sie sind ungefähr vierzehn Fäuste (4 Fuß 8 Zoll) hoch. Ihr Körper ist lang, abgerundet und schlank, ihre Gliedmaßen dünne, rein und gerade. Sie haben eine breite Brust und eine gutgerundete Kruppe. Ihr Hals ist wohlgeformt, schlank und von Natur schön gekrümmt. Der Kopf ist klein und der vordere Theil desselben von oben herab bis auf die Nasenspitze etwas gebogen; die Augen sind groß, feurig und klug. Ihre Gelenke und Sehnen sind äußerst kraftvoll und fest. Viele haben eine schöne (weiße) Rahmfarbe (Cream colour) häufig mit Schwarz gesprengelt, und die Verschiedenheit ihrer Farben geht von der des hellen Rothfuchses durch alle Schattirungen der Fuchsfarbe und des Nußbraun bis zum tiefsten Schwarz. — Von Natur aus sind sie sehr gelehrig und thätig; auch sind sie muthig und

---

einer Kuh entstanden; doch haben uns glaubwürdige Leute bestimmt versichert, daß in den Provinzen Adrar, Tesset, Dara und El-Hharib, gegen die Gränze der Wüste Sahara hin, einige derselben angetroffen werden, die aber wenige Aehnlichkeit mit dem Vater haben, während sie im letztern Falle gleich der Mutter mit Hörnern versehen sind. Wir müssen indessen bemerken, daß es uns nie gelungen ist, Jemand zu sprechen, der sie zeugen oder zur Welt kommen gesehen.» (Graberg von Hemsö das Sultanat Moghrib-ul-Aksa, S. 92.)

voll Feuer. Mit großem Bedauern vernahm ich, daß diese schönen und nutzbaren Thiere aus dem Königreiche Marokko nicht ohne besondere Erlaubniß des Regenten, welche selten und nur bei besonders wichtigen Veranlassungen, als eine Gunstbezeugung ertheilt wird, ausgeführt werden dürfen» [12]). Derselbe beschreibt auch ein Scheingefecht, welches zwölfhundert Mauren und Araber auf solchen Pferden (aber lauter Hengste) reitend, in Mogadore angestellt hatten, und bemerkt dabei am Schlusse: «Nichts glich dem Feuer, der Regsamkeit und Lenksamkeit dieser trefflichen Pferde. Ihre Augen schienen Feuer zu sprühen, sie scharrten den Staub auf, und schnoben und bäumten sich dergestalt, daß nichts minder, als ein arabischer Zaum und Sattel erfordert wurde, um sie in der Gewalt und die Reiter im Sitze zu erhalten. Mehrere dieser Pferde waren so ausgezeichnet schön, schnellfüßig, kraft- und muthvoll, daß sie den besten Racepferden, die ich jemals in Europa gesehen, eben so weit, als diese einen Pfluggaul übertrafen» *) [13]).

Und endlich berichtet ein dritter neuerer Reisender, der Engländer Beauklerk, noch Folgendes: «Die einst in Marokko so berühmte Pferdezucht ist in neueren Zeiten sehr vernachlässigt worden. Selbst der Marstall des Sultans hat nur wenige ausgesuchte Pferde. Außer etwa

---

*) Riley sagt, daß diese schönen Pferde von wandernden Arabern (Beduinen) gezüchtet werden, die mehr Pferde haben, als die Beduinen im wüsten Arabien. Bei einem Stamme, der in der Provinz Duquella herumzog und aus hundertvierundzwanzig Zelten oder Familien bestand, zählte Riley einhundertsechsundachtzig Pferde.

vierzig bis fünzig Stuten, welche an Pfählen auf dem Raum nahe bei unserm Quartier angebunden waren, sah ich nur eines, welches mir besonders gefiel; es war dieß ein milchweißes kleines Pferd, von großer Stärke, und feinen Knochen mit einen bewunderungswürdig schönen Kopfe belebt durch große, Verstand verrathende kohlschwarze Augen. Die weißen und die aschgraufarbigen Pferde mit schwarzen Mähnen und Schweifen pflegen die edelsten zu seyn. Die schönsten Pferde haben die Häuptlinge arabischer Horden; aber selbst die magern Pferde, welche ein übles Ansehen haben, sind sehr lebendig, und können große Ermüdungen und Strapatzen ertragen. Ein Stall für Pferde ist im ganzen Lande ein fast ungekannter Luxus. Selbst die Rosse des Sultans stehen angebunden in jeder Jahreszeit im Freien rund um die Mauern des Palastes, liegen auf der nackten Erde und behalten doch ihr glattes, glänzendes Haar» [14]).

Von noch geringerm Werthe sollen die Pferde im Staate Algier seyn. Hr. v. Rehbinder, der lange in Algier lebte, beschreibt sie folgendergestalt: «Die hiesigen (algierischen) Pferde sind unverkennbar von arabischer Abstammung; denn sie besitzen die vornehmsten Tugenden und Eigenschaften, welche von den arabischen gerühmt werden. So sind sie nämlich, ohne eben im Allgemeinen sehr schön von Ansehen zu seyn, muthig, ausdauernd, folgsam und vorzüglich behende und im Laufen geschwinde. Eigentliche und zweckmäßig eingerichtete Stutereien, findet man hier im Lande gar nicht; auch werden in Hinsicht der edlen Abkunft der Pferde keine Stammtafeln gehalten. Beinahe alles wird auch bei der Pferdezucht der Natur und dem Zufalle überlassen*), wobei indessen die Güte der Pferde sich noch stets so ziemlich erhält; daher auch in Europa die Pferde aus der Berberei geschätzt werden, obgleich sie wirklich an äußerer Schönheit den vorzüglich geschätzten europäischen weit nachstehen. Ein wirklich schönes völlig gesundes und dabei fehlerfreies Pferd, gehört hier (in Algier) mehr, als in andern Ländern unter die wahren Seltenheiten; denn obgleich die meisten gesund und insoferne fehlerfrei sind, so sind sie doch der Regel nach nur klein von Wuchse und die Schönheit der Form ist im Ganzen selten bei ihnen zu finden. Die rothe und weiße und bläulichte, mehr oder weniger ins Graue fallende Farbe, ist hier im Lande am gemeinsten unter den Pferden; doch findet man auch, obgleich selten, Hell- und Dunkelbraune, und je zuweilen, doch selten, Rappen. Sonst sind die hiesigen Pferde von jeher ihrer Gelehrigkeit, Folgsamkeit und der Schnelligkeit ihres Laufes wegen berühmt gewesen, und diese Vorzüge sind ihnen noch immer eigen. — Den größten Theil des Jahres erhalten sie nichts als Stroh und reine Gerste. Nur zu Ende des März, im April und Mai bekommen sie frisch abgeschnittenes, mit Klee vermischtes Gras und zum Theil ganz grün abgeschnittene Gerste, die noch nicht in die Aehren geschossen ist» [15]).

Zwei andere Reisende (Renaudot und Pananti) berichten noch Folgendes über die Pferde in Algier: «Schöne Pferde sind in Algier sehr selten, und obgleich sie von den ara-

*) Wo man alles der Natur und dem Zufalle überläßt, kann die Pferdezucht unmöglich gedeihen. Das edle Pferd ist ein Kunstprodukt und kann nur durch Kunst und Sorgfalt hervorgebracht und erhalten werden.

bischen abstammen, so haben sie dennoch weder ihre schöne Gestalt und ihre edle Haltung, noch den Gang, die Gelehrigkeit und die Gutmüthigkeit derselben. Sie sind auf eine auffallende Weise ausgeartet, woran theils die Unsicherheit des Eigenthums unter der despotischen Regierung, theils die geringe Sorgfalt, welche die Mauren auf die Zucht und Auferziehung ihrer Pferde verwenden, Schuld ist. Uebrigens ist das algierische Pferd geduldig, leicht auf den Füßen, arbeitsam, voll Kraft und Feuer, behält auch seine Kräfte bis zum zwanzigsten oder dreißigsten Jqhre; es ist leicht, mager, lang, feingebaut an den Füßen; aber ein Theil seines Körpers ist nicht schön. Es ist nicht sehr lenksam und eignet sich sehr wenig zu Schwenkungen im Gefechte; es läßt sich ganz ruhig besteigen, bäumt sich aber sehr unter dem Reiter. Die Mauren reiten ihre Pferde mit dritthalb bis drei Jahren spätestens, und halten sie beinahe das ganze Jahr auf den Feldern mit der Vorsicht, ihnen am Morgen und Abend ein wenig Gerste, und wenn die Dürre das Gras verbrannt hat, gehacktes Stroh zu geben» [16]).

Die Pferde im Staate von Tunis sollen den algierischen ziemlich ähnlich seyn. Ein bekannter Reisender, Blaquieres, sagt: «Sie sind, ohne im Allgemeinen besonders schön von Ansehen zu seyn, muthig, stark, ausdauernd, vorzüglich behende und im Laufen geschwinde» [17]). Indessen soll es im Innern des Landes, und zwar vornämlich in der Provinz Biledulgerid auch noch bessere Pferde geben, die von den dort herumziehenden Beduinen-Arabern gezüchtet werden. Blaquieres, Jakson und andere Reisende rühmen diese Pferde ungemein. Laut dem Berichte des erstern, sollen sie nicht nur von ausgezeichneter Schönheit, sondern auch von außerordentlicher Geschwindigkeit, Raschheit und Ausdauer im Laufen seyn. Ein solches Pferd soll, nach der Behauptung sachkundiger Personen, in drei Tagen eine Strecke Wegs zurücklegen, zu der ein Pferd von gewöhnlicher Tuneser-Race acht Tage braucht. Nicht weniger sollen die Pferde aus der Umgegend von Cabes von vorzüglicher Schönheit und Güte seyn» [18]).

Von den Pferden im Staate Tripolis schreibt Blaquieres: «Die Zucht der Pferde wird in Tripolis mit der größten Sorge und Ausdauer ermuntert, und man hält sie denen von Algier und Tunis im Werthe gleich. Denn obgleich diese Pferde nur 14 Hände hoch sind, so haben sie doch die drei großen Erfordernisse eines guten Pferdes: Geschwindigkeit, Stärke und schöne Bildung. Da der Pferde- und Maulthier-Verkauf ein Monopol des Pascha ist, so gehen wenig Pferde aus dem Lande, und dieß ist der Verbesserung der Pferdezucht ein großes Hinderniß» [19]).

---

[1]) Fugger's Gestüterei, Frankfurt 1584. S. 8. [2]) Leo Afrikanus Beschreib. von Afrika, S. 591. [3]) Poiret's Reise in die Berberei, 1. B. S. 322. [4]) Samml. der Reisebeschreib., 11. Bd. S. 198. [5]) Pananti's Reise an die Küste der Berberei, S. 132. [6]) Alibey's Reisen in Afrika, S. 81. [7]) Golberry's Reise in Afrika, S. 191. [8]) Leo Afrikanus a. a. O., S. 590. [9]) Höst's Reise nach Marokko, S. 291. [10]) Pananti und Samml, der Reisebeschreib., 11. Bd. S. 197. [11]) Graberg von Hamsö, das Kaiserreich Marokko, S. 89. [12]) Riley's Schicksale und Reisen im Innern von Afrika, S. 445. [13]) Ebenda. [14]) Beauclerk's Reise nach Marokko, S. 176. [15]) Nachrichten von den algierischen Staat, 3. B. S. 120. [16]) Renaudot's Beschreib. von Algier, S. 114 und Pananti a. a. O., S. 132. [17]) Blaquiere's Briefe über Sicilien, Tunis und Tripolis, 2. Bd. S. 145. [18]) Ebenda, S. 146. [19]) Ebenda, S. 42. —

Druck der Campeschen Officin.

Berichtigungen.

S. 10 Z. 5. statt Tartarei lies Tatarei.
» 11 » 3. » Tartarei » Tatarei.
» 72 » 9. » Nachhrung l. Nahrung.
» 138 » 17. » eben l. aber.
» 144 » 6. Ist nach dem Worte Beni Schamar ein Komma zu setzen.
» 164 » 27. In der Anmerkung statt Nor Afrika l. Nordafrika.
» 169 » 22. statt Koheilu-el-ajnez l. Koheilu-el-avjez.
» 324 » 18. » gestopftes Stück Filz l. gestepptes Stück Filz.
» 345 » 14. » 30 l. 80.
» 366 » 25. nach dem Worte Malcolm ist ein Komma zu setzen.
» 378 » 7. statt lang l. lange.
» 387 » 5. » Weg l. Tag.

AFRICA
AEGYPTEN
Nil Fl.
Cairo
Suez
Nil Mündungen
Cypern
ARABISCHER MEERBUSEN
oder ROTHES MEER
B. Sinai
Steiniges Arabien
Gaza
Damaskus
Tripoli
Baalbek
Palmyra
Aleppo
Syrien
Wüste v. Syrien
Grosse arabische Wüste
Hedsher
Teyme
Nedsched
Deray
Medina
Dschidda
Nedschran
Sana
Dafar
Mokka
Aden
Scharma
Hadra
Meerenge v. Bab el Mandeb
50°
60°
10
20
30

Charte
von
ARABIEN
zur Erlaeuterung
von
AMMONS
Nachrichten
über die
PFERDEZUCHT
der
ARABER.
Mesopotamien
Bagdad
Tigris Fl.
Irak Arabi
Wüste
v. Basra
Irak
El Hassa
oder Hadschar
PERSISCHER MEERBUSEN
El Kalif
Bahrein
Wende Kreis
C. Mussendom
Mascate
Tsor
Cuova
C. Rasalgate
Oman
Arabien
INDISCHES MEER
Maasstab v. 100 geograph. Meilen 15 auf 1 Grad.
10
50
75
100
60°
70°
Gestochen v. L. Daut Nbg.